国际信息工程先进技术译丛

# 多处理器片上系统的
# 硬件设计与工具集成

［德］ 迈克尔·哈布纳 （Michael Hübner）
于尔根·贝克尔 （Jürgen Becker） 主编

姚舜才 连晓峰 等译

机械工业出版社

本书主要讲了片上多处理器(chip multiprocessor)，又称多核微处理器或简称CMP，已成为构造现代高性能微处理器的重要技术途径。片上多处理器领域正在蓬勃发展，具有巨大的商业和科研价值。

本书共11章：第1章介绍了当今多核片上系统所面临的趋势与挑战；第2章讲述了在嵌入式多处理器平台上的验证和组合的问题；第3章分析了在片上多处理器系统中硬件支持下的有效资源利用和建议方法，这些方法用来解决合理利用并行资源的问题；第4章阐明了在多核上的映射应用；第5章讲述了多核芯片消息传递的案例；第6章主要给读者阐述了FPGA在RAMPSoC中的应用、优点和前景，以及被称为CAP - OS的特殊用途操作系统；第7章提出了一种新的综合系统物理设计方法；第8章考察了低功耗系统级芯片的系统级设计；第9章深入探索了对于嵌入式应用空间多核系统所提供的机遇、多核系统设计相关的挑战以及一些创新的方法来应对这些挑战；第10章介绍了高性能多处理器片上系统作用、前景以及发展趋势；最后一章给读者讲述了一种被称为侵入计算的新型并行计算系统。

本书适合从事电子信息、微电子设计、计算机硬件设计研究工作的相关人员、科研院所研究人员，以及高校相关专业的教师及学生参考学习使用。

# 译 者 序

多核处理器是当前计算机体系发展的重要趋势，将多核处理器与片上系统相结合将为计算机的发展带来深远的影响。片上多处理器（chip multiprocessor），又称多核微处理器或简称 CMP，已成为构造现代高性能微处理器的重要技术途径。片上多处理器领域正在蓬勃发展，具有巨大的商业和科研价值。

目前微处理器微控制器产量大大增加，多达 10 多亿片，与个人计算机（PC）相比已经远远超出。目前世界多核处理器嵌入式系统硬件和软件开发工具市场有着利好的前景，这种系统带来的工业产值也非常可观。而且根据业内有关人士预测，随着全球化、信息化的发展，多处理器片上系统的市场将会进一步增长。

我国信息化与全面小康社会建设对多处理器片上系统市场提出了巨大需求，无论在工业还是家用电器方面都有较大的需求量。可以相信，多处理器片上系统是信息产业新的经济增长点之一。该领域将会是一片大有作为的广阔天地。

翻译本书的目的是让读者了解未来多处理器片上系统结构的发展战略，其中包含硬件设计和已有的开发工具的有关介绍。此外，书里还包含了可重新配置结构的多处理器片上系统。本书的主要重点是关于多处理器片上系统的结构、设计流程、开发工具及其发展、相关的应用和系统的设计。本书各个主题的作者是片上多处理器研究的著名专家，较为熟悉该领域的最新发展和研究水平，本书主要针对片上多处理器的研究，内容相对丰富和完整，具有较好的学习和研究价值。

本书着重片上多处理器的研究的各个方面，介绍了相关研究的最新发展动态，此外还涵盖了系统设计、开发工具的相关内容，对可重新配置的硬件、多处理器系统的物理设计、未来的发展趋势和挑战做了较为详细的介绍。

本书第 1、第 2、第 10 章由姚舜才翻译，第 3~9 章、第 11 章由连晓峰翻译，全书由姚舜才统稿，赵旭、金成学、潘媛、孙晓荣、金学波、王佩荣、李东红、叶璐、郭柯、王宇龙、潘峰、侯宝奇和毋冬也参与了部分内容的翻译。

本书适合从事电子信息、微电子设计、计算机硬件设计研究工作的相关人员、科研院所研究人员，以及高校相关专业的教师及学生参考学习使用。

需要指出的是，正如本书中多次提到的"摩尔定律"：由于电子产业本身所具有的、真正的"日新月异"的更新特性，以及译者的学养水平问题，书中的不当乃至错误恳请各位业内专家学者和广大读者不吝赐教。

译 者

# 原 书 前 言

根据摩尔定律，可以预见在未来 10 年间半导体的集成密度会进一步提高，这预示着在一片小小的芯片上将会集成数以几十亿计的晶体管。然而越来越明显的是，使用更为深入的传送途径和更具实力的超标宽流量技术来开发这样规模的并行指令水平已经到达极限了，同时，对于大存储量的片上闪存来说，大部分晶体管预算也是这样的情况。特别需要指出的是，由于散热和高能耗问题，使用较高的时钟频率来改善系统的性能已经变得举步维艰。尤其是后者（指高能耗问题），不仅仅对于移动系统和设备来说成为了技术性的问题，而且由高能耗造成的在预算中的显著成本因素很快就会成为计算中心的心腹之患。由此可见，在任何系统层面，提高系统性能只有开发并行计算这条路可走了。

因此，对于高性能计算系统、高端服务器以及嵌入式系统，多核架构的大规模范式性的改变正在悄然形成。在单一芯片上集成多核可以使系统显著地提高其性能，而无需提高时钟频率。对于同样的性能来讲，多核架构比单核架构有更好的"性瓦比"［性能和能耗之比，功率单位为"瓦特（简称瓦）"］。

在科学计算中，对于 CPU（中央处理单元）时间消耗较大的场合，将多核技术和协处理器技术结合起来可以大大提升计算能力。同时，对于在嵌入式领域特殊目的的应用，这种技术也同样有用武之地。特别是在硬件中，通过实施其计算密集核，基于加速器的 FPGA（现场可编程序门阵列）不仅仅提供了给某个应用提速的机会，而且也适应了该应用的动态行为。

本书的目的是评价在 MPSoC（多处理器片上系统）架构中未来的系统设计策略，在硬件设计和工具集成（现存的开发工具）两个方面展开讨论。当然，在 MPSoC 与可重构架构相结合的新趋势方面，本书也作为一个研究主题。本书主要的重点内容是在系统架构、设计流程、工具开发、应用以及系统设计方面。

作者衷心地感谢所有文献作者及其合作者为本书最终付梓所作出的杰出贡献。此外，还要感谢 Springer 集团的 Amanda Davis 夫人、Charles Glaser 先生以及 Jeya Ruby 女士所给予的大力支持和耐心帮助。

**Michael Hübner 和 Jürgen Becker**
于德国　巴登 – 符腾堡州　卡尔斯鲁厄（Karlsruhe）

# 目　　录

# 第2部分　多处理器系统的可重构硬件

# 第1章 多核片上系统介绍——趋势与挑战

Lionel Torres、Pascal Benoit、Gilles Sassatelli、Michel Robert、
Fabien Clermidy 和 Diego Puschini

## 1.1 从片上系统到多处理器片上系统

摩尔经验定律不仅描述了由技术发展带来的半导体器件的集成密度的提高，而且也指出了由此带来的新的要求和挑战。系统复杂度也在以同样的高速度提升，当前系统设计的方法已非 20 年前可比。新的架构设想被不断提出，这是一种必然规律。显然，在过去 20 年间有 3 次主要的技术革命。这些都被摩尔定律一一言中：第一次革命是在 20 世纪 80 年代中期，同一块硅片上被嵌入越来越多的电子器件，这可以说是片上系统（SoC）的新纪元。那时的一个主要技术挑战是如何将这些电子器件有效地连接起来。为了能够达到这样的目的，人们使用了总线连接架构，而且延续了很长时间。到了 90 年代中期，无论在产业上还是学术上，这种架构都遇到了新的挑战。这就是处理器核的数量变得越来越多，但是在这些核间的通信却在单一的介质上进行。一种基于网络通信架构的方案应运而生，这就是所谓的片上网络（Network on Chip，NoC），经过 10 年的精心研究和不断努力，这种架构相当大程度上改善了原来的系统。最近的一次突破是在 21 世纪初，源于要在同一芯片上将一系列处理器连接起来的需求。当原先开发过的系统嵌入到一个单处理器时，芯片的主要部分，很多的主要部分必将共用全部的控制。这就催生了多处理器片上系统（MPSoC）[1]。通过其所提供的架构给出了一个完备的集成系统，这个系统合并了诸多嵌入式处理器、内存以及专用电路 [加速器，I/O（输入/输出）设备]。与单一片上系统不同，多处理器片上系统包含了两个或两个以上的处理器来管理应用进程，用以达到更高的性能。自此之后，大量重要的研究和商业设计相继展开[2]。这些多处理器片上系统逐渐进入了商业化运营，同时在以后的几年中，他们在较大的技术改进中也被寄予了很高的期望[3]。目前，第三次技术革命将要很清晰和彻底地改变人们对于 SoC 架构的固有思想。图 1.1 总结了在最近不足 20 年间 3 次技术革命的变迁情况。

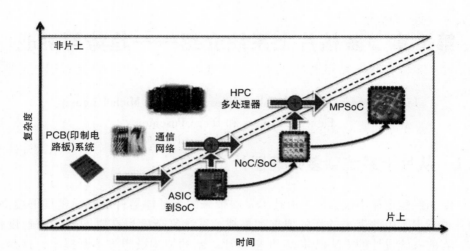

图 1.1　从 SoC 到 MPSoC

## 1.2　多处理器片上系统的通用架构

本节描述了一种通用 MPSoC，仅介绍了其主要原理，这是为了在架构的基础上建立有效的题设条件。一般来讲，MPSoC 由一些处理单元组成，这些处理单元由图 1.2 所示的连接架构相互连接而成。

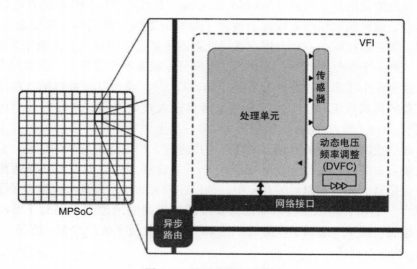

图 1.2　通用 MPSoC 架构

## 1.2.1　处理单元

MPSoC 的处理单元（PE）与应用的背景和要求有关。区分两类架构。其中的一类：异构 MPSoC 由不同的处理单元（处理器、存储器、加速器以及外围）组成。这些平台理所当然地成为了先驱，它们是 C‑5 网络处理器[4]、Nexperia 媒体处理器[5]以及开放式多媒体应用平台[6]，这些在文献［2］中有相应的论述。另一类展示了同构 MPSoC，这种 MPSoC 的代表有 Lucent Daytona 架构[2,7]，这种架构使同样芯片实例化了几倍。本章以这两种架构以及图 1.2 所示的同构和异构的设计方案为对象进行讨论。例如进行大量的工作时会考虑采用这样的处理器，同样也会利用一些灵活的硬件电路，比如说那些可重构结构组成的异构 PE。

## 1.2.2　互连

早期描述的处理单元大多是由一个 NoC 来连接[8‑11]。NoC 由网络接口（NI）、路由节点以及链接组成。美国国家仪器公司的芯片在连接环境和处理单元领域做了接口，这样就将计算功能和通信功能分离开来。路由节点，也被称为路由器的装置负责对传输路径进行工作，路由器可以通过这种链接在信源和目标处理单元之间进行数据仲裁。目前，已经对几种网络拓扑进行了研究[12,13]。图 1.2 给出了一种二维连接网格。图中所提供通信吞吐量的分选形式必须满足有针对性的应用程序集的需求。

NoC 通过在美国国家仪器公司的芯片上实施异步—同步的接口模式，为"全局异步、局部同步"（GALS）的属性设计带来了便利。图 1.2 就是这种异步路由器的例子，并突出展示了这种属性。

## 1.2.3　电源管理

当前，主要的挑战之一就是提高嵌入式系统的能耗效率的方法。GALS 的特点允许将 MPSoC 划分为几个电压/频率岛（VFI）。本例中，在给定的电压频率下，每个 VFI 包含了一个处理单元时钟。这种方法可对电源进行精细化微粒管理[17]。如文献［18,19］所给出的，经过深思熟虑而设计的 MPSoC 包含了分散的动态电压频率调整技术（DVFS），这种技术使每个处理单元都包含一个动态电压频率调整装置。电源优化由每个处理单元的电压和频率自适应组成，以便平衡能耗和性能之间的关系。在更多的高级 MPSoC 中，在每个处理单元内部就集成了一套传感器用来提供关于能耗、温度、性能以及其他标准的信息，这些信息用管理动态电压频率调整装置。无论如何，由于专用电路的能耗，就算是较粗放的、在一个包含 VFI 处理单元的电源管理也被用在 MPSoC 中。这些设备将为电源管理提供不同的控制水准。

## 1.3 电源效率与适应性

正如在原书前言中所言，MPSoC 是服从摩尔定律的[20]。这个经验定律在过去的几十年间被证明是正确的。图 1.3 展示了几个例子，这几个例子说明了处理器中所拥有的晶体管数目。但对于 MPSoC 而言，根据摩尔定律，什么又是其即将迎来的挑战呢？晶体管的集成密度越高意味着性能越强（但同时也引起了芯片的高能耗），在这一点上要归功于处理器核数量的提高。从另外一方面来讲，芯片的能耗也越来越高。最近几年，关于电源优化已经成为了一个最热的研究课题，不仅对于使用电池供电的装置是这样，对于大量不同的拥有高计算性能家用电子设备也概莫能外。国际半导体技术规划组织（ITRS）[21]预测，在近 5 年内将会在静态能耗器件的功耗方面有较大的增长，这是由其中两个因素之一所决定的。此外，该组织还预测对于这样的设备而言，在逻辑运算和存储器两个部分动态能耗和漏能耗将是等效的。不断增长的性能要求所带来的这些趋势，将使MPSoC 的架构问题转化成为真正的挑战[5,4]。应该怎样对芯片进行管理，从而能够在数以百万计的晶体管集成设计中权衡能耗与性能问题呢（见图 1.4）？

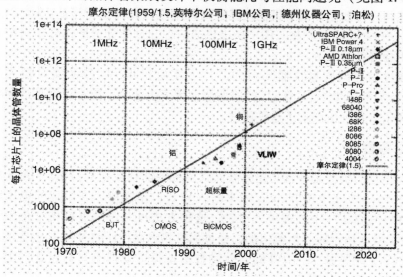

图 1.3　CPU 晶体管的数量

需要承认的一点是，先进的能量管理实现了对效率强制执行。这不仅仅是对于移动设备，对所有电子设备都是如此[21]。

如果说 MPSoC 理应设计为能源高效的，那么操作环境将不会考虑设计为静态的。下面举一个简单的例子来理解第四代远程通信应用的概念。计算密集型复

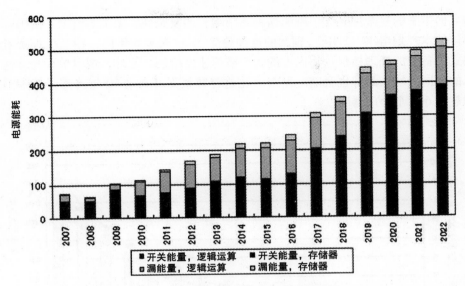

图 1.4　片上系统耗能器件的静态能耗趋势

杂通道的预测算法需要用低质量的传输通道来维持大吞吐量。无论如何，当移动终端趋近于一个基站时，节省能源的简便方案就应该及时给出。我们该怎样在操作环境中能管理这些修正呢？

关于环境条件的第二个例子是考虑技术的变异性。摩尔定律预示了越来越多的晶体管集成在芯片上会提高芯片性能，但同时也会带来变异性的问题。变异是一个自然现象，这种现象经常存在于 CMOS（互补金属氧化物半导体）的制造过程中。变异性在历史上曾经在设计裕度上考虑过，这主要是指使用晶片和芯片的差异性统计。然而，由于晶体管的尺寸抵消了这种现象的不断增长，应对变异性已经真正成为了一种挑战：在同一芯片上的参数的分布性毫无疑问地对系统操作产生了影响。这种现象也影响到了 MPSoC。比如说，同一个系统中的所有处理单元并不能够按照相同的时钟频率来运行。很自然的一种结果就是，同一MPSoC的两个范例经常获得并不相同性能水平。因此，针对在制造过程中所产生的变异，设计者该怎样保证其性能管理呢？

为了能在动态的变异环境下提高电源效率，答案就是系统应该具有自适应能力。换句话说，解决方案是系统自身或系统的一部分能够根据其所处的环境变化进行自我调节，以便满足要求。

## 1.4　复杂性与可扩展性

正如在介绍中所述，由摩尔定律所预言的发展也已经加速了由处理单元数量增多而带来的复杂性。为了阐明这种不断增长的复杂性，图 1.5 给出了由国际半导体技术规划组织（ITRS）预测的这种趋势[21]：未来 5 年内，在 SoC 消费者便携式设备中的处理核数量将以大约 3.5 倍的速度增长。此外，逻辑单元与存储单元的相同的增长趋势也会随之而来。在这种背景下，未来 10 年将怎样管理预测的超过 600 个处理器呢？

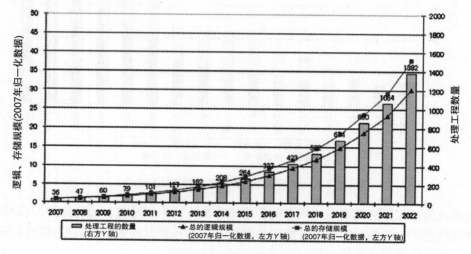

图 1.5　SoC 便携式耗能器件的设计复杂性趋势[21]

复杂性潜在的一个问题，那就是可扩展性。可扩展性是系统的一个属性，这种属性表明了系统能够将自身扩展实现为更大系统的能力。对于 MPSoC 来讲，是指当资源加入时，系统能够提升整体计算能量的一种能力。当硬件设备添加后，如果一个系统的性能和容量也随之相应地成比例增加就是所谓的可扩展系统。一种算法，如果其设计、网络协议、编程或其他系统应用于大的环境时，可以相应地提高其效率和执行能力，就可以称其为可扩展的系统或算法。

当前那些好的解决方案在未来并不一定是好的解决方案：基于设计的平台和重复使用的核已经使工业系统设计者们为显而易见的产量和效益而工作。设计的技巧被不断质疑，同时可以扩展的空间也越来越小。一个主要的倒退是这些解决方案正在根据硬件和软件的变化而变得很难进行扩展。可以坚信，基于一套可扩展硬件和软件，是可能对其进行改变的。正因为如此，MPSoC 管理功能的分散化是一个决定性的因素。

## 1.5　异构与同构方法

在与系统的自适应能力相互联系的可扩展性要求的背景下，MPSoC 正在成为一种流行的解决方案，这种解决方案包含了软件的潜在显著灵活性的提高。正如在原书前言中所言，将给出同构与异构之间的不同：

——异构 MPSoC，这种系统也指具有多个处理芯片或多核心的系统：这些系统由不同类型的处理单元组成，例如一个或多个通常意义上的处理器、数字信号处理器（DSP）、硬件加速器、外围电路以及类似于 NoC 的互连架构。

——同构 MPSoC 这种方法是在基本的处理单元上嵌入 SoC 所要求的全部单元：一个或几个处理器（通用的或专用的）、存储器以及外围电路。这种芯片的实际应用提高了几倍，而且所有实例均由专用通信架构所连接。

基本上来讲，第一种方法在权衡能耗的基础上提供了最佳性能，而很明显地，第二种方法更加灵活和可扩展，但其电源效率较差。由于其较高的电源效率，异构 MPSoC 多用在便携式系统和通用嵌入式系统中，而同构 MPSoC 则通常用在电子游戏控制台、台式计算机、服务器以及超级计算的场合中。

## 1.5.1　异构多处理器片上系统

异构 MPSoC 是由一套具有不同功能性的核互连组成的。图 1.6 给出了一种通用异构 MPSoC 的大致结构图。该系统由一套通用处理器（CPU）、几个加速器（图像加速器、声音加速器等）、存储单元、外围电路以及互连的架构组成。

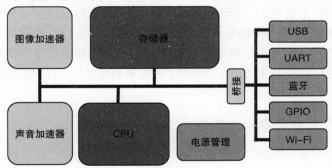

图 1.6　异构 MPSoC 的简化结构图

除硬件架构以外，MPSoC 通常运行一套应用软件。这种应用软件分为任务应用和通过中间器件层（例如，驱动器）专门管理硬件和软件的操作系统。图 1.7 阐述了 MPSoC 的简要结构，同时也展示了软、硬件的互连。

为了阐明在前面所述的通用原则，可以引用飞利浦 Nexperia、ST 移动或者众所周知的 TI 目标模块汇编程序平台，抑或是 MORPHEUS 欧洲项目发展而来的 MORPHEUS MPSoC[22]。这些平台在功能和架构上的异构性可以有更好的性能和更有效率的能耗，这些优越性能可以将它们集成到像手机这类移动设备中。

"平台"这个术语也赋予了这种方法一些灵活性。实际上，在相同的平台上

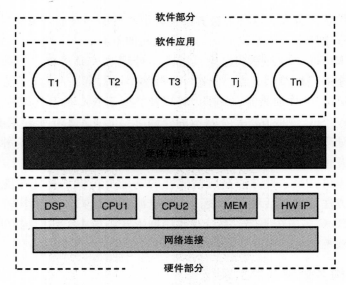

图 1.7　MPSoC 简图

为那些特别的应用来定制专属系统是可能的。这要归功于基本的处理器－存储器－总线架构以及一套优化的加速器和外围设备库。这种方法可以降低 NRE 消耗，同时也缩短了器件的面市时间，但同时也有一些负面影响。由于专用加速器的功能不能重新配置，系统的灵活性被限定在了设计阶段，或只能在器件制造之后进行较小扩展。由于通信所要求的带宽依赖于加速器的数量和类型，同时对每次设计又有很多适应性的要求，因此对这些平台来讲，可扩展性也成为了一个问题。

## 1.5.2　同构多处理器片上系统

正如在前面所讨论的，异构 MPSoC 在性能/电源效率的权平衡方面提供了当今最好的范例。很自然的，它就成了嵌入式系统的选择，但同时在灵活性和可扩展性方面也显露出明显的劣势。

一种可替代的方案是构建同构系统，这种系统是基于相同数倍实例化的可编程构建时钟的。这种建构模型经常涉及类似并行架构模型的文献。在过去 40 年间，并行架构在计算机科学和技术领域被特别的进行了研究。而如今，这种方法正在被嵌入式系统所大大关注。一个架构要展示并行计算能力，其基本原则依赖于不断增长的物理资源，以便能够为每个资源分开执行时间。从理论上来讲，由 $N$ 个处理资源组成的一个架构可以提供的最大加速为 $N$，然而在实际的系统中，这种加速是很难达到的（也是不可能的）。与使用单一处理单元相比，使用多处理单元的另一个优势是可以降低相应的频率。因此电源电压，如消耗掉的电源能量与电源的两个电压相互关联，这样就显著地降低了动态能耗。电源动态能耗为 $P_{dyn} = \alpha C_{LOAD} VDD^2 F_{CLK}$，式中，$P_{dyn}$ 为动态能耗，$\alpha$ 为活跃因子，电路的一部分是开关，$C_{LOAD}$ 为电路等效电容，VDD 为供电电源，$F_{CLK}$ 为时钟频率。假设可能通过一个因子 $r$（$0 < r < 1$）来降低时钟频率，那么也可以通过相同的因子借助 DVFS（动态电压频率调整）来降低电源因子。最终，动态能耗为 $P_{dyn} = \alpha C_{LOAD}$ $(rVDD)^2$ $(rF_{CLK})$，此时 $r = 0$、$8$，则动态电压可以由两个电源来进行分配。

　　一个基于可编程并行计算处理器的同构 MPSoC 可以提供良好的性能，这是由于具有降低操作频率、能耗而具有"加速"和降低能耗的功能。同时，它也可看作一个异构 MPSoC 的替代品。此外，与异构系统相比，其内在结构更为灵活而且更具可扩展性。从实践上来讲，开发高效的并行计算系统可不是一蹴而就的：由于像存储结构的组织、互连的架构等因素制约，系统的灵活性、可扩展性也会受到限制。

　　在过去 40 年中，业界已经对并行架构进行了深入研究。在这方面，相关的专著和参考文献已经汗牛充栋，故而在此只讨论一般性的概念。

　　第一次著名的分类是由 Flynn 提出的。他根据系统的处理单元与控制单元之间的关系进行架构分类。它定义了 4 类执行模型：SISD（单指令单数据）、SIMD（单指令多数据）、MISD（多指令单数据）、MIMD（多指令多数据）[23]。SISD 模型即经典的冯·诺依曼模型[24]。这种模型中，在每个单位时间，一个简单的处理资源执行一条简单的指令，在此过程中占用一个简单的数据流。在 SIMD 架构中，一个简单的控制单元共享数据流，同时将数据分配到各个处理资源中。MISD 架构在一个数据流中同时执行几条指令。最终，在 MIMD 架构中，几个控制单元管理几个处理单元。

　　图 1.8 中，Flynn 的分类业已扩展到将一些共享（见图 1.8a）或分散（见图 1.8b）的存储器的组织情况考虑在内。在共享式存储器架构中，处理过程（由不同处理器执行）可通过共享变量便利地进行信息交换，然而这要求仔细处理同步性和存储保护的问题。在分散式存储器架构中，为了连接处理单元及其存储器，同时也允许交换信息，通信架构是要有要求的。

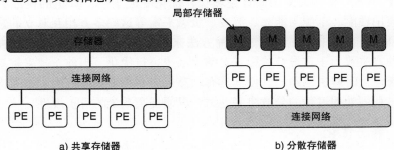

图 1.8　存储器组织

在图1.9所示的基于存储和控制的组织中，描述了并行同构处理架构的架构分类。它区分了集中控制（SIMD）和分散控制（MIMD），以及共享和分散存储器。

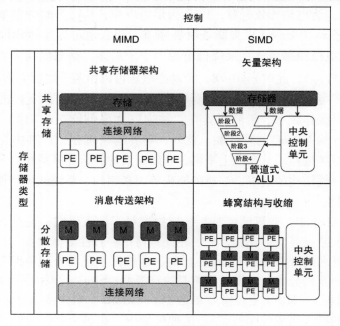

图1.9　架构的分类

此外，发现控制和存储器的组织架构是重要的，这将依据可扩展性和管理的原则为系统提供不同的权衡方案。例如，与基于集中控制和共享组织的架构相比，基于全分散控制和存储组织的架构将会具有较好的可扩展性，但同时在管理上也显示出了其较差的灵活性。

## 1.6　多变量优化

由于MPSoC架构的复杂性日益增长，优化变成了一个真正的挑战。这是因为它将应用性能、电源与能耗、温度、负载平衡等这些多方相互对立的东西作为了一个目标。在本书中，开发了几种方法来解决这个问题。经典的方法是静态的，这种方法致力于在设计阶段就对整个系统进行优化。当前，越来越多的方法是在系统运行时解决问题，并使其具有动态适应系统变化的能力。最先进的方法则是针对利用处理过程的分散决策能力，以便提高系统的可扩展性。

### 1.6.1　静态优化

在MPSoC相关文献中，静态优化方法是一种在设计阶段提升系统性能的方法。几位作者提出了进行静态优化的技术用来提高电源效率。例如在文献［25］中，作者在设计阶段使用遗传算法来解决优化问题。他们开发了包括通信交换、存储器占用以及流量方面的度量方法。

在文献［26］中，作者分析了 3 种静态优化方法，它们分别是贪婪算法、禁忌算法以及模拟退火算法。他们研究了如何在满足一些时间约束的情况下，用最小能耗找到一种任务规划的问题。而且他们把这作为了在开发过程中设计空间的一部分。首先，在一个包括时限的简单频域中，系统的描述被分解为同步数据流图（SDF）[27]，然后再给出由传统数据流向多频域图的扩展。

在文献［28］中，在保证实时限制的条件下，给出了基于线性模型的静态策略以便进行能耗优化。对每个分散设计的时钟，研究了选择最优工作频率的问题。文章作者利用 SDF 建立了一系列基于管道应用的框架模型，然后应用被映射到一个粒子化的集成了 DVFS 的分散平台上。

## 1.6.2  动态优化

静态开发经常需要进行设计时间决策。然而考虑到实施技术的不确定性和合适的方案，动态优化就强行提供灵活方法和可靠设计[29]。下面将分别叙述中心化方法和分散化方法。

### 1.6.2.1  中心化方法

与静态优化不同，动态优化方法提供了自适应的功能。图 1.10 给出了在MPSoC 中具有代表性的通用动态方法结构图：这是一个负责管理整个系统的中心化优化子系统。在系统中，它负责分析全局信息，同时也优化各个处理单元。

在文献［30］中，阐述了如何进行基于 VFI 为 GALS 系统来选择电压与频率。可以使用一种基于非线性拉格朗日优化的中心化方法来选择电压和频率。他们提出了动态和静态的优化方法，不但如此，作者还证实了在理想的潜在受限系统中，最优的电压分配需要一个全局性的战略决策。

同样地，在文献［31, 32］中，作者由基尔霍夫电流定律受到启发得出了模型，提出了一种中心化能源管理方案。他们提出：使用基于载荷预测的网络视频服务器（DVS）技术，每个处理单元的局部能源耗散可以被最小化。可以看出，这些局部最小化通常并不代表全局的优化。此外，通过考虑所有在系统中运行任务的相关时间依赖性，全局优化是可以实现的。他们的方法建立于在线全局PE 单元上，这种单元通过一个电源和时钟发生器控制着众多处理单元。这种方法的时钟图如图 1.11 所示。作者对两类问题进行了对比分析。这两类问题分别是通用任务图时间限制下的能量最小化问题和在等效阻性网络的基尔霍夫电流定律限制下的电源最小化问题。

在文献［33］中，作者对 MPSoC 的温度敏感频率分配进行了凸优化。首先，

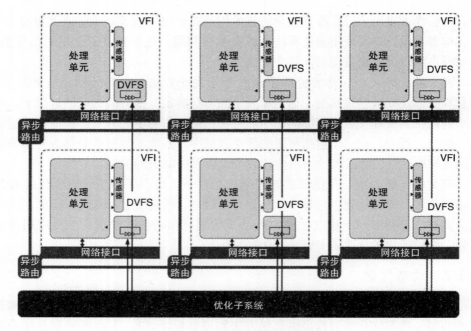

图 1.10   MPSoC 的中心化动态优化

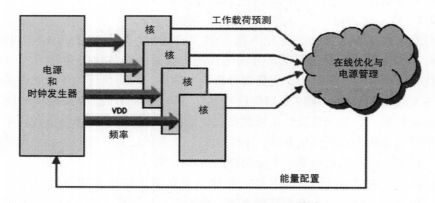

图 1.11   中心化在线全局能量管理[32]

他们给出了一个复合温度模型，然后给出了该问题稳态与动态的公式：为每个处理器分配一个单频率，在用户定义的阈值下维持温度和能耗。在稳态时，频率和电压被一次分配并维持恒定，在此过程中并没有发挥出 DVFS 的优势。在动态时，频率和电压根据时间进行调整以便可以较好地对系统性能进行优化。

作者给出了凸优化问题两种脚本的公式，然后他们提出了稳态和动态的优化程序。对于动态情况，使用了两相算法。虽然如此，作者还是仅仅给出了数学化的公式。对于此过程，文中使用了 MATLAB 软件中的凸优化解算器来解决开源性脚本问题。在文献［34］中，这些作者提出了在设计时通过使用凸优化方法来预先计算有效解，同时在运行时实施控制以便为每个例子选择最优解。图1.12 给出了设计时间桌面架构。

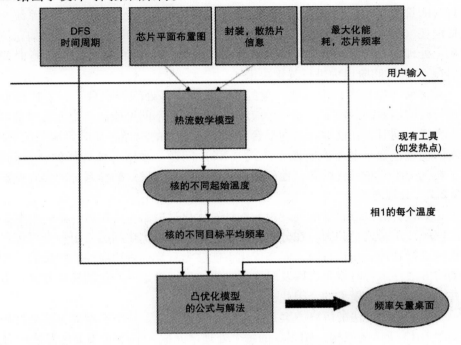

图 1.12　经凸优化的设计时间桌面架构[34]

在文献［35］中，作者调查了一些在集成 DVFS 平台的实时系统中进行有效能量规划的研究。在进行了长时间的应用于单处理器系统的技术回顾后，文章将多处理器平台分成了同构和异构的平台。对于第一个平台，文章简要描述了应用于基于架构的实时规划、周期性实时规划、有效能量泄漏检测规划以及松弛回收规划的一些技术。对于异构系统，文章给出了在能量限制的情况下，周期性实时任务以及分配能耗最小化的一些技术。

在文献［36］中，讨论了优化任务映射的启发式算法，这种算法应用在基于 NoC 的异构 MPSoC。例如在文献［36］中所述，为了平衡计算工作载荷以及同构电源耗散，有几种移动任务的方法。在这种意义上，由于考虑到 MPSoC 的可靠性，避免热点与热梯度控制就成为了一个重要的优化问题，文献［38］对这个问题进行了讨论。

在文献［38］中，针对 MPSoC 的热能管理，作者探讨了基于操作系统的动态调度程序。在文献［39］中，热梯度也被最小化了，他们关注一类工作载荷事先未知和通常不容易预测的 SoC。他们提出了一种基于操作系统的任务移植方法和规划策略，这些可以通过平衡系统负载对芯片热轮廓进行优化。作者声明已经暂时达到了显著地降温的目的，同时温度的变化也有了一定的空间。

在文献［40，41］中，作者提出了一种时间帕累托（Pareto）开发方法和与运行时间管理相结合的界定方法，他们首先进行了多维设计时间开发。系统空间包括消耗（如能耗等）、限制（如性能等）以及使用过的平台资源（例如存储器用量、处理器、时钟、通信带宽等）。在操作系统中实施的低复杂度运行时间管理器在 1s 的时间阶段内进行关键决策。

在文献［42］中，令人感兴趣的是，在异构多处理器平台上，怎样选择一种运行时间能效高的映射。在每个应用中，很多种不同可能的实施方案中都可以纳入考虑。同时，在能够获得的平台资源下，所做的选择必须满足应用的底线。作者的模型正如一个非确定性多项式（NP）问题：多维、多选择的背包问题。为了找到一个邻近最优的解，他们提出了一种基于启发式操作系统的实施方案。

### 1.6.2.2 分散方法

正如预言的数以百计的处理单元，针对优化过程而言可扩展性是一个主要关注的问题。正是这个原因，在分散方法中，处理动态优化问题将由一个可替代的方法来进行处理。在运行时，静态优化不能够为系统提供适应性。相反的，现存的动态方法在运行时倒是可以及时进行响应，只可惜是中心化的解决方案。由于其并不是基于分散模型的，因此也不具可扩展性。

替代中心化方法的解决方案是考虑使用分散算法。一个有趣的方法是设想一个如图 1.13 所示的架构：MPSoC 的每个处理单元嵌入一个基于分散算法的优化子系统。考虑到操作条件，这个子系统管理局部执行器（见图 1.13 中的DVFS）。换句话说，目的是要构思一种分散动态优化算法。

为了避免热点和控制芯片的温度，DVFS 可以应用到处理单元的水平。在系统层面，这将意味着动态管理不同的、与每个处理单元相耦合的电压频率，以便能够达到全局优化。在文献［43］中，给出了一个基于博弈论的初始方法，这种方法可以在运行时调整各个处理单元的频率。当在应用图的方法之间维持同步时，它可以有针对性地降低芯片温度。为了建立可调整的机构，完全分散方案可以预先设定。结果表明，所提出的在线算法找到了解决方案，在很少的计算循环之内温度的降低可以达到 23%。文献［44］中所提出的在线算法结论表明，与离线方法相比，该算法要求 20 个计算循环的平均值来为 100 个处理平台寻找解决方案，而且也达到了等效的性能。

文献［45］中，这种自适应技术用来降低能耗。当执行适当的实时约束时，它优化了局部处理器的频率。当暂时变化反应的时间由于应用重构减少到了不足 25μs 时，在通信测试实例上所获得的能耗增进了 10% ~ 25%。

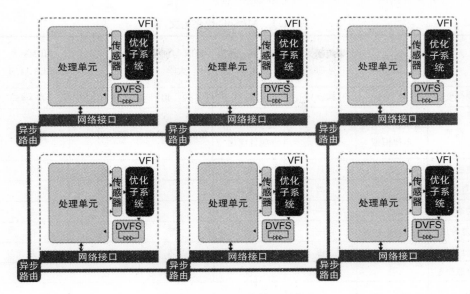

图 1.13　MPSoC 分散动态优化

## 1.7　静态与动态中心化和分散方法的对比

　　表 1.1 总结了在前述中的优化方法。几种方法已经被考虑在内，代表了 MP-SoC 的优化方向。该表提供了定性的对比，这些方法根据离线和动态相位、复杂性以及实施方案（中心化或分散的）进行了对比。在文献［30］和文献［33，34］中的方法具有复合离线优化相位。在文献［40 - 42］中，大多数的工作是在设计阶段完成的。由于其高度的复杂性，这些方法几乎不能被应用在系统运行时。

　　文献［30，32］中所提出的解决方案在低复杂度的动态优化子系统下运行。在这种方向下，文献［38，39］和文献［40 - 42］提供了运行时间管理。尽管如此，当把分配方面的因素考虑进来时，所有的这些方法都失效了。当使用基于操作系统的实施方案时（文献［38，39］和文献［40 - 42］），可以想象到的是一种分散化的实施方案。然而由于其并不是基于分散模型，不考虑采用这种方法。基于博弈论的方法[44,45]本质上来说是基于一个分散模型，这个模型提高了系统的可扩展性。此外，这种低复杂度的方法可以轻易地在运行时实施，这就意味着由动态系统所要求的良好的自适应性。

　　最后，表 1.1 也对比了在各个实例中使用的度量标准。读者可以注意到，虽然并不是每个方法都包括了受限的情况，但是所有的这些都提出了多目标优化算法。这些模型中的一部分可以重新应用于新的范式中。

表 1.1　MPSoC 优化论文

| | EPFL | 斯坦福大学与 EPFL | 卡耐基-梅隆大学 | SUN 与加州大学 | IMEC | LIRMM 与 CEA LETI |
|---|---|---|---|---|---|---|
| 参考文献 | [32, 33] | [34, 35] | [31] | [39, 40] | [41 – 43] | [43 – 45] |
| 模型 | 基尔霍夫电流定律模拟 | 凸优化 | 非线性拉格朗日优化 | 整数线性编程 | 离线开发 | 博弈论 |
| 离线相位 | 是 | 是 | 是 | 否 | 是 | 否 |
| 复杂度 | 中等 | 高 | 高 | — | 很高 | — |
| 动态相位 | 是 | — | — | 是 | 是 | 是 |
| 复合度 | 低 | — | — | 中等 | 中等 | 低 |
| 分散性 | 否 | 否 | 否 | 可能 | 可能 | 是 |
| 分散模型 | 否 | 否 | 否 | 否 | 否 | 是 |
| 衡量标准 | 能量 | 性能 | 能量输出 | 热点，温度梯度 | 多种 | 多种 |
| 限制 | 延迟 | 温度 | 延迟 | — | — | 延迟，能量 |
| 执行机构 | 全局管理器 | DVFS | 电源与频率 | 基于操作系统的任务移植方案 | 基于操作系统（OS） | 局部 DVFS |

## 1.8　小结

由于像硅 CMOS 技术正在接近极限，同时也包含至今还在使用的机器模型的不足等几个因素，在当前半导体经历着意义深远的改变，这些挑战要求要有新的设计方法和对未来集成电路的编程。因此，并行计算显示了其独特的解决方案，这种解决方案可以应对在性能方面持续增长的要求。在诸多文献中所提出的这些方案通常依赖系统的能力来进行在线决策，以便能够应对一些问题。这些问题大多是为了提高能效而进行供电电压和频率的调整，或者为辨识特殊器件而对电路进行测试，抑或是将其从功能性器件中剔除等类的问题。

将这些技术应用于实践，MPSoC 是理所当然的目标。所提供的技术遵循设计规则，从一个明显的性能点上就可以证实具有可调整性。此外，由于这种技术从本质上讲是一种分散结构，所以其也可以很好地适用于局部监控和控制系统的参数。

在本章中，已经研究了多处理器系统，同时也对一种模式进行了概述，有理由相信这种模式代表了明天的 MPSoC。已经考虑到的重要特征是大部灵活性、可调整性及自适应性、中心化控制、处理单元的异构或同构阵列、分散存储器、可调整 NoC 风格的通信网络。

最后，可以认为在不久的将来自适应是一种在本技术领域中所广泛采用的方法。这不仅仅是因为注重类似技术收缩、能源消耗以及可靠性所带来的局限，而且也是因为计算毫无疑问地要走向普适性的趋势。普适性的或周边计算其本身就是一个研究领域，而且从本质上来说，这意味着使用一种架构，这种架构在执行任何时变脚本时均具有自适应能力。移动传感器为监控变化着的自然现象而进行工作，抑或是计算设备嵌入于衣物（可穿戴计算）。这些系统将必须应对诸如有限的电源预算、协同操作能力、通信问题以及终极可扩展性的很多限制。

# 缩　略　语

SoC——片上系统

MPSoC——多处理器片上系统

NoC——片上网络

HPC——高性能计算

ASIC——应用特种集成电路

PE——处理单元

SW——软件

HW——硬件

OMAP——开放多媒体应用平台

DVFS——动态电压频率调整

GALS——全局异步、局部同步

NI——网络接口

VFI——压频岛

ITRS——国际半导体技术规划组织

CPU——中央处理单元

SISD——单指令单数据

SIMD——单指令多数据

MISD——多指令单数据

MIMD——多指令多数据

OS——操作系统

# 参 考 文 献

1. Ahmed Jerraya and Wayne Wolf. Multiprocessor Systems-on-Chips. Elsevier Inc, 2004.
2. Wayne Wolf, Ahmed Jerraya, and Grant Martin. Multiprocessor system-on-chip (MPSoC) technology. Computer-Aided Design of Integrated Circuits and Systems, IEEE Transactions on, 27(10):1701–1713, Oct. 2008.
3. Wayne Wolf. The future of multiprocessor systems-on-chips. In DAC '04: Proceedings of the 41st annual Design Automation Conference, pages 681–685, New York, NY, USA, 2004. ACM.
4. Freescale Semiconductor, Inc. C-5 Network Processor Architecture Guide, 2001. Ref. manual C5NPD0-AG http://www.freescale.com.
5. S. Dutta, R. Jensen, and A. Rieckmann. Viper: A multiprocessor SOC for advanced set-top box and digital TV systems. Design & Test of Computers, IEEE, 18(5):21– 31, Sep-Oct 2001.
6. Texas Instruments Inc. OMAP5912 Multimedia Processor Device Overview and Architecture Reference Guide, 2006. Tech. article SPRU748C. http://www.ti.com.
7. B. Ackland, A. Anesko, D. Brinthaupt, S.J. Daubert, A. Kalavade, J. Knobloch, E. Micca, M. Moturi, C.J. Nicol, J.H. O'Neill, J. Othmer, E. Sackinger, K.J. Singh, J. Sweet, C.J. Terman, and J. Williams. A single-chip, 1.6-billion, 16-b MAC/s multiprocessor DSP. Solid-State Circuits, IEEE Journal of, 35(3):412–424, Mar 2000.
8. P. Guerrier and A. Greiner. A generic architecture for on-chip packet-switched interconnections. In DATE '00: Proceedings of the 2000 Design, Automation and Test in Europe Conference and Exhibition, pages 250–256, 2000.
9. William J. Dally and Brian Towles. Route packets, not wires: on-chip inteconnection networks. In DAC '01: Proceedings of the 38th Design Automation Conference, pages 684–689, New York, NY, USA, 2001. ACM.
10. L. Benini and G. De Micheli. Networks on chips: a new SoC paradigm. IEEE Computer, 35 (1):70–78, Jan 2002. [cited at p. 3]
11. Tobias Bjerregaard and Shankar Mahadevan. A survey of research and practices of Network-on-chip. ACM Comput. Surv., 38(1):1, 2006.
12. Partha Pratim Pande, C. Grecu, M. Jones, A. Ivanov, and R. Saleh. Perfor- mance evaluation and design trade-offs for network-on-chip interconnect architec- tures. Computers, IEEE Transactions on, 54(8):1025–1040, Aug. 2005.
13. D. Bertozzi and L. Benini. Xpipes: a network-on-chip architecture for gigas- cale systems-on-chip. Circuits and Systems Magazine, IEEE, 4(2):18–31, 2004.
14. E. Beigńe, F. Clermidy, P. Vivet, A. Clouard, and M. Renaudin. Asynchronous NOC Architecture Providing Low Latency Service and Its Multi-Level Design Framework. In ASYNC '05: Proceedings of the 11th IEEE International Symposium on Asynchronous Circuits and Systems, pages 54–63, Washington, DC, USA, 2005. IEEE Computer Society.
15. J. Pontes, M. Moreira, R. Soares, and N. Calazans. Hermes-glp: A gals network on chip router with power control techniques. In Symposium on VLSI, 2008. ISVLSI '08. IEEE Computer Society Annual, pages 347–352, April 2008.
16. Umit Y. Ogras, Radu Marculescu, Puru Choudhary, and Diana Marculescu.Voltage- frequency island partitioning for GALS-based Networks-on-Chip. In DAC '07: Proceedings of the 44th Annual Design Automation Conference, pages 110–115, New York, NY, USA, 2007. ACM.
17. James Donald and Margaret Martonosi. Techniques for multicore thermal man- agement: Classification and new exploration. In ISCA '06: Proceeding of the 33rd International Symposium on Computer Architecture, pages 78–88, 2006.
18. Edith Beigńe, Fabien Clermidy, Sylvain Miermont, and Pascal Vivet. Dynamic voltage and frequency scaling architecture for units integration within a gals noc. In NOCS, pages 129–138, 2008.
19. Edith Beigńe, Fabien Clermidy, Sylvain Miermont, Alexandre Valentian, Pascal Vivet, S Barasinski, F Blisson, N Kohli, and S Kumar. A fully integrated power supply unit for

fine grain dvfs and leakage control validated on low-voltage srams. In ESSCIRC'08: Proceeding of the 34th European Solid-State Circuits Conference, Edinburg, UK, Sept. 2008.

20. G. E. Moore. Cramming More Components onto Integrated Circuits. Electronics, 38 (8):114–117, April 1965.

21. The International Technology Roadmap for Semiconductors. International Technology Roadmap for Semiconductors 2008 Update Overview. http://www.itrs.net.

22. Davide Rossi, Fabio Campi, Antonello Deledda, Simone Spolzino and Stefano Pucillo, A Heterogeneous Digital Signal Processor Implementation for Dynamically Reconfigurable Computing, IEEE Custom Integrated Circuits Conference (CICC) September 13 - 16 2009,

23. M. Flynn. Some Computer Organizations and Their Effectiveness, IEEE Trans. Computer, vol. 21, pp. 948, 1972

24. A. W. Burks, H. Goldstine, and J. von Neumann. Preliminary Discussion of the Logical Design of an Electronic Computing Instrument, Inst. Advanced Study Rept., vol. 1, June, 1946

25. Issam Maalej, Guy Gogniat, Jean Luc Philippe, and Mohamed Abid. System Level Design Space Exploration for Multiprocessor System on Chip. In ISVLSI '08: Proceedings of the 2008 IEEE Computer Society Annual Symposium on VLSI, pages 93–98, Washington, DC, USA, 2008. IEEE Computer Society.

26. Bastian Knerr, Martin Holzer, and Markus Rupp. Task Scheduling for Power Opti- misation of Multi Frequency synchronous Data Flow Graphs. In SBCCI '05: Proceedings of the 18th annual symposium on Integrated circuits and system design, pages 50–55, New York, NY, USA, 2005. ACM.

27. Edward Ashford Lee and David G. Messerschmitt. Static scheduling of synchronous data flow programs for digital signal processing. IEEE Trans. Comput., 36(1):24–35, 1987.

28. Philippe Grosse, Yves Durand, Paul Feautrier: Methods for power optimization in SOC-based data flow systems. ACM Trans. Design Autom. Electr. Syst. 14(3): (2009)

29. A. K. Coskun, T. Simunic Rosing, K. Mihic, G. De Micheli, and Y. Leblebici. Analysis and Optimization of MPSoC Reliability. Journal of Low Power Electronics, 2(1):56–69, 2006.

30. Koushik Niyogi and Diana Marculescu. Speed and voltage selection for GALS sys- tems based on voltage/frequency islands. In ASP-DAC '05: Proceedings of the 2005 Conference on Asia South Pacific Design Automation, pages 292–297, New York, NY, USA, 2005. ACM.

31. Zeynep Toprak Deniz, Yusuf Leblebici, and Eric Vittoz. Configurable On-Line Global Energy Optimization in Multi-Core Embedded Systems Using Principles of Analog Computation. In IFIP 2006: International Conference on Very Large Scale Integration, pages 379–384, Oct. 2006.

32. Zeynep Toprak Deniz, Yusuf Leblebici, and Eric Vittoz. On-Line Global Energy Optimization in Multi-Core Systems Using Principles of Analog Computation. In ESSCIRC 2006: Proceedings of the 32nd European Solid-State Circuits Conference, pages 219–222, Sept. 2006.

33. Srinivasan Murali, Almir Mutapcic, David Atienza, Rajesh Gupta, Stephen Boyd, and Giovanni De Micheli. Temperature-aware processor frequency assignment for MPSoCs using convex optimization. In CODES+ISSS '07: Proceedings of the 5th IEEE/ACM International Conference on Hardware/Software Codesign and System Synthesis, pages 111–116, New York, NY, USA, 2007. ACM.

34. Srinivasan Murali, Almir Mutapcic, David Atienza, Rajesh Gupta, Stephen Boyd, Luca Benini, and Giovanni De Micheli. Temperature control of high-performance multi-core platforms using convex optimization. In DATE'08: Design, Automation and Test in Europe, pages 110–115, Munich, Germany, 2008. IEEE Computer Society.

35. Jian-Jia Chenand Chin-Fu Kuo. Energy-Efficient Schedulingfor Real-Time Systems on Dynamic Voltage Scaling (DVS) Platforms. In RTCSA '07: Proceedings of the 13th IEEE International Conference on Embedded and Real-Time Computing Systems and Applications, pages 28–38, Washington, DC, USA, 2007. IEEE Computer Society.

36. Ewerson Carvalho, Ney Calazans, and Fernando Moraes. Heuristics for dynamic task mapping in noc-based heterogeneous MPSoCs. In RSP '07: Proceedings of the 18th IEEE/

IFIP International Workshop on Rapid System Prototyping, pages 34–40, Washington, DC, USA, 2007. IEEE Computer Society.

37. G. M. Link and N. Vijaykrishnan. Hotspot prevention through runtime reconfiguration in Network-on-Chip. In DATE '05: Proceedings of the 2005 Conference on Design, Automation and Test in Europe, pages 648–649, Washington, DC, USA, 2005. IEEE Computer Society.

38. Ayse Kivilcim Coskun, Tajana Simunic Rosing, and Keith Whisnant. Temperature aware task scheduling in MPSoCs. In DATE '07: Proceedings of the conference on Design, automation and test in Europe, pages 1659–1664, San Jose, CA, USA, 2007. EDA Consortium.

39. Ayse Kivilcim Coskun, Tajana Simunic Rosing, Keith A. Whisnant, and Kenny C. Gross. Temperature-aware mpsoc scheduling for reducing hot spots and gradients. In ASP-DAC '08: Proceedings of the 2008 conference on Asia and South Pacific design automation, pages 49–54, Los Alamitos, CA, USA, 2008. IEEE Computer Society Press.

40. Ch. Ykman-Couvreur, E. Brockmeyer, V. Nollet, Th. Marescaux, Fr. Catthoor, and H. Corporaal. Design-Time Application Exploration for MP-SoC Customized Run- Time Management. In SOC'05: Proceedings of the International Symposium on System-on-Chip, pages 66–73, Tampere, Finland, November 2005.

41. Ch. Ykman-Couvreur, V. Nollet, Fr. Catthoor, and H. Corporaal. Fast Multi-Dimension Multi-Choice Knapsack Heuristic for MP-SoC Run-Time Management. In SOC'06: Proceedings of the International Symposium on System-on-Chip, pages 195–198, Tampere, Finland, November 2006.

42. Ch. Ykman-Couvreur, V. Nollet, Th. Marescaux, E. Brockmeyer, Fr. Catthoor, and H. Corporaal. Pareto-based application specification for MP-SoC Customized Run-Time Management. In SAMOS'06: Proceedings of the International Conference on Embedded Computer Systems: Architectures, MOdeling, and Simulation, pages 78–84, Samos, Greece, July 2006.

43. D. Puschini, F. Clermidy, P. Benoit, G. Sassatelli, and L. Torres. Temperature-Aware Distributed Run-Time Optimization on MP-SoC Using Game Theory, Symposium on VLSI, 2008. ISVLSI '08. IEEE Computer Society Annual, 2008, pp. 375-380.

44. D. Puschini, F. Clermidy, P. Benoit, and G. Sassatelli. A Game-Theoretic Approach for Run-Time Distributed Optimization on MP-SoC, International Journal of Reconfigurable Computing, vol. 2008, 2008, p. 11.

45. D. Puschini, F. Clermidy, P. Benoit, G. Sassatelli, and L. Torres. Adaptive energy-aware latency-constrained DVFS policy for MPSoC, 2009 IEEE International SOC Conference (SOCC), IEEE, 2009, pp. 89–92.

# 第 1 部分
# 应用映射与通信基础设施

# 第2章 独立开发、验证与执行的可组合性与可预测性

Benny Akesson、Anca Molnos、Andreas Hansson、
Jude Ambrose Angelo 和 Kees Goossens

**摘要**：正如在现代系统上集成了不断增长的应用，片上系统（SoC）设计变得复杂起来。在这些应用中，有的对实时处理有要求，例如最小吞吐量或最大延迟等。为了降低成本，系统资源在应用和使其定时行为相互依存之间进行共享。因此，实时性的要求必须被验证，以便为所有可能同时执行的应用联合起来。而这通常使用基于仿真的技术又是不可行的。本章使用两种复合降低的概念讨论了这个问题，这就是可组合性和可预测性。在一个组合系统中的应用被完全隔离，同时也不能影响其他的行为，这样一来这些应用就可以被独立验证。换句话说，可预测系统提供了性能下限，从而允许应用可以被使用正式的性能分析验证。本书中所述，有5种技术在SoC资源的可组合性和可预测性方面取得了成果，同时解释了在平台上的多个处理器及其相互连接以及存储器的具体实施方案。

**关键词**：可组合性，可预测性，实时，仲裁，资源管理，多处理器系统

## 2.1 简介

现代 SoC 的复杂性正在不断增长，正如独立应用的数目增长一样，在一片芯片上将其集成。这些应用由通信任务映射到异构多处理器平台组成，而这些平台由分散存储等级构成以便能够在性能、成本、能耗以及灵活性之间寻求平衡[14,22,38]。这些平台通过使能越来越多的并行执行功能而开发了大量的在应用层面的并行计算模式。这样做的结果是产生了大量的应用范例，这些例子是不同的并行运行应用的联合[15]。某些应用具有实时性的要求，例如视频的最小吞吐量需在 1s 内建立架构，抑或是为处理那些视频架构而进行最大延迟。具有实时性要求的应用是指实时应用，而其余的则是不具有实时要求的应用。一个使用范例可以包含实时性和非实时性的随意组合。

为了减小成本和平台资源，诸如处理器、硬件加速器、互连设备以及存储器在应用之间相互共享。然而资源的共享在应用之间引起了干扰，使其在时间行为上相互依存。实时要求的验证时常由系统层面的仿真完成。由于相互依存的时间

行为要求所有的应用在一个使用例程中被一同验证，这就导致了对于验证的三个问题。第一个问题是，使用例程的数量随着应用的数量而快速增加。这样一来，通过仿真来验证使用例程突然增长的数量就变得不可行了。这就迫使业界缩减规模和验证那些只有最粗略要求使用例程的一个子集[14, 37]。第二个问题是，一个使用例程的验证在其所包括的全部应用能够获取之前是不能够开始进行的。这样，验证过程的及时完成就依赖于全部应用的可获取性。而这可以由在公司内部的不同小组或者独立的软件商来进行开发。最后一个问题是，应用例程的验证变成了一个循环过程。这就是说，如果要添加、移动或修改一个应用，整个过程必须被重复执行[23]。所有这 3 个问题合在一起就促成了 SoC 开发的集成化和验证过程的一个主导部分。这是在金钱和时间上的综合考虑[22,23,34]。

本章中，使用可组合性和可预测性这两个复合减少的概念来讲述实时验证问题。在组合系统中的应用可以被完全隔离开来，而且不会影响到各自的功能或时间上的行为。组合系统将验证问题分为以下 4 个方面[17]：①应用可被隔离开来，这样就导致一个线性非循环验证过程；②与完成整个系统仿真相比，仿真一个简单应用和其所要求的资源减少了仿真时间；③在第一个应用可获得时，验证过程就可以开始进行了，因此也是渐增的过程；④由于验证过程不再要求独立软件商的智能特性被共享，因此发展了智能属性的保护功能。这些优点减少了基于仿真验证的复杂性，使其具有了处理大量应用的可行性选择。另外的一个优点则是，可组合性并不是在应用上做一些设定，而是不加任何修改地使其适当地存在于应用中。

另一方面，可预测系统从平台和应用间的方面限制了相互干扰。这就使限定性能成为可能，例如提供了延迟的上限、吞吐量的下限。这样一来，在可预测系统中的应用就可以使用例如网络微积分[9]或数据流分析[39]的正规性能分析框架对其进行验证。正规性能验证的优点是保守的性能证书可以被提供给所有的资源和仲裁初始状态的可能联合体、所有的输入激励以及所有的同时执行的应用。其缺点则是正规化方法需要有软件、硬件及映射的性能模型[8,25]，而这些并不是总能够得到的。可组合性和可预测性都可以解决验证问题的重要部分，同时也能提供当它们结合起来时的完整的解决方案。

本章的两个主要贡献如下：①在共享资源的 SoC 中，对 5 种技术进行了简要介绍，概括了可组合性和（或）可预测性的成果；②通过使用所给出的技术来使用 3 种典型类型资源：处理芯片、互连器件（NoC）以及存储芯片（使用片上SRAM 和片下 SDRAM），展示了如何设计一个可组合和可预测的系统。

本章的其他部分由以下部分构成：2.2 节描述了很多为共享资源而实现可组合和可预测的技术；接着在 2.3 ~ 2.5 节中，通过解释这些技术是分别适合处理芯片、片上网络以及存储芯片的，然后继续对技术进行了讨论；然后在 2.6 节中证明了 SoC 的可组合性，此过程是通过展示一种在循环层无直接影响应用的行为而证明的，这种行为正如其他的应用被添加或移动一样；最后以 2.7 节作为本章的结束。

## 2.2　可组合性与可预测性

在本章简介中揭示了在 SoC 中，可组合性与可预测性是如何说明验证不断增长的实时要求的困难问题。下一步则会提供如何将概念知识转变为现实的更多细节。首先，给出一些与资源共享有关的、必要的术语，这些术语可以正式地定义可组合性与可预测性。随之，讨论了 5 种技术来讲述其如何实现性能，同时也着重阐明了其各自的优势与劣势。这就为可组合和可预测的系统阐明了设计空间，同时也允许人们来解释各种技术是如何依赖于其各自的特性，而适用于不同资源的。例如，执行时间是定常的还是时变的，资源是丰富的还是匮乏的。

### 2.2.1　专用术语

本书的背景是一种片型平台结构，如图 2.1 所示的模板。在高层，这种平台包括数目众多的处理芯片和存储芯片，这些芯片由 NoC 相互连接。

在本章 2.3~2.5 节中，又返回讨论了这种架构的细节。一个应用由一系列任务组成，这些任务可以被分解到几个处理器芯片上，从而使能并行处理。假设一个静态的任务到处理器的映射，这种映射暗示了不具有支持任务移植的功能。非实时任务可以进行任意一种方式的通信，这种方式是适于其使用的分散共享存储方式。在通信时，只要其遵循在本节后面 2.3.1 节所讨论的处理器限制即可。然而实时应用的任务却在更具限制性的方式下进行，以确保其暂时性的行为可以被绑定。各个实时任务不断进行迭代，这就意味着读取其输入、执行其功能以及写下其输出。根据限制读写操作的 C – HEAP[31]，任务间的通信由 FIFO（先进先出）的队列结构实施。在 FIFO 的队列结构数据结构中，数据可以任意顺序进入。之所以选择此种编程模式，是因为其很好地适应了数据流应用的域，同时用通信使计算能够重叠。此外，其允许对应用进行类似数据流图的建模，从而使时间分析具有了效率。在处理器和存储器之间的通信是通过互连进行的。

比如像一个处理器、互连或者是处理器一类资源的应用就可以定义请求。请求的初始者，以及随之而来的资源使用者被称为请求者。对于应用任务的一个处理器资源响应要求先准备好执行。在一个处理器或连接的情况下，请求从口线到 IP 组件进行初始交互。这些交互之间的通信使用标准协议，例如 AXI[6]、DTL[33] 或 OCP[32]。交互的常见范例是单数据字的读写，抑或是对于某个存储位置的数据涌出。

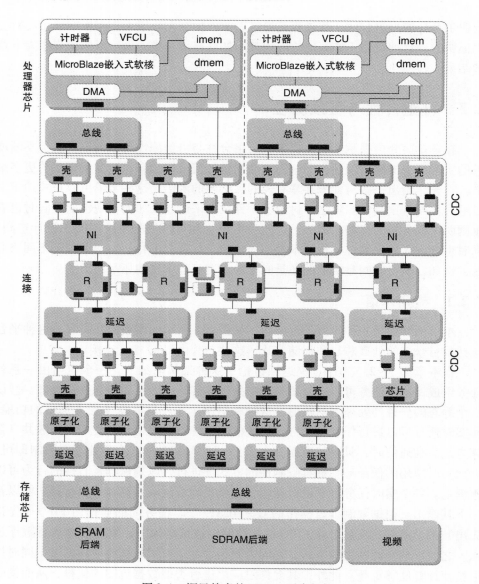

图 2.1　深思熟虑的 MPSoC 平台架构

一个请求的执行时间决定了在完成之前该请求使用资源的时间总量。然而由于其他请求的干扰，一个请求者不可能对资源进行额外的访问。干扰可能阻止一个直接进入资源的请求，同时在完成之前，其执行也可能预先进行几次。请求的响应时间需要考虑，这种响应时间是由执行时间和干扰同时引起的，故而响应时间是全部时间。响应时间的计算从当请求在资源层面被验证为规划合格的开始，直至其被服务结束。在一个请求第一次被安排使用资源的时间点时，该时间点就被及时指定为启动时间。值得重点关注的是，从一个请求源发出的一个请求的执行时间、响应时间以及启动时间通常都要依赖于其他请求源。如果从一个请求源输出的一个请求改变了资源的状态，而这是以影响其后请求执行时间一种方式进行的，那么执行时间可能依赖于其他的请求。这种情况的一个常见例子是，当一个存储器的请求从一个请求源从其他的请求源收回闪存线时，将会造成将来的闪存数据丢失。响应时间和启动时间都典型地随着请求的出现和不出现而进行变化。这些请求随着系统中运行时间仲裁的其他请求而来，例如循环或静态优先级表。这就导致在变化的干扰中，会同时引起启动时间和响应时间的改变。现在以所构建的术语为依据，通过定义可组合性和可预测性继续进行讨论。

当一个请求的输出独立于其他请求源的行为时，其功能性行为被定义为可组合性。这些请求源是归属于其他申请的。如果其启动时间和响应时间独立于其他申请，那么请求源使用资源的短暂性行为可被定义为可组合性。这是因为其暗示了请求启动与结束均使用了独立于其他资源的资源。如果一个资源在时间和功能上能为一系列的请求源及其相关请求而保持，那么把该资源称为可组合资源。一个可组合系统仅包括可组合资源。正如一个系统可以使能应用的独立修正一样，其所构成的请求源和请求在时域和值域（功能域）上均彼此完全隔离。由于涉及应用数量，修正的复杂性就随之变为线性。同时因为在未知、无效以及不良应用中没有干扰，所以在运行时间上也使运算结果系统的鲁棒性大为增强。本章中，重点关注实时请求的修正，由此仅讨论了时间可组合性，并没有深入讨论如何实现功能的可组合性。简单来讲，在本章中所谈到的可组合性更多是指时间可组合性。

对于可预测性来讲，在一个资源上的每个请求都必须拥有最差执行时间（WCET）和最差响应时间（WCRT）。与可组合性不同，可预测性本身就考虑了在一个共享资源上的多请求源和应用，故而其可以认为是在一个单请求源上的非共享资源。对于共享资源来讲，如果在其他的请求源上没有干扰，WCRT 就可被确定下来。如果来自所有请求源上的请求可以被映射到其上是可以预测的，那么该资源就被称作可预测资源。简单来讲，如果一个系统仅包括可预测资源，那么该系统就被称为可预测系统。由于应用是不同资源中的请求源的集合，而这些资源又全部提供了有限 WCRT，因此可预测系统使得实时请求的正规修正变为可能。对于完全的端点对端点分析，这些 WCRT 必须被应用于性能分析框架中。虽然时间触发[23]和网络积分[9]也可以用来分析计算实时应用的吞吐量和潜在因素的界限，但还是使用数据流[36]分析来做这些工作。

认识到可预测性和可组合性是两种不同的属性是很重要的，其间不可相互代替。可预测性意味着在时间行为上一个有用的界限可以获取，同时随之而来的是一个简单的应用属性被映射到一个资源集上。另一方面，可组合性意味着在诸多应用之间功能性和时间性上的完全隔离，同时其也是多个应用共享资源的一个属性，这些应用可以是可预测的也可以不是。如图 2.2 所示，通过讨论 4 个系统的例子来阐述其不同，这些包括了所有可组合性和可预测性的相互组合。第一个系统如图 2.2a 所示，由两个系统组成，各自执行一个应用（分别为 A1、A2）。假定这两个系统都是可预测性的，这样一来，当应用运行在可预测的硬件上时，最差执行时间对于所有的任务都是已知的。数据通过总线被存储在共享远程零总线周转 SRAM 上。这种类型的 SRAM 在每个读写字的循环中有一个执行时间，这些读写字独立于其他请求源。由于请求源的 WCRT 既有界又独立于其他请求源，所以 SRAM 的共享方式采用时分多路复用（TDM）仲裁，这是一种可组合性和可预测性的仲裁方案。这样，就使该系统成为一个既具可组合性又具可预测性的整体。如图 2.2b 所示的第二个系统，使用环形仲裁器（RR）代替 TDM 仲裁器。由于请求的响应时间分别依赖于其他请求源给出请求与否，因此该系统不具可组合性。然而由于这类干扰是可以被界定的，因此该系统仍然具有可预测性。通过使用任意替换的策略，在先前两类系统的处理器上添加私有的 L1 闪存（$），给出了最后两类系统。若一个私有闪存不共享应用，则其具有可组合性。然而由于在时间上有用的界限不能被导出以便响应一系列请求，因此任意置换的策略使得系统成为不可预测的。如图 2.2c 所示的第三种系统，就是这种具有可组合性

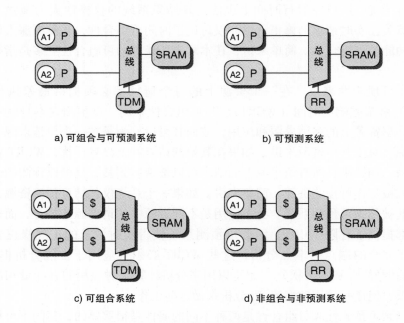

a) 可组合与可预测系统　　　　　　　　　b) 可预测系统

c) 可组合系统　　　　　　　　　d) 非组合与非预测系统

图 2.2　可组合性与可预测性所有合成形式的四种系统

但不具有可预测性的系统。而图 2.2d 所示的最后一种系统，则是既不能组合也不能预测的系统。

## 2.2.2 可组合资源

本节讨论设计可组合资源的问题，姑且不论这些资源是否可预测。在先前 2.2.1 节中所解释的，可组合性意味着来自一个请求源的请求启动时间和响应时间，必须完全独立于从其他请求源发出的请求，而这些请求源则归属于其他的应用。通过将映射应用到不同的源上，可组合性很容易得以实现，这种方法是通过在汽车和航天工业中的联邦架构来应用的[24]。然而由于不是本质安全的，这种方法被严格禁止。通过查找对于资源可组合共享的两类替代结构继续进行讨论。这些在图 2.3 中的两类路径是一致的，即②→⑤→⑦和①→④→⑦。此即本章中

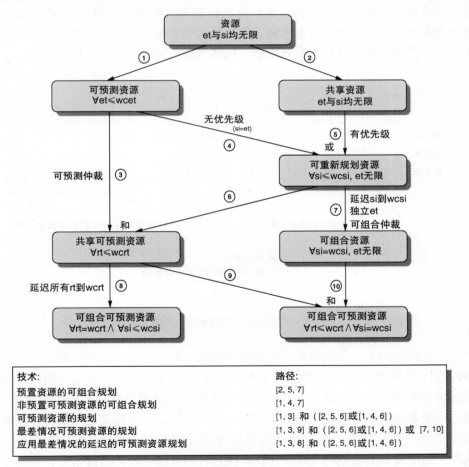

| 技术: | 路径: |
|---|---|
| 预置资源的可组合规划 | [2, 5, 7] |
| 非预置可预测资源的可组合规划 | [1, 4, 7] |
| 可预测资源的规划 | [1, 3] 和（[2, 5, 6]或[1, 4, 6]） |
| 最差情况可预测资源的规划 | [1, 3, 9] 和（[2, 5, 6]或[1, 4, 6]）或 [7, 10] |
| 应用最差情况的延迟的可预测资源规划 | [1, 3, 8] 和（[2, 5, 6]或[1, 4, 6]） |

图 2.3 构建可预测性与可组合性技术概览

所给出的 5 种技术的大致情况。

　　第一种技术是预置资源的可组合规划，与图中的②、⑤、⑦一致。这种方法认为请求的执行时间是可变的且并无先验。这种情况的一个例子是由在一个处理器上视频记录任务执行的请求时间所决定的，这在很大程度上依赖于图像容量。在非组合性行为上，作为一个请求的启动时间，这样的结果变得依赖于先前请求的执行时间，这可能由隶属于其他不同应用的请求源发出。对于这个问题的一个解决方法是在给定时间后预置一个执行请求，这就是所谓资源仲裁的规划间隔（Si）。图 2.4a 给出了这种情况，此处请求源 2 的请求在其完成执行后被预置。如图 2.3 所示，由于这样一种资源在边界时间之内允许进行新的规划决策，因此称一个具有 WCSI 的资源为可重新规划资源。如果它与无空闲仲裁器配对，这样的一个资源保证了所有请求源的增长。所谓的无空闲仲裁器是这样一类仲裁器，它可以保证在有限时间内对所有请求源进行规划。环形请求器与 TPM 方法是这种仲裁器的例子。从另一方面来讲，静态优先级规划并不是无空闲的，这是因为由于如果高优先级请求器一直在请求，低优先级的请求器就会无所事事。

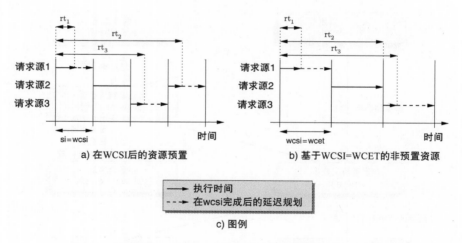

图 2.4　预置及非预置资源的可组合规划

　　这种技术的下一个步骤是，在请求结束的早期，通过延迟仲裁器使所有的规划时间等于 WCSI，这种情况如图 2.4a 所示。这个步骤将一个请求的启动时间从先前请求的执行时间中进行了解耦，而这是能够达成可组合性的两个请求之一。第二个要求是响应时间必须独立于其他应用的请求源。通过使用可组合仲裁器取得了成果，例如 TDM，而此处其他请求源的存在与否并不会对干扰形成影响。这就导致了资源的独立响应时间，此时执行时间又独立于先前的请求，例如零总线周转 SRAM。至此，执行了被认为是一个可组合资源的所有请求。值得注意的是，这种类型的可组合资源并不是必须要求其可预测的。例如，一个私有的闪存，或者其可以在处于同一应用的请求源之间可以共享，虽然它们独立于其他的应用，但将会导致对于存储请求在执行时间上无用的界限。

接下来，开发了设计可组合资源的第二种方法，这就是所谓的非预置可预测资源的可组合规划，如图 2.3 中的①、④和⑦线。这种方法由第一种方法的主要限制促使而来，其仅限于预置资源。一些重要的资源，诸如由于 SDRAM 存储器要求所有的数据与一个请求所联系，然后传递到连续时钟循环到正确的功能上，因此 SDRAM 在突发事件时不能进行预置。使用非预置资源来实现可组合性仍然是可能的，设想一下这个资源是可预测的，同时也是所知道的 WCET。对于这些资源来说，为所有在资源上的最长、最差情况执行时间制定了区间对等明细。如图 2.4b 所示，此处，从请求源 2 发出的请求被设定为最长 WCET。这种技术使得启动时间独立于从其他应用而来的请求，而这正是可组合性的要求。以有界执行时间支持非预置性资源主要是有利于这种技术。然而这种方法通过描述请求与资源，而不是通过有 3 个缺点的强制执行措施而达到可重新规划资源。首先，该系统不能运用到混合时间临界系统中，此处的实时应用通过无界 WCET 的非实时应用可共享资源。其次，该系统的鲁棒性较差，这是因为一旦其特征有误或有错误的请求行为，系统就变成了不可组合的系统。最后，如果在平均执行时间和 WCET 上存在很大不同，那么在低级资源利用中就会有将规划间隔等同于最长 WCET 的结果。对于像 SDRAM 这种稀缺资源来说，这是不能接受的。

由于非预置、可预测资源的可组合规划隐含了请求的 WCET 必须有界，因此可能导致系统也成为了可预测性的。这依赖于可组合仲裁器是否也是可组合的。虽然对于像 TDM 一类的方式来讲，这是一种典型情况，但是对于可组合性来讲并不是固有的。例如，随机规划请求的仲裁器的每个 WCSI 是可组合的，这是由于其独立于应用。但由于 WCRT 是无限的，因此其不可预测。下面再来讨论那些可共享资源的技术，所采用的方式是在 2.2.4 节中谈到的可组合性和可预测性。

为了使可组合性资源可以共享所推出的技术使得请求源的时间行为相互独立，这样一来就使得可组合性在请求源的层面上可以进行实施。这是一个在应用层面上具有可组合性的充分条件，而实际的请求来自于 2.2.1 节。然而在一个可组合系统中，在请求源属于相同的应用，而且其在彼此之间允许被干扰的意义上，请求源层面的可组合性较为严格。这样一来，就使请求源从未使用的资源性能（松弛）中获益变为可能，而这种资源是由隶属于相同应用的请求存储所得的，可以提高性能、减少能耗[27]。这样就可以通过使用一个两层仲裁器完成工作，如文献 [17] 所述。在这个仲裁器中，第一层是一个可组合交互应用仲裁器，而第二层则是一个非可组合的内应用仲裁器。这种仲裁类型可以使从相同应用而来的请求源，使用松弛性能来创建内应用仲裁器，以便可以在应用层面不违背可组合性而提升性能。

## 2.2.3　可预测性资源

前述讨论创建资源的两种方式是可组合的，但并不必是可预测的。下面将继续讨论如何创建可预测但不必是可组合的资源。如 2.2.1 节所述，这将要求在 WCET 和 WCRT 两项参数上均有界。

对于可预测资源的共享，这里的做法是建立在联合资源与仲裁器上的，这两种器件均具有可预测行为。在图 2.3 中，这种行为直接地响应了随后从一个通用资源到可预测共享资源的①和③边沿。更为具体的是，由于这些表征了非共享资源的最差事件行为，要求为每个在资源上执行的请求限定 WCET。诸如零总线周转 SRAM 的一些资源，是可预测的并具有不变的执行时间，这样就容易决定。然而另外的一些资源，例如 SDRAM 就具有变化的执行时间。这些时间依赖于早期的请求，同时在通用事件的设计时间上不能被有效界定[1]。在这种情况下，资源控制器必须以一种使资源行为可预测化的方式被实施。在 2.5 节中，将以一个 SDRAM 资源为例讨论如何完成这样的工作。

若资源可共享，要求可预测仲裁在一个请求完成接收服务之内限定时间。基于这种定义，应该注意到所有可预测仲裁器都是空闲的。如果资源是可重新规划的，同时新的规划决策也在一个限定的时间内，那么可预测仲裁器使得 WCRT 可以计算。这样一来，就既可以通过一个选择的规划间隔（预制资源）来进行决策，也可以通过在资源上（非预置资源）执行所有请求的最长 WCET 来进行决策。如图 2.3 所示，一个可预测共享资源必须是可预测的，同时也是可重新规划的，有两种可能的途径来完成后者。计算 WCRT 将共享资源的效应因素考虑进去。

这里的方法的一个重要特性是，它是基于合并资源和仲裁的独立分析。仲裁器分析限定了规划决策的数目，而这种规划决策由仲裁器而来。而对于规划来说，一个请求从响应到其完成接受服务是合适的。WCRT 被保守计算。这种计算是通过乘以 WCSI 的决策数和加上管道阶数而实现的，而管道阶数又是在架构中的请求缓冲和响应决定的。值得注意的是，这种保守计算包含了请求的执行时间和在执行过程中从其他请求而来的预置时间。这种方法的长度是通常使用的，正如所有的可预测性资源和可预测仲裁器的结合一样，最终形成一个可预测共享资源。这样就使得改变仲裁器，以适应系统请求源中的响应时间请求变得容易。而这是由在 2.3 节中的处理芯片所开发的，这种存储芯片在 2.5 节中也有介绍。

## 2.2.4　可组合与可预测资源

2.2.1 节解释了可组合性与可预测性的不同特性，其两者间不可相互替代。随后在 2.2.2 节和 2.2.3 节叙述了如何组织可组合与可预测性资源。在本节中，将讨论组织同时具有可组合与可预测性资源的两种方法。

获取可组合性与可预测性两种特性的资源，第一种和最直接的方法就是按照 2.2.2 节和 2.2.3 节的方法简单地合并起来，将之称为"最差可预测资源规划"。它相当于移动一个可预测性资源然后与可组合资源的边沿共享⑨，或者是移动一个可组合资源然后与可预测性资源的边沿共享⑩。这就暗示了资源是可预测性的，而且每个请求在 WCET 上都有一个有用的边界，而这是独立于其他请求源的。同时这也意味着使用一个仲裁器，资源就可以共享，例如"TDM"的思想。一个仲裁器从其他请求源提供了有界扰动，这样一来请求源就独立于其实际的行为，使得资源具有可组合性而且限定在 WCRT 之内。由于原来可组合、可预测性资源的方法需要应用预置和非预置资源，那么这种联合也保持了同样的性能。此外，它也继承了松散管理的可能性，这在先前的 2.2.2 节中介绍过。

使资源能够可组合和可预测的方法的优点在于，它在概念上是易于理解的，同时也便于实施。其缺点在于：它只能申请独立于隶属其他请求源请求执行时间的资源，这在先前的 2.2.2 节中描述过。如果这不是一种自然的情形，那么它就可能与 WCET 一样，推迟到所有执行之后再进行响应。然而如果执行时间的变化非常依赖于其他应用，这有可能是要付出很大代价的：这将阻止其有效利用诸如 SDRAM 的稀有资源。取而代之的是，这种技术被应用于 2.3 节中所述的处理芯片，同时也用在 TDM 中，在 SRAM 上体现出可组合性与可预测性[17]。

第二种技术叫做可预测资源的最差情况延迟规划，同时也可以通过处理不同的执行时间有效地处理问题，还能扩展可组合性来支持所有的仲裁器。多数可预测性仲裁器的问题是，当资源对一个请求源接收请求和发出响应时，由于从其他请求源而来的不同扰动，使其变为不可组合的，因此很明显它们影响了时间的变化。这种技术背后的主要理念是，通过既从其他的应用也从其本身的扰动中移动变量，从而将系统变换为可组合系统。本书达成了这样的效果，方法是通过从一个共享资源中启动可预测性，然后延迟所有的信号发送到一个请求源上，用来模拟从其他请求源来的最大扰动。因而不论其他的请求源在干什么，一个请求源总是可以接收到同一个最差情况的服务。这种技术符合在图 2.3 中所示的边沿，来为一个共享的可预测资源构建可组合性的要求。这种方法的含义是，面向请求源的界面暂时独立于其他的请求源。在界面的资源侧而并非请求源侧，起始时间变量和响应时间可能是可见的。这与在文献［23］中所给出的可组合界面是相同的。

这种技术意味着如果没有什么干扰或者变量执行时间很短，可以在一个响应缓冲区中延迟响应，直到其 WCRT 阻止请求源过早地接收响应，然而使 WCRT 独立于其他应用的仅仅是两个可组合资源的请求之一。第二个请求说明了启动时间必须也是独立的，这不是那种如果一个请求源被规划的早于其最差时间启动时间的情况。在这种情况下，其他请求过早地被允许进入资源，结果导致了不同的启动时间。这个问题由先前最差情况启动时间的基本请求接收信号说明，正好与实际的启动时间相背离。由此，这种请求以一种可组合方式被允许进入资源，而并不顾及由其他请求引起的扰动。

图 2.5 对比了在 2.2.2 节中讨论的 "基于最差时间延迟的可预测性资源规划" 与 "预置资源的可组合规划" 两种方式。图 2.5 说明在一个 "基于最差时间延迟的可预测性资源规划" 完成执行之后，请求可以被立即规划，但是响应一直要推迟到 WCRT 之后才进行。与之相对照的是，图 2.5b（与图 2.5a 相同）显示了 "预置资源的可组合规划" 延迟了规划，直至 WCRT，但是却在一个完成的执行后立即释放了响应。

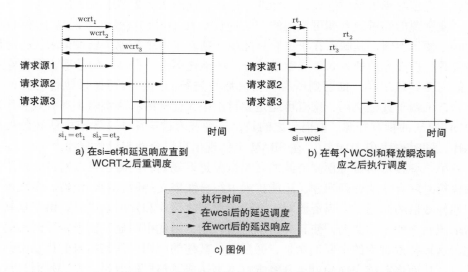

a) 在si=et和延迟响应直到 WCRT之后重调度

b) 在每个WCSI和释放瞬态响应之后执行调度

c) 图例

图 2.5 WCSI 延迟调度和 WCRT 延迟响应

与 "预置资源的可组合规划" 相比，"基于最差时间延迟规划的可预测性资源" 具有两个主要优点：①在资源和那些本身就具有可组合性的仲裁器之外，它扩展了可组合性的用途，由此其并不仅限于那些请求源执行时间独立的资源，但是它可以有效地捕获任何可预测资源的行为；②它支持所有的可预测执行器，使能服务差异，而这些服务差异可以提升满足一套给定的请求源申请的可能性[2]。例如，使用一个比 TDM 更复杂的仲裁器可以导致减少资源过度分配，而且允许低延时或高流量。这些特性使得这种方法适于 SDRM 存储芯片。本书将在 2.5 节中做进一步的解释。

这种技术的主要缺陷是关于松散管理的，这种方法使得请求源的临时行为相互独立。这样一来，就在请求源层面上实施可组合性，而不是在应用层面上实施。故而从没有使用过的容器中获得优势是不可能的，而这些容器又是由属于同一个申请的请求源所保留的。这些申请对于性能的影响并不大。

## 2.3　处理器芯片

在回顾了实现可组合性与可预测性的不同方法之后，继续从处理器芯片开始进行讨论，考察其在多处理器系统中是如何实际实施的。考虑一个混合时间临界系统，在这种系统中，处理器执行一个介于实时和非实时的应用。本节中，首先提出在一个处理器芯片上可以实现应用的可组合性的策略，然后随之转向可预测性的实施上。处理器芯片的架构在图 2.1 中给出。这个芯片的元器件将在随后的内容中进行讨论。

### 2.3.1　可组合性

处理器执行请求，与任务迭代一致，故而一个请求的执行时间是其在处理器上花费在任务迭代的时间。实时任务必须具有一个 WCET，这意味着其将在有限时间内完成迭代。对于非实时任务来讲，这并不是必须的情况。在混合时间临界系统中，任务的类型共享资源。如果资源的优先级较高，实时任务的 WCRT 可仅仅被界定即可。由此可知，使用所谓的"优先资源可组合规划"技术，可以在处理器中使可组合性生效。在这种资源中实现可组合性的主要因素可在图 2.3 中箭头②、⑤和⑦所示的路径中找到，同时也可以建构如下的特性：①优先权；②迫使一个恒定的规划间隔等同于 WCSI；③使用一个可组合仲裁规划。

对于一个处理器来讲，当一个任务可以利用此处理器时，WCSI 用有限持续时间定义了一个任务槽。在任务槽完成后，操作系统就决定在下一个任务槽来临时执行该任务。为了确保这些任务的独立起始时间和响应时间以及可组合性的要求，不单是任务槽，而且操作系统槽必须有一个恒定的间隔时间和固定的起始时间。

操作系统的执行时间依赖于应用的数量及其任务规划。如果操作系统槽不是被强制于一个最小等于其 WCET 的恒定间隔，就有可能确保启动时间和响应时间独立于在系统中其他应用的存在与否。此外，普通的操作系统会检查任务是否准备执行，而这则依赖于其输入数据和输出空间是否可利用。对于可组合性，这种检查的执行情况必须独立其他的应用。"预置资源的可组合规划"要求任务的执行时间是独立的。在任务开闭时，处理器芯片的功能状态将禁止影响规划任务的执行时间。这将意味着处理器指令管道空闲，同时，潜在缓存将清空所有数据以避免缓存污染。在以下内容中，将展示确保恒定时间间隔任务与操作系统槽的机制。随后，将描述应用与任务的规划，而这则依靠这些特性。

### 2.3.1.1　恒定任务槽

为了用恒定时间间隔和固定起始时间确保一个任务槽，在可编程固定间隔之后，使用了一个定时器来中断处理器。当接收到一个中断时，该中断服务路径的第一个指令就是跳转至操作系统代码，对操作系统进行控制。这用一个专用定时器就可被执行。这种定时器每个芯片中都存在，它是通过一个存储器映射外围总线和指令映射口进入的。通过使用定时器外围处理器，在一个永远在线的时钟域中，处理器可以通过定时器不停止的空闲时段进入一个低功耗状态[13]。

为了能够得到一个恒定间隔的任务槽，处理器在有限时间内将是可中断的。然而当指令仍然停留在管道中，处理器是典型的不可中断。启动中断服务的常规时间是指中断延时，这就依赖于当前指令的执行时间。其用来完成执行一个指令所耗费的时间除去包括其他的资源外，独立地依赖于处理器。例如，从非局部存储器来的一个载荷也使用互连和远程存储。依赖于可预测性及其与其他资源共享，这样的一个载荷花费了数以千计的循环来完成（例如，当其在 NoC 上仅有低优先级和存储器芯片时）。

通过限制显著的远程读取数量，一个任务的 WCET 及其最差时间中断延时可被计算出来，但是这种计算将被禁止，因而使用了一种替代方法：通过限制处理器只使用局部存储器和远程直接存储器存取（RDMA）来实现处理器芯片的外部通信。当处理器局部获取时，远程存取可暂缓 RDMA，导致一个短暂的中断延时。应该注意到的是，仅有局部读取时，中断服务时间的执行时间是有界的，而不是恒定的。例如，乘法和除法指令将比空操作和跳转指令花费更多循环。

处理器在其他处理器芯片上对 RDMA 进行编程来读取数据，在远程存储器驻留。对 RDMA 进行编程仅使用局部载荷和存储指令就可被完成。RDMA 的另外一个优点是其解耦了计算与通信，使其在时间上可以相互重叠。在本章中，假定处理器的局部存储器是足够大的，可以存储映射到芯片上的所有状态：①指令；②私有数据；③所有的缓冲器（输入/输出标记）为迭代服务，RDMA 仅在不同处理器的任务映射之间使用了内部任务通信。这种通信通过使用有限容量的单一方向 FIFO 缓冲器被执行。这些 FIFO 缓存的定位要么是在用户的局部存储器中（如果在处理芯片中有足够大的存储空间），要么是在远程存储芯片中。制造者总是通过一个 RDMA 的写操作在缓存中发送数据。在图 2.1 中，数据从制造者芯片的数据存储器出发，通过 RDMA 达成相互连接，然后这种连接将其传送到用户芯片中的局部存储器中。制造者的 RDMA 将数据存放于远程存储芯片中，要么通过用户 RDMA 到其本身的数据存储芯片中，将其复制，这两者必占其一。在所有的情况中，FIFO 管理[31]，组成读写指针，其被定位在制造者和用户的芯片中。

为了实现可组合性，如果要在应用间共享，一个用户 RDMA 必须具有可组合性。由于 RDMA 仅仅是个简单的有限状态机，并不需要在应用之间对其进行共享。相反的，每个应用均有其自己的 RDMA。简单来讲，图 2.1 给出了在每个芯片中仅有一片 RDMA 的情况。值得注意的是，局部存储器通过使用在 2.5 节中详细介绍的技术，将也会制造成可组合性的。

### 2.3.1.2　恒定操作系统槽

正如在前面所解释的，OS 槽将会有一个恒定的起始时间和间隔时间。给定一个恒定任务槽间隔，完成一个恒定 OS 的起始时间的唯一要求是，任务到 OS 的开关时间应是恒定的。这种任务到 OS 的开关时间等同于定时器的中断时延，而这些则依赖于在芯片中执行的指令。通过一个延时操作的机制，直到一个及时的、固定的将来时刻，强制中断时延为恒定，同时等于其 WCET。这种机制将在以下内容展开叙述。

强制一个恒定 OS 的方法是，直到其 WECT 被满足之前在处理器上禁止其执行，这样就可以使 OS 的执行是可组合的。这样一来，就与"非预置资源的可组合规划"技术相一致了。这种情况在图 2.3 中用①、④和⑦的连线表示。这样的技术可以用几种方式来实现。考察一个定时器[10]是最简单的，但是需要阻止处理器时钟的门控信号。如果处理器有一个停止指令，那么在 OS 完成对该指令的执行后，处理器将会停止。芯片的定时器，在停止指令之前就被预先编程，同时在 WCET 时唤醒处理器。当一个停止指令无法获得时，处理器时钟在直到 WCET 时并不会被压/频控制单元（VFCU，见图 2.1）所使能。

图 2.6 所示是当执行 1 个任务开关时，用 7 个主要事件给出了时间队列。这些主要事件如下：①中断发生时；②中断被服务时；③处理器非门时刻被及时编程；④时钟被提升至中断延时的 WCET；⑤OS 被执行；⑥处理器非门时刻被及时编程；⑦时钟被提升至 OS 的 WCET。

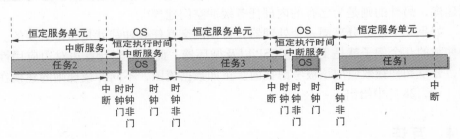

图 2.6　处理器槽与任务开关时间队列

### 2.3.1.3 双层应用与任务规划

恒定间隔任务与 OS 槽确保了在固定点上及时启动，这就存在一个有界 WC-SI。一个任务迭代在一个非共享处理芯片上存在 WCET，故而在一个共享的芯片上也有 WCET 和 WCRT。正如前面所注意到的，在一个任务槽起始时处理器的功能状态必须依赖于其他的应用以避免可能的扰动。

通过使用一个可组合调度程序，可以移动在所有任务间的扰动。然而由于其也阻止了松弛部分被属于同一应用的任务所使用，这并不必严格。此外，不同的应用从使用不同的调度程序中获益，例如静态排序、TDM 或者是信用控制静态优先仲裁[5]（在稍后 2.5 节中描述的 CCSP）。处理器通过使用双层仲裁规划解决了这个问题：一个是可组合交互应用仲裁器（TDM），这种仲裁器可以规划应用；另一个是内部应用仲裁器，这种仲裁器可以在一个应用内部对任务进行规划。可组合交互应用仲裁器确保了在应用间进行隔离，而内部应用仲裁器则被选择用来满足应用任务的要求。内部应用仲裁器自由地散布在松弛部分，以便提高任务的性能。

### 2.3.2 可预测性

正如已经关注过的，以混合时间临界系统为目标进行研究。这种系统可以同时执行一系列实时和非实时应用。对于实时应用，要求各个任务迭代的 WECT 为已知。因而在处理器上一个任务的执行时间要求是可预测的，这排除了序外执行、投机以及任意置换规则缓存的使用[40]。

为了导出端部对端部的应用性能（例如吞吐量、时延等），数据流图[25,36]用来给应用建模。在数据流图中的节点，是指那些通过有向边连接起来的组成部分。一旦满足激活规则，这些部分就被激活了。一个激活规则指定各个输入/输出边，输入标志的数量要求和输出标识的产出数量分别被给出。自然而然，数据流模型描述了一个流的应用：一个任务就是一个要素，同时一个任务迭代则是一个要素的激活。在两个任务间的 FIFO 通信代表了一对对立边，其一是为通信数据建模，另外的则是为已有的内部任务缓冲空间建模。

如果几个任务分享同一个处理器，可预测交互任务仲裁就是非常必要的。这种仲裁的几个例子就是 TDM、CCSP 以及循环器。此外，当计算边对边应用性能时，分享和仲裁效应应该被考虑在内。正如数据流图，不同仲裁规则的建模在文献 [19，28] 中给出。

## 2.4　互连

处理器和存储器芯片在系统中的通信通过一个全局片上互连进行，正如图

2.1 所示。特别的，处理器作为存储映射发起者，而存储芯片则作为存储映射目标。这可在图中看出，此处发起者与目标口分别用黑白两色标出。当在一个处理器上执行任务时，它们就发起读/写请求。根据不同的地址，这些请求被传送到合适的存储芯片上，而同时一个响应也被潜在地传回处理器。根据 2.2.1 节的内容，互连的请求源因而也是处理芯片和存储芯片的接口。

为解释前述的功能，互连被分解成很多构架组件[16]。首先对这些组件来进行一个简单的说明，然后再继续讨论它们是怎样提供可组合性和可预测性的。当一个请求由起始器给出到互连上时，其通过协议壳进入到字顺序中串行化。然后，这些字通过一个时钟域交叉（CDC）进行传输。这种传输是从起始器的时钟域到达网络的，然后使平台 GALS[30]。数据随之通过一个逻辑连接送入网络，包括网络界面（NI）和路由（R）。NI 对数据进行分包化，并决定通过网络的路径。这些路径仅仅将数据传送至其目的 NI，在另一个时钟域交叉传送至目标时钟频率之前，在那里被解包。此壳随之对请求进行解串行，并将其送至实际的目标端口。如果存在一个响应，则跟随相同的逻辑连接通过网络进行返回，直到其到达起始器端。故而互连的资源包含了协议壳、CDC、NIS、R 以及链接。

## 2.4.1　可组合性

协议壳并不由连接所共享。这样一来，协议壳并不要求特别的注意来传递可组合性。此外，它们是一种可以被认为具有预测性的简单状态机。另外，壳串行化处理芯片的存储器映射，独立于其协议、数据更新、处理类型等。因此，当 NIS 展示为一串字符时，流控制的级别和优先级是一个简单字（使用 FIFO 协议）。

一旦串行化的数据更新被传送到 NIS，每个逻辑连接就在 NIS 中提供输入/输出缓冲。在这一层，网络可以被看做是一套可组合分散 FIFO，协议壳的相互连接对。NIS 在芯片单位上打包数据的私有字，同时通过网络链路和路由器发送它们。每个包开始于一个芯片单位头，通过一定的路径传送至目标输出缓冲器。与很多 NoC 相比，这种连接在网络内并不体现出任何仲裁性。路由器在数据包的头内仅仅按照路径编码，同时推送规划与缓冲的任务到 NIS。这样一来，所有的仲裁就在 NI 中发生了，而路由仅向微芯片传送，直到它们到达目的 NI，使网络显示为一个简单（管道）共享资源。

为了使网络成为一个整体的可组合性（与可预测性）资源，使用了"最差事件可预测资源规划"技术。用 3 个步骤来描述这种技术的实施，这就是在图 2.3 中的⑤、⑦和⑩。首先，在微芯片层级上预置网络资源（⑤边）。在每个微芯片上，一个规划决策被采用，且独立于数据包的长度。此外，正如已经看到的，在 FIFO 中的数据并没有存储器映射数据处理的安排，而且在数据处理和数据包之间并不存在相互对应的关系。正如在路由网络中没有缓冲一样，NIS 使用端对端流控制来确保缓冲空间始终存在。这样一来，如果微芯片在网络中的任何区域确保不被阻塞，其仅仅可以被投射。

第二，微芯片的规模被固定为 3B（字节），这样就导致了在 3 个机器周期之间的恒定规划间隔。如果连接的输入缓冲是空的，或者其运行在流控制之外，它就可以仅仅使用 3B（字节）微芯片中的 1~2B。恒定微芯片长度对应于将所有规划间隔等同于 WCSI，正如图 2.3 中的⑦所示。值得注意的是，并不需要决定其从其他请求源微芯片到达目的的长度，而是仅仅决定于一个新的微芯片可以被规划的长度：例如其他请求源的执行时间和响应时间是不相关的。

第三，固定微芯片的长度与逻辑连接的一个全局规划相连。每个 NI 用一个 TDM 仲裁器调节微芯片的投射[11]，这样一来，连接就一定不会在网络链接上发生。这种规划依靠一个网络元件的（逻辑）全局同步，但是这种概念已经在网络的均步和异步实施中被证实[18]。根据运行使用范例，在运行时间上对 TDM 规划进行编程，但是它典型地由设计时间决定。

对于非连续微芯片来讲，互连的最后一部分被强制进入数据包的头。这也就是说，如果另一个连接应用于链路，假定其进行了此项工作（或其并没有），插入了一个新的数据包的头。对于其他请求源的影响而言，数据包的头插入确保了仲裁器是状态缺乏的。

## 2.4.2 可预测性

正如前述适当的机制，互连在协议壳的配对连接的水平上提供了可组合性。对于共享资源来讲，可预测性额外地要求了最差事件的相应时间。正如在文献 [19] 中所详细讨论的，一个连接的暂时行为依赖于 TDM 的规划设置、路径长度以及输入缓冲和处处锁存的大小。一旦合适，规划器就决定了必须在输入缓冲区等待的字节长度，直到其加入到网络中。反过来，路径则决定了穿越整个网络所要求的（无阻塞）时间。在字节被接收和变为适于规划时，输入缓冲和输出锁存影响了时间。在数据流图中，所有的贡献均可被绑定或被捕获，这样一来就可以提供可预测性了。

# 2.5 存储芯片

本节将展示存储芯片，同时也讨论实施可组合性与可预测性技术。如图 2.1 所示，存储芯片的架构被分为了前端和后端：前端独立于存储技术，同时包含缓冲、仲裁以及使存储芯片具有可组合性的组件；后端连接实际的存储装置以及使其行为类似于可组合资源。故而，后端不同于存储器的不同类型，例如 SRAM

和 SDRAM，正如图 2.1 所示。架构中的组件将在随后的内容中进行讨论。

虽然存储芯片是通用的，而且也同时支持 SRAM 和 DDR2/ DDR3 SDRAM，但这里将重点讨论 SDRAM。这是因为，这些存储器具有 3 个重要特性可以使可组合性和可预测性的挑战得以实现。这 3 个特性如下：①一个请求的执行时间和存储器提供的带宽是可以获取的，同时依赖于其他的请求源；②一些存储器请求源是关键时延的，同时要求低响应时间以便在处理器上减少阻塞循环的数量；③由于功耗原因，SDRAM 的带宽是一种稀缺资源，必须有效利用。本节按照如下方式组织：首先，2.5.1 节解释了如何使一个 SDRAM 像共享的可预测资源那样工作；随后，2.5.2 节讨论了怎样使可预测资源共享可组合存储器。

## 2.5.1 可预测性

2.2.1 节说明了对于所有的请求来讲，在 WCET 上一个可预测资源必须提供一个有用的界定。此外，一个存储芯片必须界定带宽，以便能够提供给一个请求源以确保带宽要求是符合规定的。本节详尽阐述了存储芯片是如何传递这些请求的。存储芯片依照通用路径到达可预测共享资源，同时与一个可预测资源和可预测仲裁相结合。首先，在一个 SDRAM 后端的概念使存储器的行为类似一个可预测资源，这在图 2.3 中的①边上有所解释。然后，讨论了在多请求器之间怎样共享可预测资源，例如图 2.3 中的③边。

### 2.5.1.1 可预测 SDRAM 后端

SDRAM 凭借其实时性正在挑战系统中的应用要求，这是由其内部的架构所决定的。一个 SDRAM 包含了大量的存储空间，每个存储空间都包含了一个类似矩阵行、列架构的存储阵列。图 2.7 给出了这种架构的简要说明。各个存储空间都有一个行缓冲器，这种缓冲器可以逐次保持放开一行。同时，读/写操作也仅由开放行所允许。在存储空间中开放一个新行之前，当前开放行的目录则率先复制到存储阵列中。在存储阵列中的元素由一个简单电容和电阻安排实施。此处，充电

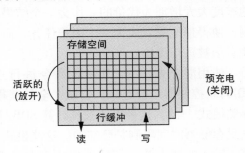

图 2.7 SDRAM 的架构以及一些重要 SDRAM 命令的行为

后的电容代表逻辑"1"，而一个空电容则代表逻辑"0"。电容由于漏电时间长而失去其电荷，同时也必须被再次进行规则地刷新以保留所存储的数据。

SDRAM 的架构可以使执行时间高度可变，这有 3 个原因：①当它需要当前行是关闭的而请求行是开放的时，要求针对一个开放行可快速进行服务；②数据

总线是双向的，而且要求大量的循环进行读/写切换；③在执行下一条请求之前，存储器必须进行间或性刷新。这些要素的影响可能会引起一个 SDRAM 的执行时间突然发生改变，而这些改变是从一个新的时钟周期到几十个循环由大量的命令所引发的。

SDRAM 的行为由 SDRAM 命令的次序所决定。这些命令的通信是从存储器芯片的后端到存储装置的。这些命令告诉存储器激活（放开）在存储阵列中一个特定的行，以便对开放的行进行读写，或者预充电（关闭）一个开放的行，同时存储其目录返回存储阵列中。这时，也会有一个刷新命令对存储器要素电容进行充电，这样一来可以确保存储阵列的目录保留下来。这些命令的行为在图 2.7 中进行了阐述。由于存在相当大时间限制，而且在一个命令发出之前这些必须满足，因此规划 SDRAM 命令可不是一件小事。这些时间限制，在发出特别的 SDRAM 命令间隔之间，是典型的最小延迟。就像在两个激活的要素之间，或者是一个激活的要素和读/写命令之间。

根据规划 SDRAM 命令的方式，现存的 SDRAM 控制器可被分为两种。静态规划控制器[7]执行预计算命令规划，这样在设计时间上就保证了满足所有存储器的时间限制。执行预计算规划使得这些控制器变为可预测的，同时也易于分析。然而它们同样也不能适应在现代 SoC 的动态行为，例如带宽要求或不同时间的读写率。第二种控制器使用了命令的动态规划，这就要求时间限制需要控制在运行时间内。这些控制器[20,21,26,29,35]具有复杂的命令规划器，以便能够尝试最大化平均所提供的带宽。与此同时，也能降低平均延时。当然，这是以分析资源的难度大大增加为代价的。作为一个结果，所提供的带宽仅仅可以通过仿真来预测，使得带宽配置成为一个困难任务。而当每个请求源加入、移动或修改时，这些必须被重新评价。

使用混合方法对 SDRAM 命令进行规划，方法是将静态要素和动态规划 SDRAM 控制器结合起来，尝试在全局获得最佳性能。这里的方法是基于可预测存储模式[1]的。这种模式被预计算 SDRAM 命令的频次（次规划），而这些命令满足存储器时间限制是已知的。这些模式通过运行时间被动态地结合在一起，依赖于输入的请求流。存储器模式存在于 5 个特色之中：①读模式；②写模式；③读/写切换模式；④写/读切换模式；⑤刷新模式。这些模式被创造性地使用，以便可以依次规划多重读、写模式。然而一个读模式并不能在一个写模式之后被立即规划，在这种情况下，读模式必须先于一个写/读切换模式。这会在其他方向中类似地起作用。在一个读模式或一个写模式之后，刷新模式可以立刻被规划。而在一个没有任何前置开关模式的刷新之后，则可以立刻规划读模式和写模式。

读、写模式由 SDRAM 的爆发的固定数据所组成，所有的这些均以在存储空间的相同行为作为目标。由于数据总线在所有的存储空间之间进行共享，以便降低在 SDRAM 界面上的引脚数量，因此这种爆发通常被依次发送到不同的存储空间。故而爆发的固定数目被首先送到第一个存储空间，然后是第二个，接着再依此类推各行扫描直至进入所有的存储空间。这种进入 SDRAM 的方式导致了一种短时频度的增长，而随之而来的是长时非增长。这些模式开发了存储器层面上的并行处理，这些并行处理在长时间断之间通过发送激活和预充电命令到存储器，在此之间它们不用传送任何数据。故而根据带宽来判断这种读写模式非常有效，这是因为可能隐藏着一个相当大的由激活和预充电的行所招致的延迟部分，这就限制了管理循环。而这些是在数据进入之后，由经常快速预充电存储空间引起的。这一点在闭合页面管理中心已经是预先知道的了。使用这些策略是因为，其在开放行上通过早期请求有效地移动了从属部分。这种移动是在每次进入之后，通过返回存储器到中性状态来实现的。这里的方法中，在请求之间移动这种存储部分是一个很重要的因素。这是因为其在所提供的带宽和时延上降低了变化，在带宽和 WCRT 上使能了较紧的界限，以便其能被导出。

虽然交叉存储模式允许界定所提供的带宽，但它们还是存在两个缺点：第一个缺点是与一个单存储空间短时应用相比，连续激活和预充电这些存储空间会引起较高的能量损耗；第二个缺点是这些存储器吸纳了较大的间隔尺寸，因而，需要较多的请求才能有效率地工作。一个有效的介入要求至少有一个 SDARM 爆发到每个存储空间上。一个典型的 SDRAM 爆发规模是具有 8B 的，同时存储空间的数量也应该是 4 个或 8 个。因此，对于 32 位存储接口来讲，最小有效请求的大小应该介于 128 ~ 256B，而这也是依赖于 DDR SDRAM[3] 的大小与代别的。在一个非预置方式中处理大量的请求也意味着紧迫的请求需要锁存较长时间，这样就导致了较长时间的 WCRT。

在 SDRAM 的后端，通过命令发生器，请求以一种非预置方式被动态地映射到模式中。一个规划好的读请求映射到读模式，这可能先于一个写/读切换模式。同样的，一个写请求映射到写模式，同时潜在地先于一个读/写切换模式。在介于请求的一个规则基础上，通过 SDRAM 后端刷新模式被自动规划。从请求到模式的映射和模式到 SDRAM 爆发均在图 2.8 中给出，是用一个具有 4 个存储空间的 SDRAM 来表示的。该图解释了 4 个爆发一个请求的执行时间不同地依赖于或不依赖于一个被请求的开关模式，同时如果一个刷新是在一个请求之前，也会有这种情况。

存储模式的优点是，它们可以引发 SDRAM 命令规划到一个较高的层次。像一个动态规划 SDRAM 一样，而与动态发布个体 SDRAM 命令不同，后端发送存储模式是根据命令依次进行的。这就意味着状态和限制的降低必须纳入考虑，从而使这里的方法与完全动态解决方案相比更加易于分析。

在所提供的带宽和 WCRT 上，存储器模式允许一个较低的界限。这是由于

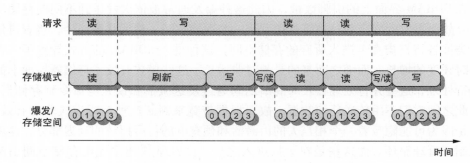

图 2.8　从请求到模式到 SDRAM 爆发

知道了每个模式的执行时间、传输的数据量以及那种模式的最差事件次序。这种分析在文献［3］中给出，并进行了实际的评价。存储模式的使用赋予了这里的方法静态可预测性，这样就可以规划存储控制器了。另外，这里的方法也具有一些动态规划控制器的属性，例如在读、写请求之间动态选择的能力以及实时仲裁的应用，后者将在以下的内容展开。

### 2.5.1.2　可预测仲裁

在前述内容中，假定了具有一个可预测存储器。例如像一个零总线周转 SRAM 或者基于可预测存储模式的 SDRAM 后端。在提供的带宽和请求的 WECT 已知情况下，此时可以进行有用的限定。在本节中，考虑了在多个请求源之间共享可预测存储器的效应。正如在 2.5.1 节中所提到的，要求一个可预测仲裁器是被界定好的，而在特别的请求之前，服务于干扰请求的数量。这就使得 WCRT 可以被决定。在文献中叙述了大量的可预测仲裁器，例如 TDM 和环形认证。然而这种仲裁器大部分不能为关键请求源提供低响应时间，因此其并不适用于存储芯片。这个问题已经由优先仲裁所阐释，但是正如 2.2.2 节中所说的，传统的静态优先规划并不是非空闲的而且也不能用来构建可预测或可组合系统。为了说明这一点，已经开发了一个信用控制静态优先（CCSP）仲裁器[5]。CCSP 仲裁器由一个比率调节器和一个静态优先规划器组成。根据分配预算，在所提供的服务上，比率调节器通过强制一个上限隔离了请求源。更为深远意义的是，它解耦了间隔和延时，这就使得带宽可以用仲裁精度，而不是影响时延进行分配[4]。因而，在过配置与区域之间形成了一个彻底的权衡，这种权衡使得过配置变得无足轻重。对于像 SDRAM 这种高负载、稀有 SoC 资源来讲，这是有效的。静态优先规划器规划最高优先级的请求器，这也是在其预算中已经考虑的。优先的运用解耦了时延和比率，这样一来，就使得降低延时成为可能，同时亦可以用低带宽要求提供给请求器，而不是在这上面白白浪费带宽。比率调节器与静态优先规划器的联合使得仲裁器具有可预测性，而仍然可以满足时延关键请求源的要求。

比率调节器创建了不同关注点的分离，同时使在一个静态有限规划器中限定一个请求的 WCRT 成为可能，而这种方法无需依赖更高优先级的请求源。与之不同，在 WCRT 上的限制是基于分配带宽和爆发性的，这就决定了设计时间。然而为了保证鲁棒性，也需要独立于规划器请求的规模，通过发送很多的请求以阻止失效的请求源进入请求。使用预置服务解决了这个问题，这是通过使能原子化器[17] 而成功的，如图 2.1 所示。原子化器将请求分为较小的原子化服务单元，这些单元由在一个已知界定时间的存储器进行服务。这样就有效地使存储器欲置在一个原子服务单元的间隔之上。原子化请求的规模是固定的，而且由设计时间决定。它选择了最小请求规模，这样资源就可以有效地进行服务。对于 SRAM，自然的服务单元是一个简单的字节，但它要远远大于一个以可预测存储为模式的 SDRAM。对于这些存储器来讲，其大致在 16～256B，同时也依赖于存储设备和在效率与时间之间的可预期交易。

## 2.5.2　可组合性

在存储芯片中的可组合性是使用一种名为"最差事件延迟的可预测资源规划"的技术而实现的。前述的两个原因关系到 SDRAM 的特性。首先，这是因为 SDRAM 具有依赖于其他请求源的高度可变的执行时间。这就阻止了"最差事件可预测资源规划"的使用，直到执行时间由其他请求源独立给出。通过推迟所有的执行，这是可能的。具体方式是通过设置 WCSI = WCET 直到 WCET。对于大多数模式来讲，这包含了对于每个存储器请求的一个读/写切换的预设。这些技术虽然可能实现，但是这可能引起响应时间的上升，同时也可能将所需的带宽提高至 20%[3]。考虑到 SDRAM 的带宽是一种稀缺和昂贵的资源，这并不是一个可行性的选择。第二个原因是，第一种技术限定在像 TDM 或者静态规划一类的可组合仲裁器，而这并不能够区分请求源和低响应时间请求。然而第二种技术可以在任何可预测仲裁器下工作，例如这里的基于优先级的 CCSP 仲裁器。这种技术由延时时钟实现，如图 2.1 所示。这种组件对最差事件干扰进行仿真，而这些干扰是从其他请求源而来提供给原子化界面的。由于原子化器并不进行共享，这就使得完全前-后可组合性相互结合了起来。

值得注意的是，延迟区不能被放在处理器芯片中，而是放在了存储器芯片中。这样做的好处是其使用可预测性提供了可组合性平台，但却并不具有可组合性。从相互连接和存储器芯片上一次性消除了干扰的相互耦合，然而由于使用了另外的技术，相互连接在其本身是具有可组合性的，从而制止了移动延迟时钟的目的。另外，在处理器芯片中的延迟也伴随着平台调试的缺点更加困难。这是由于如果应用被添加、移动或修正，相互连接和存储芯片的状态就会发生改变。

## 2.6 实验

对于每个 FPGA SoC 原型资源，可以实施提出的可组合性提高机制。这种机制具有 4 个处理芯片而只用一个 MicroBlaze 结构、一个存储芯片、一个轻型 NoC[12]。在这个平台上，执行了几个构建好的应用事件。这几个应用事件是使用以下应用的：一个简单合成应用（AI）、一个 H.264 视频记录器[39]（A2）以及一个 JPEG 记录器（A3）。每个组件都由一系列通信任务组成。图 2.9 给出了任务图和这些应用的任务到处理器映射。

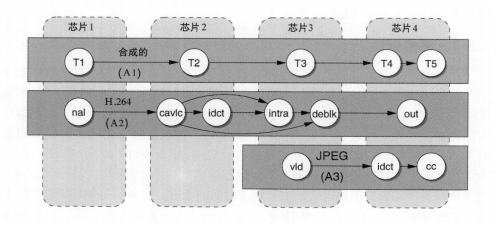

图 2.9　实验中使用的应用与映射

如果 SoC 具有可组合性，那么一个应用的行为应该对其他应用的存在与否具有同样的忽视。用两种方法研究可组合性：第一种是使用多重仿真，在 MicroBlaze 接口的一些信号之间，检查循环层的不同；第二种是当其他应用加入该系统时，判定一个应用的响应时间和起始时间是否保持恒定。

为了在循环层面研究可组合性，进行了两个仿真，同时在第一个 MicroBlaze 核中对比了很多信号。对于这里的仿真来讲，利用了合成应用（A1）和 H.264 应用（A2）。那种 int_out 信号（时间中断）在一个任务槽的结束与一个 OS 槽的开始之间指示了边界。这个信号一直保持高电位，直到处理器得到通知中断被响应。在第一个仿真中，A1 传送 4KB 的数据标识，然后接着传送 16 B 的数据标识。图 2.10 给出了这两种仿真之间的信号不同点，应用 TDM 槽分配在图 2.10 的底端给出。观察到这种信号在 A2 的任务槽中被识别出来，然而不出所料，这种信号在 A1 槽中却变化了。图中带条纹的区域代表了这两种运行方式之间不同的循环。如图 2.10 所示，在两个仿真中，定时器中断信号并不总是一样的。这种变化的原因是不同的指令在不同的仿真中被中断，因此 int_out 信号就有了不同的定时时间。两种途径的对比清楚地显示了发生在变化应用的时间槽和 OS 槽时只有信号的不同，并指示了循环层已经获得可组合性。

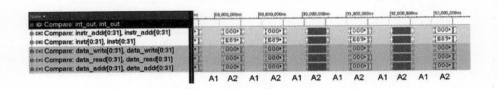

图 2.10　当 A1 改变其行为时 MicroBlaze 信号的不同

为了研究应用的起始时间和响应时间的潜在变化，运行了单独的 H.264 和 JPEG 应用（分别为单 H.264 和单 JPEG），另外还有在 FPGA 上的合成应用组合。在这些例子中，对比了每个 H.264 和每个 JPEG 任务上的各个迭代响应时间和起始时间。如果系统是可组合性的，这些时间将在不同的运行时体现出一致性，而不管合成应用存在与否。图 2.11 和图 2.12 给出了在两个事件里，对一个 JPEG 和 H.264 任务的响应时间的不同。这两个事件如下：①当所有的应用共享一个单 RDMA 引擎（每个芯片上仅有一个 RDMA）时以及②当每个应用具有其自身的 RDMA 引擎（每个任务上有一个 RDMA）时。

如图 2.11 和图 2.12 所示，当在每个芯片上使用一个单 RDMA 时，响应时间会不同，从而揭示了扰动。另一方面，当在每个应用中使用单 RDMA 时，响应时间的不同归零，显示其无干扰。由于篇幅缺乏，没有给出所有任务的响应时间和起始时间。观察到的行为是相同的，这意味着当每个应用使用一个 RDMA 时，系统是可组合的。然而在应用之间分享一个 RDMA 引擎会导致干扰，同时也会导致在应用定时行为上的不同。这一点是在意料之中的。

总的来说，这里的实验展示了在循环层面和任务迭代层面，处理器的行为相同，指出了 SoC 是暂时性可组合的。在此区域内，检视信号痕迹仅会覆盖处理器，然而这些实验强烈建议互连和存储器芯片也应该是可组合的。另外，在这些资源里定时的不同将导致任务响应时间的不同，或者是在处理器信号循环层面定时的不同。

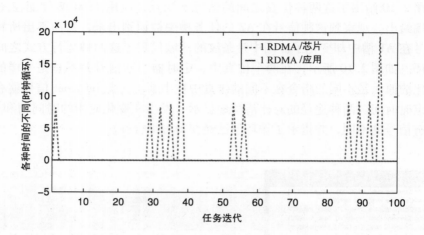

图 2.11 在每个芯片或应用上 JPEG，vld 任务响应时间的不同

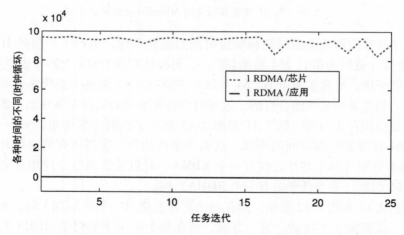

图 2.12 在每个芯片或应用上 H.264，deblock 任务响应时间的不同

## 2.7 小结

本章讲述了在嵌入式多处理器平台上的证明和合成的问题。这种平台具有由一个混合实时和非实时应用所共享的资源。讨论了两个降低复杂度的概念：可组合性与可预测性。在一个可组合系统中的应用是完全被隔离的，而且不能够相互影响其他的功能性和时间性行为。所以在一个使用事件中的应用不能被孤立地判定而是应该综合考虑，从而导致了较小的状态空间。这样就使能了一个较快的修

正过程。例如使用基于仿真的技术，这样可以当第一个应用在一个应用事件中可以获取时，就可以及时启动。另一方面，可预测系统在应用平台上提供了较低的界限，例如延迟和吞吐量方面。在设计时，这就可以使用正规性能分析框架对应用进行修正。正规性能修正的优点是，保守性能的保证可以提供给所有可能的资源和仲裁器初始状态、所有输入激励以及所有同时执行应用的联合。然而正规方法要求软件的性能模型、硬件以及映射，这些尚未在工业上广泛采用。因而当修正问题和提供完全解决方案合并存在时，可组合性和可预测性都解决了其重要部分。

在这个意义上，可组合性与可预测性具有不同的属性。可预测性意味着存在短暂性行为有用的界限，同时也具有一个单应用映射到一系列资源上的一种属性。可组合性意味着在应用之间完全隔离，这是一种多个应用共享资源的属性，但各个资源可能是可预测性的，也可能不是。正规化考虑时间上的可组合性是可以实现的，这种情况是如果当其被规划进入资源，以及当其完成接受任务后，一个应用的起始时间和响应时间独立于其他应用。

本章的贡献是双倍的。首先，给出了对于达成可组合性和/或可预测性的 5 种技术根本上的概貌，同时也强调了其各自的优势与缺点。其次，通过应用所提供的、对于 3 种通用资源类型的技术，展示了如何建立一个可组合与可预测系统。这 3 种通用资源类型是处理器芯片、互连（NoC）以及存储器（包含片上 SRAM 和片下 SDRAM）。

在一个非共享资源上，可预测性意味着一个有限规模的请求拥有有界 WCET。在一个共享资源上，通过合并资源和仲裁器以及每个可预测性行为获得了可预测性。这就使能了请求的 WCRT，以便为可预测仲裁器与资源的任何联合作出决定。

可组合性可以通过 4 种方式获取，下面就开始进行讲述。如果所有请求的执行时间不能被界定，那么第一种方式是有用的了。然而这要求其在一个选择 WSCI 之后可以被预设，这是在两个仲裁决策之间的最大时间。为了创建独立起始时间的前提，所有规划间隔必须具有等同于 WCSI 的恒定长度。这就从先前的那个执行时间中，解耦了一个请求的起始时间。为了加强独立起始时间和响应时间，请求必须通过一个可组合仲裁器来进行规划，正如 TDM 技术一样。这种方式实现可组合性的主要局限是其仅仅应用可预置资源，这是在一个请求执行时间内，从其他请求中独立出来的请求。这是为零总线转置 SRAM 的事件，而不是为 SDRAM。

第二个实现可组合性的方式特别地应用了非预置性资源。这种技术要求资源是可预测性的，同时也应该拥有一个已知的 WCET。这个理念是在资源上设置规划间隔等于一个请求的最大 WCET，以便使起始时间独立于先前的请求。将其与可组合性仲裁合并确保了最差事件响应时间也是独立的。这种技术的两个缺点如下：①请求的执行时间必须从其他的请求源中独立于请求，这与先前的方法一样；②如果在平均和最差事件执行时间之间存在很大不同，将规划间隔等同于最长 WECT 会导致低的资源利用，也就是说 SDRAM 的事件。

实现可组合性的第三和第四种方式是基于可预测性，从而导致了资源具有双重属性。第三种方法是第一种方法的扩展，其使用了可组合仲裁器也具有可预测性的附加请求，例如 TDM。为了可预测应用，这就使得使用已知 WCET 独立于其他请求的 WCRT 可以被计算。

最后一种实现可组合性（和可预测性）的方法是依赖其他请求源，应用预置和非预置资源来支撑可获得的执行时间。此外，它还可以用来合并可预测性资源和可预测性仲裁器。在这种方法背后的主要理念是，通过从其他请求源到由其他应用引起的移动变化来强制最大扰动，从而使系统具有可组合性。通过从一个可预测共享资源和延迟响应到从其他请求源仿真扰动，这种方法获得了成功。

本章的实验证明了提供的一些技术，这些技术是通过一个 NoC，在 MPSoC 使用 MicroBlaze 核连接一个 SRAM 芯片。本平台的网络表仿真显示了一个应用的循环层面行为是不受影响的，它指出了具有可组合性的执行行为，这正如其他应用的行为变化。

# 参 考 文 献

1. B. Akesson, K. Goossens, and M. Ringhofer. Predator: a predictable SDRAM memory controller. In *CODES+ISSS '07: Proceedings of the 5th IEEE/ACM international conference on Hardware/software codesign and system synthesis*, pages 251–256, 2007.
2. B. Akesson, A. Hansson, and K. Goossens. Composable resource sharing based on latency-rate servers. In *12th Euromicro Conference on Digital System Design (DSD)*, 2009.
3. B. Akesson, W. Hayes, and K. Goossens. Classification and Analysis of Predictable Memory Patterns. In *Int'l Conference on Embedded and Real-Time Computing Systems and Applications (RTCSA)*, 2010.
4. B. Akesson, L. Steffens, and K. Goossens. Efficient Service Allocation in Hardware Using Credit-Controlled Static-Priority Arbitration. In *Int'l Conference on Embedded and Real-Time Computing Systems and Applications (RTCSA)*, 2009.
5. B. Akesson, L. Steffens, E. Strooisma, and K. Goossens. Real-Time Scheduling Using Credit-Controlled Static-Priority Arbitration. In *Int'l Conference on Embedded and Real-Time Computing Systems and Applications (RTCSA)*, 2008.
6. ARM Limited. *AMBA AXI Protocol Specification*, 2003.
7. S. Bayliss and G. Constantinides. Methodology for designing statically scheduled application-specific sdram controllers using constrained local search. In *Field-Programmable Technology, 2009. International Conference on*, pages 304 –307, Dec. 2009.
8. M. Bekooij, A. Moonen, and J. van Meerbergen. Predictable and Composable Multiprocessor System Design: A Constructive Approach. In *Bits&Chips Symposium on Embedded Systems and Software*, 2007.
9. R. Cruz. A calculus for network delay. I. Network elements in isolation. *IEEE Transactions on Information Theory*, 37(1):114–131, 1991.

10. M. Ekerhult. Compose: Design and implementation of a composable and slack-aware operating system targeting a multi-processor system-on-chip in the signal processing domain. Master's thesis, Lund University, July 2008.

11. K. Goossens, J. Dielissen, and A. Rădulescu. The Æthereal network on chip: Concepts, architectures, and implementations. *IEEE Design and Test of Computers*, 22(5):414–421, 2005.

12. K. Goossens and A. Hansson. The aethereal network on chip after ten years: goals, evolution, lessons, and future. In *DAC '10: Proceedings of the 47th Design Automation Conference*, pages 306–311, 2010.

13. K. Goossens, D. She, A. Milutinovic, and A. Molnos. Composable dynamic voltage and frequency scaling and power management for dataflow applications. In *13th Euromicro Conference on Digital System Design (DSD)*, Sept. 2010.

14. P. Gumming. The TI OMAP Platform Approach to SoC. *Winning the SoC revolution: experiences in real design*, page 97, 2003.

15. A. Hansson, M. Coenen, and K. Goossens. Undisrupted quality-of-service during reconfiguration of multiple applications in networks on chip. In *Proc. Design, Automation and Test in Europe Conference and Exhibition (DATE)*, pages 954–959, 2007.

16. A. Hansson and K. Goossens. An on-chip interconnect and protocol stack for multiple communication paradigms and programming models. In *CODES+ISSS '09: Proceedings of the 7th IEEE/ACM international conference on Hardware/software codesign and system synthesis*, pages 99–108, 2009.

17. A. Hansson, K. Goossens, M. Bekooij, and J. Huisken. CoMPSoC: A template for composable and predictable multi-processor system on chips. *ACM Transactions on Design Automation of Electronic Systems*, 14(1):1–24, 2009.

18. A. Hansson, M. Subbaraman, and K. Goossens. aelite: A flit-synchronous network on chip with composable and predictable services. In *Proc. Design, Automation and Test in Europe Conference and Exhibition (DATE)*, Apr. 2009.

19. A. Hansson, M. Wiggers, A. Moonen, K. Goossens, and M. Bekooij. Enabling application-level performance guarantees in network-based systems on chip by applying dataflow analysis. *IET Computers & Digital Techniques*, 2009.

20. S. Heithecker and R. Ernst. Traffic shaping for an FPGA based SDRAM controller with complex QoS requirements. In *DAC '05: Proceedings of the 42nd annual conference on Design automation*, pages 575–578, 2005.

21. E. Ipek, O. Mutlu, J. Martinez, and R. Caruana. Self-optimizing memory controllers: A reinforcement learning approach. In *Computer Architecture. ISCA '08. 35th International Symposium on*, pages 39–50, 2008.

22. International Technology Roadmap for Semiconductors (ITRS), 2009.

23. H. Kopetz and G. Bauer. The time-triggered architecture. *Proceedings of the IEEE*, 91(1):112–126, 2003.

24. H. Kopetz, C. El Salloum, B. Huber, R. Obermaisser, and C. Paukovits. Composability in the time-triggered system-on-chip architecture. In *SOC Conference, IEEE International*, pages 87–90, 2008.

25. E. A. Lee. Absolutely positively on time: what would it take? *IEEE Transactions on Computers*, 38(7):85–87, 2005.

26. K. Lee, T. Lin, and C. Jen. An efficient quality-aware memory controller for multimedia platform SoC. *IEEE Transactions on Circuits and Systems for Video Technology*, 15(5):620–633, 2005.

27. A. Molnos and K. Goossens. Conservative dynamic energy management for real-time dataflow applications mapped on multiple processors. In *12th Euromicro Conference on Digital System Design (DSD)*, 2009.

28. O. Moreira, F. Valente, and M. Bekooij. Scheduling multiple independent hard-real-time jobs on a heterogeneous multiprocessor. In *EMSOFT '07: Proceedings of the 7th ACM & IEEE*

*international conference on Embedded software*, pages 57–66, 2007.

29. O. Mutlu and T. Moscibroda. Parallelism-Aware Batch Scheduling: Enabling High-Performance and Fair Shared Memory Controllers. *IEEE Micro*, 29(1):22–32, 2009.

30. J. Muttersbach, T. Villiger, and W. Fichtner. Practical design of globally-asynchronous locally-synchronous systems. In *Proceedings of the Sixth International Symposium on Advanced Research in Asynchronous Circuits and Systems*, pages 52–59, 2000.

31. A. Nieuwland, J. Kang, O. Gangwal, R. Sethuraman, N. Busá, K. Goossens, R. Peset Llopis, and P. Lippens. C-HEAP: A heterogeneous multi-processor architecture template and scalable and flexible protocol for the design of embedded signal processing systems. *Design Automation for Embedded Systems*, 7(3):233–270, 2002.

32. OCP International Partnership. *Open Core Protocol Specification*, 2001.

33. Philips Semiconductors. *Device Transaction Level (DTL) Protocol Specification. Version 2.2*, 2002.

34. R. Saleh, S. Wilton, S. Mirabbasi, A. Hu, M. Greenstreet, G. Lemieux, P. Pande, C. Grecu, and A. Ivanov. System-on-chip: Reuse and integration. *Proceedings of the IEEE*, 94(6):1050–1069, 2006.

35. J. Shao and B. Davis. A burst scheduling access reordering mechanism. In *Proceedings of the 13th International Symposium on High-Performance Computer Architecture*, pages 285–294, 2007.

36. S. Sriram and S. Bhattacharyya. *Embedded multiprocessors: Scheduling and synchronization*. CRC, 2000.

37. L. Steffens, M. Agarwal, and P. van der Wolf. Real-Time Analysis for Memory Access in Media Processing SoCs: A Practical Approach. *ECRTS '08: Proceedings of the Euromicro Conference on Real-Time Systems*, pages 255–265, 2008.

38. C. van Berkel. Multi-core for Mobile Phones. In *Proc. Design, Automation and Test in Europe Conference and Exhibition (DATE)*, 2009.

39. S. Verdoolaege, H. Nikolov, and T. Stefanov. PN: a tool for improved derivation of process networks. *EURASIP J. Embedded Syst.*, 2007, 2007.

40. R. Wilhelm, D. Grund, J. Reineke, M. Schlickling, M. Pister, and C. Ferdinand. Memory hierarchies, pipelines, and buses for future architectures in time-critical embedded systems. *IEEE Transactions on Computer-Aided Design of Integrated Circuits and Systems*, 28(7):966–978, 2009.

# 第3章 在片上多处理器系统中硬件支持下的有效资源利用

A. Herkersdorf、A. Lankes、M. Meitinger、R. Ohlendorf、S. Wallentowitz、T. Wild 和 J. Zeppenfeld

**摘要**：可配置资源的有效使用在当今多核系统中主要是取决于应用程序员的手工才能。通过一个整体、跨层和跨学科的应用优化以及架构方面等，本章分析了一些因素和建议方法，这些方法用来解决合理利用并行资源的问题。以异构网络处理器为例，展示了应用程序如何具体的结构优化。在这个处理器领域中，可以适合均匀通用多核系统的效益设计。在过去的几十年里，成功地应用于高性能计算和科学计算的方法已经进行了评估。最后展示了仿生原则（即自组织和自我适应）通过专用和通用的多核提供了大量的机会，例如提供架构改进和构建块的自我优化建议。从本章的角度来看，为了更好地支持并行处理资源的开发，这对于未来的众核是很有用的。

**关键词**：众核，多核，硬件支持，网络处理，仿生，自组织，学习分类器，平台优化，有效处理，硬件加速器，超级计算，片上网络（NoC），高性能计算

## 3.1 简介

事实上芯片多处理器已经成为处理器架构的行业标准。与先进的单处理器相比，多核系统的可扩展性计算性能和功率效率方面是卓越的。无论是均匀的或异构的平台、集成相同或不同类型的可编程处理单元，这种多处理器系统芯片被发明出来。

随着 CMOS 半导体工艺（摩尔定律）的不断进步，在一个芯片上实现一百个或多个这样的处理单元，其在技术上是可行的。商业和学术的例子，如 Tilera 公司的 TILE – Gx⊖、英特尔公司的 Rock Creek⊖ 或者是 TRIPS 架构[5]，不断向多核架构这方面的趋势巩固。下面将使用的核心指的是一个可编程的处理器件或芯片处理器构建块。此外当提及一个多核系统时，用它作为本章的一个通用术语，同样也表明讨论的方法也适用于多核。

---

⊖ Tilera. http：//www. tilera. com/。

⊖ Intel，Single Chip Cloud Computer. http：//techresearch. intel. com/articles/Tera – Scale/1826. htm。

一般用途的计算系统－PC、服务器或高性能计算（HPC）集群—基于相同的核心通常具有均匀的众核，如 AMD 公司的 12 核 Magny Cours⊖或者英特尔公司的 8 核 Nehalem－EX⊜。各种嵌入式应用领域，如移动通信的特殊需要、IP 数据平面网络、交互式在线游戏、虚拟计算、自动控制单元、医疗电子学以及工业自动化，这些往往是多核异构更好的解决方案，这种异构众核是由不同类型的内核组成，通过它们的指令集和微体系结构的方法，尤其是向各自应用需求的优化和定制。异构多核包括：TI 公司的 OMAP 平台⊜、Cell BE⊛和 CSX700⊕。

同构和异构多核系统在未来将并存，这是由于在特定的应用领域有其独特的优势。当然这两类都有一些个人的技术和方法的挑战，如在更广泛的范围内节流的迅速采用。无处不在的处理器技术挑战那是绝对存在的，同时有特定的面积、密度电力功率的消散。由于各种相关环境和制造的变化，以及暂态扰动电离辐射、可靠性，提升灵敏度的 MOSFET 的操作在未来将会变得非常重要[4,17]。

在本章，解决了现有的多核架构和相应的软件开发工具的另一个关键性缺点。主要关注的是通过在多核上运行的应用程序，在名义上加工性能的有限开发。在今天的多核架构和工具中，看到一个明显的缺陷是允许系统开发人员有效地利用现有资源。最关键的部分是有效分区的应用程序的并发任务，以及处理资源任务的空间和时间映射。这包括静态分析或是否有利，即使是运行时动态的平衡，这两者都是 NP 难问题。

今天，可用的处理资源的有效利用往往取决于手工技能和应用程序员人才。这一方法当然在很长的一段时间中被认为是失败的，是不可扩展的，因此在所有处理核心的聚合性能中应用程序典型滞后看到的有效处理性能。有人可能会说，在 Amdahl 定律中收益随众核处理器数递减是可以预期的。当然要提醒的是，Amdahl 定律适用于单个应用程序，也可分为并行处理。在嵌入式系统领域，例如以上所列举的异构架构，多核通常同时运行多个应用。因此通过分配不同的过程到不同的核心，虽然个别过程是原有的顺序，并行体系结构应该能大大提高整体系统性能。

建议解决并行资源开发问题，这意味着一个整体、跨层和跨学科的应用优化、中间件和架构方面的多核解决方案。中心目标是在软件和硬件方面缩小处理效率差距。因此主要专注于硬件支持技术，并努力实现这一目标。应该指出的

⊖　The AMD Opteron 6000 Series Platform. http：//www. amd. com/us/products/server/processors/6000 － series － platform/。

⊜　Intel Microarchitecture Codename Nehalem. http：// www. intel. com/technology/architecture － silicon/ next － gen/。

⊜　Texas Instruments，OMAP platform. http：//www. ti. com/OMAP _ DSPs。

⊛　The Cell project at IBM Research. http：//www. research. ibm. com/cell/。

⊕　ClearSpeed CSX700. http：//www. clearspeed. com/products/csx700. php。

是，没有要求解决之前提出的复杂问题。对于多核系统，目标是提高在硬件支持方向的意识。

具体地说，在 3.2 节将识别在异构网络处理器（NP）中应用特定架构优化的机会，这有利于未来通用设计的多核系统的设计。因此，从深入分析应用特点学习也有利于多核架构。用于不同的域，如超级计算机，如果优化是一个通用的性质。这里使用网络作为一个应用程序域的一个代表性例子，具有高的计算要求。

相反的方向，如何应用具体的众核可以从用于超级计算均质结构效益，这将在 3.3 节中提到。在过去的几十年里，这个问题意味着重新评估方法已成功地应用用于高性能计算（HPC）和科学计算。调查将决定是否以及如何建立方法，可以缩小到众核有自己特定的规模效益。最后以群体智能为例，3.4 节将展示在自然中发现的生物灵感原则提供了丰富的机会、在专用和通用的众核中有意义的采用。

一般来说，为架构的改善和架构块提供了一系列的建议。从本章的角度来看，在未来的众核应用中，使用者会更好地利用现有的并行处理资源。总体而言，如图 3.1 所描述，鼓励不同的多核应用领域和不同学科的方法和技术—工程、自然与计算机科学—造福于多核性能、功率效率和可靠性。

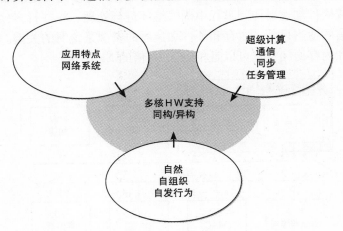

图 3.1　不同处理器的相关域为多核 HW 支持做出的贡献

## 3.2　学习网络处理应用

网络处理器（NP）是特定应用的高性能多核处理器，对于 TCP/IP 数据转发和高级网络服务，专业硬件不断增强。对于计算密集型任务来说，如地址查找或加密操作，虽然有着在当前网络任务中应用专用硬件加速的高连接率，为了应付日益多样化的网络协议的灵活性要求和软件可编程处理器资源充分性的新的传输标准要求（远离 ATM 和 SONET/SDH 向电信级以太网）。NP 的关键设计挑战是找到一个以软件和硬件为基础的适当的平衡的处理实体，具有高度的整体灵活性和计算密度的处理实体。

## 3.2.1 商用网络处理器

根据网络基础设施内的 NP 的具体部署方案（访问对立核心网），商用 NP 厂商提供可编程的处理器和特定领域的集成在一个芯片上的硬件加速器。NP 可以进一步分为对称和流水线处理器集群，每一类都有其相关的编程模型：运行到完成或流水线。虽然最高的 NP 链路速率倾向于深流水线架构（Xelerated<sup>⊖</sup>），商业 NP 产品多数支持并行聚类方法（见图 3.2 所描述）。在并行数据平面处理器群中，每个核心都能够执行整个分组处理功能并且可以访问硬件加速器卸载计算密集型功能。此组件是一个高容量的片上互连、芯片的存储器和网络以及具体的交换构造 I/O 的补充。核心根据运行到完成模型被编译，例如整个数据处理软件可以看作一个单独的线程，从一开始到结束，由相同的核心执行。通过分配到不同的核心包，核心平行或硬件加速器由 NP 架构开发。内核经常是多线程的，它在长延迟记忆或硬件加速器访问过程中确保继续进行处理。在并行多核集群式架构中，共享通信的适当尺寸、内存和硬件加速器的资源是绝对的关键。那是因为片上互连速度和内存访问带宽可以是相当于 10 倍的 NP 网速。

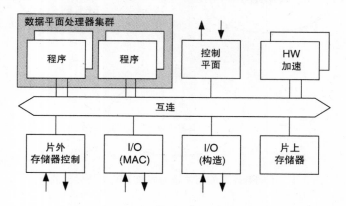

图 3.2 并行处理器集群架构（运行完成），
例如 AMCC nP3700、CiscoQFP、Cavium Octeon 2

---

⊖ Xelerated. Xelerator X11 Network Processors. http：// www. xelerated. com/uploads/files/5. pdf。

## 3.2.2 网络应用实例

必须由每个路由器支持的最基本的网络组网应用是由 IP 转发的。基本的 IP 转发是在 IETF RFC1812[3] 中被定义,需要到达包的完整性检查,在标题中减少 TTL 字段,以及在正确的输出接口中重新计算 IP 校验和重发数据。而地址查找,往往是由一个专用的基于 TCAM 的网络搜索引擎而实现的(NSE⊖),其他数据的操作是相当简单的任务。通常在软件可编程内核中,商用 NP 执行这些任务。这里将展示标准的 IP 转发也可以有效地与一些硬件构建块而实现。

无线接入网络中,来自于多个基站(NodeB)的通信量逐渐向无线网络控制器(RNC)和移动交换中心(例如 UMTS 中的 SGSN)集中[15]。无线网络的传输协议体系结构指定了复杂的协议转换和自适应功能,这些功能必须要在 RNC 中执行,反之亦然(见图 3.3)。另一方面,相邻 RNC 之间的通信量是简单的转发。因此在 RNC 和 NodeB 业务终端需要密集、灵活处理,而转发通信量与邻近 RNC 可以在适当的硬件支持下有效地处理。假设一个八菊花链式 RNC 的网络拓扑聚集到一个单一的 SGSN 通信量,85% 的通信量可以通过硬件转发处理,而仅有 15% 的通信量将受到更高要求的协议转换处理。

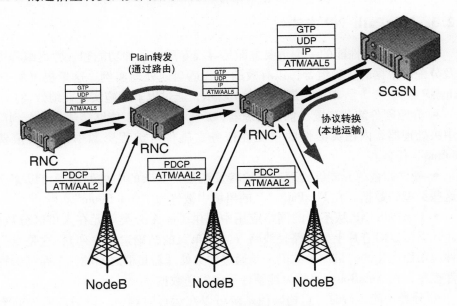

图 3.3 UMTS 回传网络架构

⊖ IDT. Network Search Engines. Product Flyer. http://www.idt.com/products/getDoc.cfm? docID = 10154。

第三个网络应用实例是用来处理 IPSec 安全协议的[11]。这里的数据分类和安全参数管理更倾向于灵活的软件实现，而对于数据有效载荷的解密，计算密集型数据处理能够更好地解决专用硬件引擎。通过使用处理器内核的软件程序，IPsec 数据处理首先开始分析数据。然后把它交给一个硬件加速器，在软件的数据传输之前执行剩余的数据处理。如果数据类型可以被附近的接收 NP 接口确定，为了解密的硬件加速器，它是可能直接加密的数据。因此该处理器被中断一次，之后解密已经完成，该软件可以完成余下的协议处理任务。

总之，网络应用程序表现出广泛的混合任务，有着很多的不同处理要求（每个数据几百到几千的操作）。根据灵活性（任务或协议更改的可能性）和处理性能要求，以及一些任务更有利地在软件中被实现，一些更适合作为专用硬件处理器来实现。不管是哪种形式的实现，在 NP 问题上依次通过任务的顺序。商业 NP 架构典型地通过数据处理的控制，以基础软件为核心。之后是软件包检测，完成核心处理或处理是交错的，硬件加速器共享通信基础设施。不管数据处理有多简单，每个数据至少穿越核心一次。

基于上述分析，可以注意到有必要重新考虑整体的 NP 结构。这种新的方法有什么见解和其他多核应用会在以下两部分描述到。

### 3.2.3　FlexPath NP 方法

改善 NP 系统性能的一个重要方面是寻找专用的硬件功能和软件可编程资源以及分配的数据的正确组合，以有效的方式适当地处理实例。这里提出的 FlexPath NP 架构[16,19]，功能扩展如图 3.4 所示，通过以下措施实现业绩效益：

• 介绍硬件卸载装置（前置处理器，后置处理器），能够缓解从复杂到简单的中央处理器，内在灵活性的重复性任务在软件可编程资源中是不会浪费的"routine"任务。

• 硬件卸载单元能够处理基本的转发流量，复杂的中央处理器可以完全忽视这些类型的数据。在 FlexPath NP 的语境中被称为"AutoRoute"。

• FlexPath NP 从不同的网络应用中提供了一个分类单元在入口区分数据。因此数据可以沿着片上处理路径线路（功能单元的精确遍历序列），这是专门为各种应用而优化的。最简单的例子是通过中央处理器集群之间的一个路径选择纯软件程序，在 AutoRoute 路径为纯硬件程序发送数据。

• 分类功能运行时可重构，使系统可以在运行时调整，以适应额外的流量类型或者对应用程序中的短时间变化作出反应。分类功能也可以被重用，以支持先进的 SoQ 功能并实现应用程序的负载均衡策略，这进一步提高了系统的性能。

为了解混乱数据所产生的问题，当数据属于同一个流时可能会按几条线路发送。还必须引入一个分组序列控制。

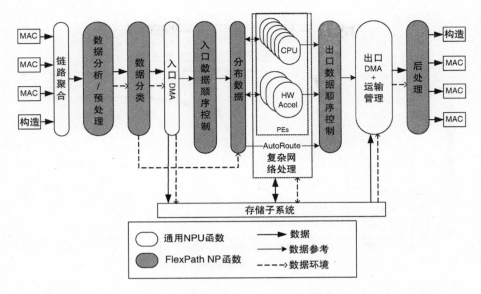

图 3.4  通过 FlexPath NP 的功能数据流

利用硬件卸载前、后、双处理器集群的转发性能。如果 AutoRoute 路径可以选择某些类型的通信量，处理器集群完全可以被忽视并且转发性能大大增加。

对于 NP 系统来说，除了提高转发性能，AutoRoute 特性还有另一个显著的效益。在图 3.5 中，在 AutoRoute 路径通过 NP 时，比较在可编程序内核中的数据处理延迟的平均延迟。系统在两股流中提供了 IMIX[⊖] 通信量，其中一个将由两个 PowerPC 内核转发而另一个是 AutoRoute。两个数据流的线路速率通过调整产生不同的比例。强加在系统上的总通信量将在 $x$ 轴上显示出来，而通过系统 $y$ 轴将测得平均信息延迟，它与双通道是有区别的。可以观察到数据延迟显著小于在软件中由核心转发的数据。当负载于 NP 上的通信量增加时，它便会到达一个点。当处理器集群充分被利用后，数据开始在处理器群集的前面排队等待处理。然后迅速地增加输入负载使处理器进入过载状态，所有缓冲区会得到填充并且数据也会下降。额外的排队延迟加到核心处理延迟上，并恶化了处理器绑定数据的性能。对于 AutoRoute 通信量的高占有率，可以观察到，在前面的处理器开始被填充时的队列截断点正在向右边移动。显示以同样的资源能够处理更多的数据量。当 NP 处理器完全超载时，数据延迟通过队列深度与处理延迟相乘，从而确

---

⊖  Agilent. Mixed Packet Size Throughput. http：// advanced. comms. agilent. com/n2x/docs/insight/2001 - 08/Testing Tips/1 MxdPktSzThroughput. pdf。

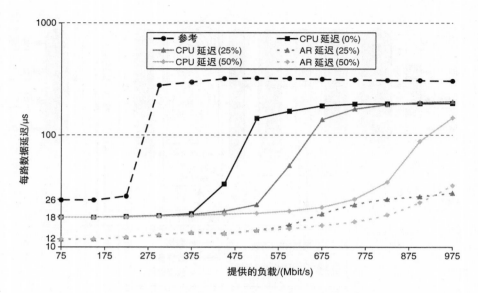

图 3.5　对于增加 AutoRoute 共享，CPU/AutoRoute 路径转发延迟的测量结果

定其上限。当然软件处理过的数据流量是过载的，但是转发性能没有太大的恶化。因此，利用软件核心的 AutoRout 导致独立的处理延迟较低，以及较高的总吞吐量。

在 FlexPath NP 系统背景下，对 QoS 负载均衡策略也进行了深入的调查。图 3.6 向人们演示：在模拟一个多核 NP 系统数据丢失率时，对不断增加的核施加一个给定的通信量。所有内核执行一个普 IP 转发，但不同的负载平衡策略通常在可用核分配现有数据。AHH[10] 和 HABS[22] 指的是两个最先进的负载平衡方案。AHH 是一种基于自适应散列的分配方案，HABS 改善了基于负荷分配的一种附加的流量感知突发移位算法。在 NP 的入口端改善额外执行工作的 HABS 性能成本。

在 FlexPath NP 系统背景下，将进一步探讨负荷分配方案。相比于 AHH，HLU 有一个简单的适应例程，并取得了类似于 AHH 的结果。对于小系统的性能余量，损失率特别小（见图 3.6 5~7 个核的设置）。重要的是要实现所有的负载均衡方案，分配一定的流或流束到一个不同的核心，从而达到数据丢失的最低限度。与之相反，数据喷涂指定传入数据到下一个可用的核。这样会形成一个好的平衡系统，最低限度地减少数据丢失率。对于一个给定的通信量，在系统中配置 7 个以上的内核时，可以将数据丢失率降为零。当然，数据喷涂只能用于无状态的通信类型（例如 IP 转发），同一连接的连续数据包可能由不同的内核处理。如果处理过程取决于连接状态，强烈建议在相同内核中处理一个完整的流。这会

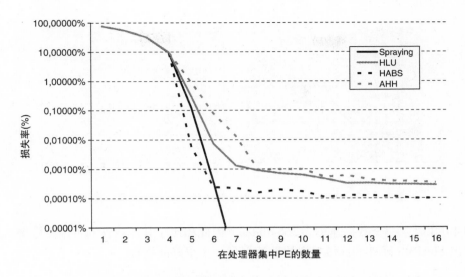

图 3.6　不同负载均衡方案的 NP 数据丢失率

避免共享连接状态和维持数据的一致性。此外数据序列可能会变得混乱，通过所有数据重新排序处理后，FlexPath NP 架构解决了这个问题。对于所有无状态的通信流，建议使用数据喷涂。而从复杂的角度来看，反复查找有优先性能，表现为所有状态的通信流。

此外已经表明[20]，使用 FlexPath 入口数据路径流水线的分类能力，在正在进入的通信流中 QoS 特性可以直接应用。在软件中的一个可编程核，相比于 QoS 区分实现这将产生更好的性能结果。

正如在前几段所见，FlexPath NP 架构的巨大性能收益可以通过增强 NP 与额外的硬件卸载功能来实现。当然这些硬件模块消耗了芯片面积，否则可用于额外的软件编程核。为了做出一个公平的性能评估，对于所提出的硬件模块与所得到的计算能力，如果这个芯片区域不是专门为额外的处理器服务，比较所消耗的芯片面积这是很有必要的。

图 3.7 所示为特定 FlexPath 功能模块的面积要求（在 FPGA 和嵌入式 SRAM 块中的测量部分）。总的来说，消耗的面积是 5721 片和 22BlockRAM（BRAM），对应于 22.6% 和嵌入式 SRAM 块 Xilinx Virtex－4 FX 60 装置的 9.5%。这个 FP-GA 面积也可以用来实现 3.7MicroBlaze 嵌入式 32 位 RISC 处理器，每个都在一个典型的配置中消耗 1533 片和 4 个 BRAM。接下来比较数据处理性能。FlexPath 硬件管道用于 AutoRoute 特性，它有一个 32 位数据路径并且工作在 100MHz 的环境中。不管数据长度，它能够以 3.2Gbit/s 的线速率转发。MicroBlaze 处理器可以在 95k 包/s 的累积数据率的情况下转发数据。这样的结果是假设平均数据长都

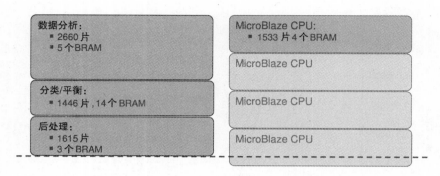

图 3.7 FlexPath NP 模块的 HW 实现开销与核心处理器内核作对比

为 481B 时，一个数据速率为 366Mbit/s。因此相比于其他软件的可编程资源，对提出 FlexPath 硬件的区域投资协助计划是一个很好的投资。

### 3.2.4 通过网络处理可以在多核域中学到什么

打开本节讨论其他众核的概念，寻找一个合适的网络环境概论是很有必要的。代替 IP 数据处理的考虑，有可能把重点放在更一般的处理请求上。这样的处理请求可能是一个中断，请求执行某个服务程序。一部分的信号导致某些函数周期性执行取决于该信号的值、视频处理中的数据块或者数字信号处理系统。抽象地说它是一组数据的出现，使某段代码在多核系统中执行。通过对数据（部分）的分析，适当的功能可以被确定。一般情况下，甚至可以考虑处理 RTOS 任务的请求，包含数据和处理数据的代码。正如所概述的数据处理域，这样的处理请求可以被分类，遵守请求的相互依存性（连续处理请求是否可以单独处理，而不需要转换到共享处理状态）和适合硬件实现/卸载。此处理请求类型的分类必须为每个应用程序域单独执行，决定多少在 FlexPath NP 衍生的概念适用于部署在一般的多核系统中。

● 确定可行的抽象，打开 FlexPath 概念到不同的应用程序域：将数据归纳为处理请求之后，相对应概论必须找到 FlexPath 的预处理和分类功能。根据不同的应用，一个适合的处理请求解析器必须实现一个请求分类，请求分类在所研究的多核系统中可以用来识别不同类型。

● 在一个特定应用程序的序列中贯穿不同的核心/处理器：请求分类后，可以将处理请求分配给优化应用程序方法中的计算实体。在同构多核系统中，它能将请求传入到一个特定的核心，这个核心能够执行各自的应用。在异构多核系统中，至少一部分应用程序的数据处理将由可编程内核和特定应用程序的加速器执行，决定将包括指定被调用的不同实体序列。在这两种情况下，性能收益可以通过卸载的分类、从软件到硬件的调度任务以及仅用于实际计算的可编程内核。

● 利用可用的硬件卸载：在 FlexPath 中，又演示了不同网络应用硬件卸载的各种级别，但硬件卸载不局限于网络处理领域。正如前面所述，第一级别的硬件卸载总是由加工要求预处理和分类功能而实现。如果某个应用程序是由最好的软件和硬件组件组合来实现的—通常情况下是以视频处理为例—处理请求直接分配给特定应用程序的加速器和随后可编程核心的调用。与中间结果相比，在核心控制下调用加速器更有效。已经表明卸载标准数据的完整性，在软件中执行简单的路由功能，系统性能将加倍。当整个处理可以卸载到硬件中时（在 FlexPath 中的 AutoRoute），那当然是达到了最高效益。当内核由执行整个应用程序类解除时，可以集中于处理剩余的请求类型。

● 用于工作负载平衡的通用硬件支持：负载均衡策略 FlexPath NP 的辨别也可以转移到更广泛的一类多核架构上。在这里的工作中已经表明，负载喷涂是独立处理请求的一个最佳的负载平衡策略，例如，在处理每个传入请求时，可以独立地进行之前和/或之后的要求。如果处理请求涉及共享处理状态，有利于使用基于散列的分配方案，共享一个共同环境的所有处理请求被调度到相同的处理资源中，也可以处于一个处理状态的本地副本中。这确保了正确和应用程序的一致性处理，同时避免了开销和性能下降与分布式共享连接状态的部署相关联，每一个核都必须被锁定在正确的顺序中。如果多核系统处理有状态和无状态的混合应用，两者的结合表示了负载均衡策略可以被应用。

● 定向数据预载到本地存储器：当系统向多核架构缩放时，使用本地存储器是必要的，以避免缩放的问题和共享总线与内存基础设施的瓶颈（也可参见3.3.1 节 NoC 的需求）。分类函数确定后续处理实体的类型和调用不同处理实体的顺序。该信息也可以用于 DMA 目的。对于已分配任务的处理实例，属于当前请求的数据可以存储在本地内存中。因此核心拥有更快、更高效的访问所需数据，并且系统处理性能也将提高。

## 3.3　学习高性能计算和科学计算

几十年来，HPC 已开发出越来越复杂的大型的并行计算系统。这两个研究和产业正在处理所有硬件和软件抽象层的优化，包括有效的编程模型和可扩展架构。随着由成千上万个核心组成的庞大而复杂的集群转变成即将到来的多核SoC，对于硬件和软件生态系统来说以往的 HPC 是一种很受欢迎的促成因素。

相比较于 HPC，在不同的时间尺度上运行多核芯片，不仅降低了系统的尺寸还增加了带宽。这些操作条件对多核 SoC 的适应概念有影响，在哪里影响取决于对概念的要求。在 HPC 系统中有些概念可以很容易地被改编，包括一些可能不被实践的概念。

在 3.2 节中通过观察该适配的某些示例，将探讨新多核芯片架构 HPC 概念的适应性。NoC 对于片上通信来说是基于数据路由网络的适应。在不断变化的条件下，从超级计算机到片上多核的过渡新的机会出现，例如 NoC 分层。对于任务管理，高性能计算流程和工作管理在多核架构中不容易被改变条件。相反，具有不同粒度的方法是很有必要的。最后对单独的同步子系统进行了讨论。类似的系统已经讨论了超级计算机的体系架构，但改变了条件后重新提起了这个话题。

另一个问题不在这里讨论，是在 HPC 架构下的新型多核芯片的集成。这样的系统集成需要多层次的方法。

### 3.3.1 芯片上的分层多拓扑网络

片上平板二维网格网络对于目前的同构多核架构来说是主要的互连结构，例如 64 核的 Tilera 公司的 TILE64[24] 和 80 核的英特尔公司的 Teraflop[7]。网格拓扑非常适合于均匀核心之间的通信（每个核发送一个相等的通信量与所有其他核的概率相等）。

当然未来的众核将不再完全均匀，相反不同种类的硬件加速器资源将被集成在芯片上。举个例子，英特尔公司的通用 Westmere 处理器包含一个专用的图形核心。在未来异构众核包含不同的加速器模块，在执行某些功能时协助通用内核，如解密、图形等。在异构多处理器中，通信量将不再在同质多核系统中均匀分布。通信流和共享硬件加速器模块可以在设计时被估计。因此根据这方面的知识，这将有可能优化和适应互连基础设施。

纵观全局，网状拓扑异构众核未必是最好的选择。在多核的某些部分可能会得到更好的服务，它与其他互连拓扑相比表现出较低的延迟、更高的吞吐量或更低的成本。对于形成数据处理流水线的一组核来说，环形拓扑可能是更好的，由于其较低的芯片面积和更高的吞吐量，拥有较高的路由器时钟速率[13]。一个例子是 IBM 公司的单元处理器[2]，它使用一个高速环形互连并允许 SPE 处理单元之间的通信。其他多核的一部分可能没有高吞吐量、低延迟的要求。这部分采用更好的交叉开关互连，基于 NoC 的星形拓扑甚至共享总线。这些多层面的要求需要寻求多拓扑异构多核系统的互连方法。

SoC 的另一个问题是通信量和资源的共享。共享资源通常吸引来自于许多系统核的成比例的通信量，或是对所有这些核的通信量来源。实例包括共享的片上存储器、存储器、硬件加速器和 IO。对于某些加速器核或 IO，优化通信量的通信费用的一个选择是实例化多个实例并分布在整个系统。当然这个解决方案是不适用于共享的内存，需要通过定义不能分区或分配。对于 IO，在大多数情况下这种方法也可能是令人望而却步的，那是由于芯片封装的引脚数量限制。为了优化通信性能而降低通信成本，通信基础设施应该优化通信量和优化共享资源。通过减少通信伙伴之间的网络距离，不仅性能优化而且延迟和能源消耗也可以减少。

如图 3.8 所示的分层多拓扑 NoC[14] 解决上述问题。对带宽和延迟的要求，分层网络允许子网通信基础设施的有效适应。如果需要高带宽，这样子网是可以基于网状拓扑的，或者在环形网络上，如果在内核上运行的应用程序的通信模式是预定义的。如果一组核心的总带宽要求被允许，即使是一个总线也可以连接它们。当然子网的划分不利于通信流。对于从一个网络到另一个网络的移动通信量来说，在一个完整的二维网格中不分区的计数一般较低。也许这一类通信量非常高，还可以实现分层网络设计，最低层次也不必划分成子网。

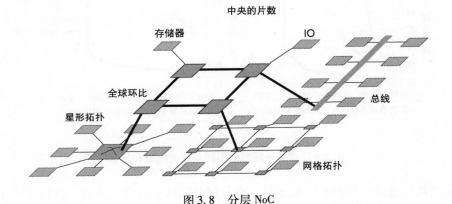

图 3.8　分层 NoC

通过将它们连接到最上层，分层网络的概念也允许共享资源的高效连接。由于上层的通信结构将所有的子网连接起来，在这个层次中被连接的核心可以有效地访问所有其他核。

在下面，分层网络在访问共享资源中的优势将会通过模拟而备份。两个 SoC 基于分层网络架构与一个基于传统的二维网格的对比。模拟系统包括处理核心与双内存，它代表了共享资源。在图 3.9 中，系统的核数记为 $n \times n$。在传统网格中，中心核被连接在两个面向网络的中间边界上。根据如图 3.8 所示的原则实现分层网络架构，一个全局环连接了子网和双核。当然模拟系统有 4 个子网，它们都是基于网格的拓扑。总的来说，这些子网具有相同数量的核，都是基于 SoC 的二维网格。在图 3.8 中与分层 NoC 相对照，全局环连接到子网的路由器还没有单独执行，但是被集成到了子网路由器（在后面会由 hMiR 表示）上。该网络建立在一个输入和输出缓冲架构的基础上，并使用虫孔转发。

为了评估，3 种通信量分别用 $t_0$、$t_1$、$t_2$ 表示。$t_2$ 是有针对性的共享资源，

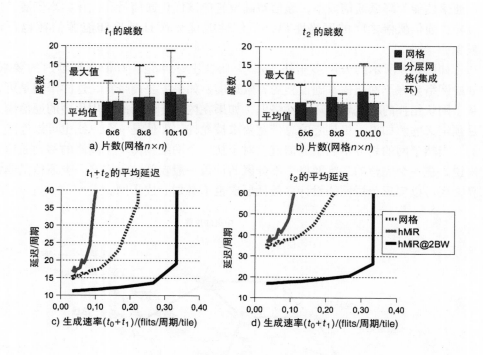

图 3.9　对于分层网络不同实现的跳数和延迟

其速度是用这样一种方式而被选择，充分加载这些核的网络接口。停留在一个子网的 $t_0$ 和 $t_1$ 由数据组成。在模拟过程中通信速率（$t_0 + t_1$）增加，$t_0/t_1$ 的关系变为 1/3。在网格中区别 $t_0$ 和 $t_1$ 是通过 $t_0$ 的最大跳来判别的。在网格和分层网络中，以这样的一种方式将这一跳数阈值设置为 $t_0$ 的平均跳数。

通过不同的网络大小（$6 \times 6$ 到 $10 \times 10$），$t_1$ 的跳数可以在图 3.9a 中被观察出来。虽然提出分层拓扑显著减少了最大跳数，但是对于较大的网络来说平均跳数会减少。$t_2$ 如图 3.9b 所示了最大限度减少平均跳数的分层方法，特别是对具有大量核的网络。

图 3.9 也表示了延迟的测量，虽然该网络的大小仅为 $6 \times 6$。在图 3.9d 中，通过对网络 hMiR 潜伏期和二维网格的对比，很明显网络 hMiR 不能从减少了20% 的平均跳数中获利，这是由于 hMiR 全局环的较低带宽，这是不能够应付 $t_2$ 和 $t_1$ 的聚集。延迟图（见图 3.9c、d）表明，对于应用的通信量来说（3/4$t_0$、1/4$t_1$ 和 $t_2$）网络 hMiR 有非常低的吞吐量。增加全局环带宽的结果很明显能够改善延迟以及网络吞吐量。使用虫孔交换是可能增加网络吞吐量的，这是因为全局环中虚拟通道的原因。这些虚拟通道实际上已经实现了，在通道依赖关系图中

中断了路由循环，从而防止了死锁。

仿真结果表明，分层网络可以大大降低通信成本（例如跳数、能量消耗、延迟）。特别的是，这是真实的通信量和共享资源（$t_2$），而且也适用于核心间的通信量（$t_0$ 和 $t_1$）。当使用虫孔转发时，减少跳数对延迟的影响是最小的。尽管如此，分层网络设计的问题是为上层提供足够带宽，应对 $t_1$ 和 $t_2$ 的聚合。在这种方式中，所提出的网络架构性能很大程度上依赖于可实现的路由器和吞吐量。

## 3.3.2　任务管理

处理资源的运行时管理是大规模并行计算的重要组成部分。在 HPC 环境中，作业和过程管理是由软件控制的。随着芯片多线程的引入，工作部分的调度已经被现代架构取代。粒度如指令的数量，这样的工作部分完全依赖于线程管理和调度操作的开销。在这些"任务"的粒度中，环境的保存和任务的迁移不同于超级计算环境。那是由于多核状态的改变，任务的粒度可以显著减少。引入的开销可以按比例缩小到仅由几个指令组成的任务的方法。对于先进的芯片级任务管理方法，允许减少延迟和增加带宽。

因此，新的方法针对不同的粒度和给定片上限制的自由释放。在下面对这种新颖的方法的实例进行了讨论。

碳方法[12]是动态线程调度的硬件支持并专注于小线程。即使软件优化调度难以处理越来越多的核。任务队列成为设计的重要组成部分，因此这种方法使队列及其管理在硬件中被实现。低开销的任务队列在一个芯片多处理器上分层分布：在一个全局性的任务单元存储硬件线程的背景下，本地任务单元管理任务在核上执行并且允许预取。对于排队和出队的任务，处理器内核的指令集使用特定指令扩展。RMS 基准，该技术显示了高达 109% 的改善与软件实施相比，几乎达到了完美（零开销）。

新多核架构的改变条件的另一种方法是被文献［9］提出的自适应虚拟处理器（SVP）。在这里所谓的微线程以细粒度的方式执行任务。SVP 可以"认为是一个操作系统，在一个核心的 ISA 中实现"［9, p. 24］。线族和这些微线程在几个指令的顺序中，运行在这种专业化的架构。在处理器流水线上增加特殊组件来处理多达 256 个线程并行的执行，还提供额外的互斥的基础设施。在一个本地通信的环中，该方法提出了使用这个专门的处理器。结果表明，该方法即使是对于内存密集型应用也可以获得良好的缩放效果。

CAPSULE[21]是另一个方法，它是用于硬件辅助动态多线程的处理器扩展。与 SVP 相比，CAPSULE 利用标准线程给出了增加它们能力的方法，来分配额外的资源。一个线程可以产生另一个线程，并且目标核心的决定是基于特定性能特点的硬件探测。

与这种方法相类似，硬件探测还控制了入侵计算[23]的概念。除了允许线程大量生产或分配通信资源，该方法引入了一个新的范例：资源感知入侵计算。通过推广流行的编程模型，而入侵和删除其他资源，接近标准硬件的自组织执行这个目标与特定的扩展或紧密耦合的处理器阵列。该方法包括硬件体系结构、编程模型和运行时系统。由于该方法仍然是在提出的状态，所以对于多核处理器来说结果尚不能验证这种方法是否有前途。

### 3.3.3 同步子系统

除了单纯的数据通信，同步是并发编程的一个重要部分。而增加的数据通信带宽和延迟的利用在 NoC 的环境下已经被讨论过了，这种同步对通信延迟有很强的要求。

HPC 普遍的方法不得不应付更复杂的通信条件，但新的多核架构允许复杂的同步子系统。跨处理器、内存和中断同步的分离一般是一个强大的设计概念，以扩展系统级的数据吞吐量和绑定的数据访问延迟。

以 IBM Blue Gene[1] 服务在 HPC 领域为例：它对同步和数据业务提供了额外的网络。全局中断网络支持整个 CPU 集群的低延迟进程间同步，而全局集体网络支持特殊的集体数据操作。虽然在 Blue Gene 中这种方法很有前景，但这种高级网络还没有找到合适的方式进入 HPC 系统。

需要特别的认识聚类及其 MPSoC 应用之间的低成本门槛。随着多核系统条件的变化，关注分离的方法也变得很重要。独立网络的例子在图 3.10 中有所描

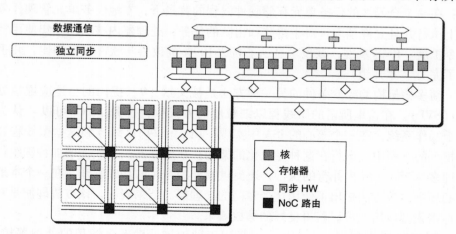

图 3.10　同步的独立基础设施在多核系统中重点是改变限制。
一个独立同步基础设施的示意图

述，它可以被用来容许快速和对同步与集体数据操作低延迟的连接。目前的架构如 Tilera 多核<sup>⊖</sup>，它是第一个利用这种分离系统的。对于未来成百上千的松散耦合众核来说，本书认为这是一个重要的研究课题。

### 3.3.4　从超级计算中可以在多核领域学到什么

随着零界条件的改变，已经确定了从超级计算到新多核 SoC 的转移概念的不同方法：

- 概念的转变是为了改变条件：比起它们的参数，许多概念可以被改变。举个例子，一种信息传递协议的实现适应于不同缓冲区的大小、减少数据大小、修改操作设置等情况。
- 变化的条件在适应性上有显著的影响：在多核系统中，由于变化的条件其他超级计算的概念被严重影响。例如，本地存储的使用取决于内存大小、延迟等。尽管使用了最新的 IBM 公司超级计算架构 BlueGene/L，各种通信系统的片上实例也是主题。另一个重要的主题是任务/线程管理支持。管理支出显著减少和如硬件辅助调度的方法变得更为重要。
- 在超级计算中不可行的概念：在某些情况下，概念的开销或成本不允许使用。一个实例是一个单独的同步子系统。其他先进技术如业务内存，现在可能成为现实。

具体地说，以下概念表明适应于超级计算方法：

- 分层多拓扑 NoC 概念：该多拓扑方法允许个体和每个子集群系统的片上互连结构的优化调整。结合几个多拓扑集群使共享资源的有效连接成为可能。通信成本和一个多核系统的性能这两方面均被优化了。
- 任务管理：在超级计算到轻量级线程复杂的工作和过程，甚至几个指令，任务的粒度发生了变化。软件调度开销会影响整体系统性能。硬件支持的新型多核系统能够显著降低成本，从而实现调度。

## 3.4　自然界生物启发、自组织系统的学习

在前两节，研究主要集中在同构和异构众核技术之间交叉架构的交流上，因此来自 MPSoC 的硬件支持手段脱离了处理器架构本地域。本节通过非技术系统来寻找非传统的灵感和新概念。在本质上如介绍中所说，提高资源的用率在多核系统归结为一个复杂的问题。并行处理应该以最佳的方式映射到多个处理器内核。群落（如蚂蚁群、昆虫群、土地动物群或鱼群）表现出复杂的集体行为目

---

⊖　Tilera. http：//www.tilera.com/。

的，最短路径路由或捕食者保护基于完全分散的自组织控制。因此，如果自组织是一个足够的手段来应对复杂的自然系统，那它怎么能够适用于众核技术呢？

### 3.4.1 自然界独立生存体的集体行为和技术系统

在下面把一个鱼群比喻为一个"自然的多核系统"。假设每个鱼对应于一个单核，以及整个鱼群的行为表现对应于在多核上运行的应用程序行为。一个多核处理器的应用层面，行为是所有核之间相互作用的结果。鱼群与整个社区集体运动的三维复杂形态来自于每条鱼的个体行为。行为生物学家已经发现所有的鱼都遵循一套简单且相同的基本规则[8]，如图 3.11 概述。在视觉领域，取决于一条特殊的鱼和它最近的同伴之间的距离 $d$；鱼显示了它会排斥与它相邻的鱼（$d < R_r$）；如果它与相邻的鱼距离比较远，那它就会被同伴所吸引（$R_p < d < R_a$）；如果与相邻的鱼是在一个

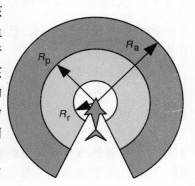

图 3.11　个别鱼的反应取决于其邻近的同伴

中等距离，那么它将与伙伴平行对齐（$R_a < d < R_p$）。这些还是比较简单的。在鱼群级别当中，个体鱼的局部规则和行为呈现出一种复杂的行为[6]。自组织、突发行为是相互作用系统要素的结果（例如鱼或核）、一个更高的层次、层次结构（鱼群或多核）以及系统级的行为观察（见图 3.12）。

鱼群的例子阐述了运用自组织的能力，复杂的系统可以从一个执行简单任务的个人团体中建立。在所需的系统功能中，从简单的任务开始，组成众核应用软件会不会很有趣？需要注意的是到目前为止，科学家还没有找到一个微积分或系统的方法来可靠地预测系统级的行为会出现什么组件级别的规则和行动。本书也不能确定如何解决逆问题——为了获得一定的系统级行为，需要什么样的局部行为。甚至可能导致混乱的系统级行为的出现。因此当应用于技术系统时，寻

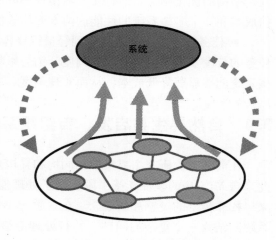

图 3.12　自发行为在系统层次上表现为个体之间的协同作用

找途径是必要的，从而控制这种情况的出现[18]。

在这一点上将进入一个更详细的细节，关于处理器核推理一条"鱼"的技术。虽然大量的独立存在体允许非常简单的个体行为，但是增加自适应机制对许多独立存在体而言，具有较高的成本。集成系统中最小的实体可以被看作一个晶体管。当然即使是非常简单的自适应机制也需要规则评估逻辑，它包含了成百上千的晶体管，很显然开支是不够的。反过来说，"学校"的实体可以被认为是相当于一个完整的 MPSoC，如存储、互连、处理器内核等，在 MPSoC 设计中一般被称为 IP 核。每一个这些核是足够大的，这种复杂的自适应机制可以增加可接受的开支，而存在足够的组件允许新兴系统的行为。

## 3.4.2　自适应 IP 核的技术实现

现在转而选择制作 MPSoC 核自适应方法的问题。一种方法是将所有的核都采用自适应的特性，这将是非常昂贵和耗时的。相反它是更好地利用现有的 IP 库和扩展这些自适应概念。为此有必要对基础组件的行为进行监控并能够影响组件操作参数的变化，例如它可以监控组件的利用率和适当改变组件的频率参数。

下面将假设各种监测和驱动接口被集成到每个组件中[26]，反而集中于决策系统需要确定通过监控给定的操作条件下一个适当的行动报告。按照一个简单的规则管理一条鱼的运动，每个 MPSoC 组件的决策系统都包括在特定的情况下确定要采取行动的个人规则。在最简单的情况下，每一个规则包含一个条件和一个动作。当条件匹配传入监控信号时，执行相关动作。

这是最好的系统，以了解哪些规则是最好的并创建新的规则可以处理未指定的情况，而不是通过设计师依赖于静态的指定规则。这使得在设计时不需要预测系统可能遇到的所有可能情况。它还允许系统调整到不可预知的情况，如只影响某一芯片的制造缺陷或在不同的环境条件下其他相同芯片的部署。

除了一个条件和一个动作，一个技术系统的行为规则也包含一个适当规则的测量。过去的规则是如何进行的这个迹象是合理的，同时提供一个在之后的类似情况下该规则将如何执行。这个预测是基于在一条规则被执行之后，一个归来的奖励。如果规则的执行使得系统运行状态得到改善，那么会返回一个较大的奖励。如果规则显示没有改善甚至损害系统，那么将不会返回奖励。

为了比较系统的前后状态，一个规则已经被采用。在任何时间点，一个函数必须定义，它可用于量化系统如何运行。当目标函数返回最优值时，系统的最佳操作就实现了。为了简化计算选择了目标函数，当达到最佳状态时它返为零。目标函数返回值会进一步远离最佳状态的系统操作。目标函数表示一个全局系统状态而避免局部优化。例如，虽然减少频率可能会出现局部有利（低功率消耗），如果系统不再能够跟上工作负载，那么它实际上可能对整个系统是有害的。

如图 3.13 所示，奖励 $R$ 是通过比较前（$O_{T-1}$）后（$O_T$）客观函数的值 $O$ 计算出来的，该规则已被采用。如果此值增加（$O_{T-1} > O_T$），即系统状态的指示进一步远离了最佳状态，那么会返回负奖励值。如果此值减小（$O_T > O_{T-1}$），那么会返回正奖励值。奖励分为 $F$ 使用平均运行：

$$F_{new} = \beta \text{ 奖励} + (1 - \beta) F_{old}$$

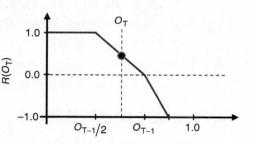

式中，$\beta$ 是学习系数，指学习的发生率，$\beta$ 的值接近 1.0 表示快速习得，在奖励信号中，但这也是敏感的波动，由于监测信号的噪声而产生的结果反馈给目标函数。

根据足够多的测试这已经被计算出了，它可以用来决定选择给定规则匹配一个给定监视状态。一个可能性是完全忽略规则的适用性，从匹配规则集中随机选择一些规则。虽然最大限度地探索

图 3.13 目标函数的前（$O_{T-1}$）后（$O_T$）值的奖励计算

规则以确定每个执行怎么样，但是它不使用所学的适用知识。相反一条最高的适用规则将永远被选择。这将最大限度地预测系统的奖励，但可能不会研究被低估的行为，这有可能会造成更好的行为。1/3 的选择作为两种方法之间的一种妥协，并用每一个规则的适用性作为一个权重，以确定其选择概率。这将导致更频繁的行动的执行，提出高适应性规则。但不完全防止低适用性规则的研究。

在下面，上述介绍的自我适应和学习概念将被应用于多核网络应用程序[25]，其框图显示在图 3.14 中。该系统包括以太网 MAC、内存控制器和多个处理核。传入的数据被存储在内存中，通过几项任务那里的核心是能够提取数据和过程的：

任务 1：进一步接收数据和 MAC 配置；

任务 2：处理数据标头和确定有效载荷处理任务；

任务 3：执行一个 N 载荷处理任务；

任务 4：对数据重新排序并以此传输；

任务 5：设置以太网 MAC 传输数据。

在系统启动时，所有任务都将在一个单核上运行。核心决策系统的目标是自动分配的任务和所有处理单元的有效功率。为了实现这个目标，每个核心的决策系统有两个本地监控信号：核心的当前工作频率和其应用。此外一个监测信号是可用的，这说明了内核的工作量与系统中其他内核的工作量如何比较。工作量只是频率和应用的产品，以及指示实际处理数据的周期数。

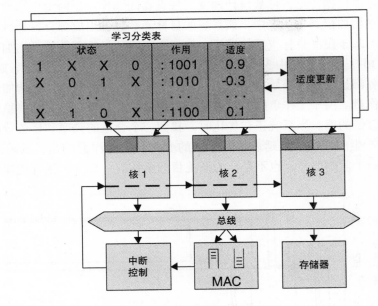

图 3.14　多核网络应用程序框图

　　每一个核都有两个动作：调整核的工作频率和其中一个任务到另一个核的迁移。如果一个核的工作量变得太多，这就允许两个不同的优化方法：无论是增加频率以应付工作量，还是将任务迁移到另一个核以减少工作量。在一个经典系统中，优化方法的决策由设计人员在设计时不得不做出选择。在不同的操作条件下，决策系统可以学习优化策略产生最好的结果。

　　将上述目标函数转换为正式的，数学表达式可用于组合逻辑构造。这里引入了以下增量值，将现有的监测信息表示出各种设计参数偏离其最佳值：

$\delta_{\text{frequency}} \propto$ 频率；

$\delta_{\text{utilization}} \propto$ （100% － 应用）；

$\delta_{\text{workload}} \propto |$工作负载$_{\text{local}}$ － 工作负载$_{\text{average}}|$。

　　对于这里提出的网络应用，希望每个核的频率尽可能低（电压、相应的规模和频率），这样可以降低功耗。每个核的利用率应该避免处理周期的浪费，3个核的工作量应该避免类似不一致的老化作用或温度热点。根据设计师的优化目标和可用的监测信号，可选择其他三角函数值。

　　一旦定义，变量增量的值就会与系统的目标函数 $O$ 相结合。首先每个核心的目标函数通过加权的各种三角函数值被创建。对于上述的三角函数值，一个核心的目标函数会是

$$O_{\text{core}} = w_1 \delta_{\text{frequency}} + w_2 \delta_{\text{utilization}} + w_3 \delta_{\text{workload}}$$

权重可以根据优化目标被设计师视为最重要的选择。下面给出结果，每个三角函数被平均加权。在系统中，该系统的目标函数是各组成部分目标函数简单的加权平均。基于设计目标权重被选择，这里 3 个核的目标函数被平均加权。

图 3.15 表示了系统中 3 个处理核的频率和任务分配的自主优化。如上所述，所有的任务都是由核 1 开始执行的，一开始造成了核频率戏剧性的增加，以应付巨大的工作量。由于工作负载均匀地分布在核中，所有 3 个核的频率稳定到一个类似的、较低的值。当系统正在优化时，找到一个合适的频率和任务分配，在图 3.15 中所产生的平均数据延迟也有不同的变化。值得注意的是，延迟既不是被认为作为一个监测信号，也不是作为系统目标函数的一部分。尽管这样自主系统

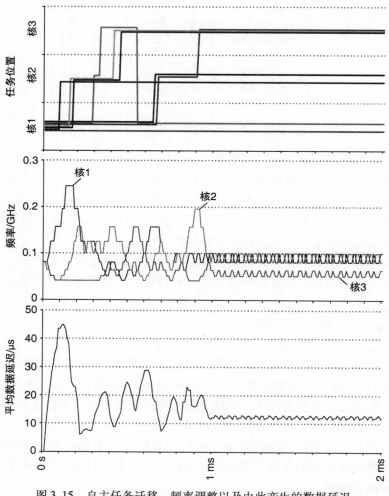

图 3.15    自主任务迁移、频率调整以及由此产生的数据延迟

优化系统，延迟稳定到一个合理的低值。

### 3.4.3　多核领域从自然界能够学到什么

- 从设计到运行时的授权决定：通过允许决策系统在运行时做出某些决定，设计师不再需要考虑和预测系统行为的各个方面。这不仅减轻了设计师的负担，但在运行执行决策时，更要了解正在执行的实际应用程序的信息和系统的运行环境是否可用。在当代设计中，设计师必须在设计时推测这些操作条件。

- 为了提高可靠性、性能和功耗接受低成本：由于资源过剩，导致芯片容量的持续增加，这是经常使用的简单复制组件。应用开发人员实际上很难使用这种大规模并行结构。通过利用一些额外区域（上述决策系统要求大约 5% 的 Leon 3 处理器核心资源）来增加生物启发的原则，其他资源可能会被设计师更有效地使用。

- 扩展而不是替换现有的 IP 核：给定的监测和执行器的接口，生物启发的概念可以被添加到一个系统，而不需要完全新的 IP。增加显示器和执行器可以经常被作为现有的核。

- 生物启发的概念适用于任何系统组件：虽然已经提出了一个决策系统只适用于一个系统的处理核心，但是类似的方法可用于优化其他系统组件，如互连、内存、硬件加速器或 I/O。

- 并不是自适应系统的所有方面都被充分研究：尽管生物启发系统有不少好处，但一些挑战仍然必须面对。首先着手运行时系统的设计决策，要保证可靠操作是很困难的。另外从一个可扩展性的角度来看，每个组件的分布式决策系统的选择是不错的，在系统中同时进行的许多独立决策可能会导致不稳定和振荡情况。由于参数和行为调整的危害，重要的是要确保即使是一个广泛分布的决策系统也会找到一个稳定的工作点。另一方面，公开问题如这些使生物启发的系统是一个非常有趣的研究课题。初步的结果表明，它们不仅是可行的而且还很有潜力，极大地简化了复杂的设计和多核体系架构。

## 3.5　小结

最先进的 CMOS 技术实现了超过 100 个可编程处理内核在一个芯片上集成。高效地利用这一巨大的计算性能—暂时的—主要依赖于应用程序编程人员的个人技术。今天的多核架构和编程工具弥补了大规模并行资源系统开发的不足之处。本章不能提供"新技术"这一宏伟的挑战。当然对于同构和异构众核平台，它试图提供通用硬件支持构建块形式的改进例子。这些硬件构建块的结果①深入分析多核应用；②在超级计算环境中部署或驳回成功和失败的方法；③自然界中生物启发原则的发现，如集体自发行为或自组织群。

在多核架构中，已经表明性能和资源利用率的显著改善可以通过包括特定的硬件扩展来实现。例如，如果在可编程内核控制它们之前，一个 HW 加速分类器分析多核系统的处理请求，在整个处理过程中遍历不同子功能的最佳序列可以被确定，并且处理请求可以立即被发送到适当的资源中。

类似地，通用任务的同步功能是大规模并行结构的关键，它可以移动到优化的加速器中。所有这些措施都将利用支持功能从可编程的核转化为专门的硬件辅助。

然而确保添加这样的硬件扩展开销是必要的，从经济角度看这是可行的。这意味着它对于多核的整体效益是有利的，这是由于为了更多的可编程内核，硬件支持构建块必须高于使用相关的芯片面积。为了应用特定的众核，它直截了当地评估了支持模块的那种类型。在组成硬件架构时，它可能是很有益的。在通用多核架构的情况下，这样一个基于硬件支持基础设施的主要问题是要找到一个合适的组合通用扩展，这是一个很有用的应用。

## 致谢

特别感谢德国研究基金会（DFG）、巴伐利亚州和 Infineon Technologies 对我们工作的支持，作为优先项目"1148：可重构计算"和"1183：有机计算"、"高级计算慕尼黑中心"（工程 B4，MAPCO）以及 BMBF 协作产业项目"RapidMPSoC"（授权 BMBF 01m3085）。

## 参 考 文 献

1. N.R. Adiga et al. An overview of the BlueGene/L Supercomputer. In *Supercomputing '02: Proceedings of the 2002 ACM/IEEE conference on Supercomputing*, pages 1–22, Los Alamitos, CA, USA, 2002. IEEE Computer Society Press

2. T.W. Ainsworth and T.M. Pinkston. On Characterizing Performance of the Cell Broadband Engine Element Interconnect Bus. *Networks-on-Chip, 2007. First International Symposium on NOCS 2007*, pages 18–29, 7–9 May 2007

3. F. Baker, Cisco Systems. Requirements for IP version 4 routers, IETF RFC 1812. http://tools.ietf.org/html/rfc1812, 1995

4. S. Borkar, T. Karnik, S. Narendra, J. Tschanz, A. Keshavarzi, and V. De. Parameter variations and impact on circuits and microarchitecture. pages 338–342, 2003

5. D. Burger, S.W. Keckler, K.S. McKinley, M. Dahlin, L.K. John, C. Lin, C.R. Moore, J. Burrill, R.G. McDonald, W. Yoder, et al. Scaling to the End of Silicon with EDGE Architectures. *Computer*, pages 44–55, 2004

6. J. Fromm. Emergence of Complexity. Kassel University Press, Kassel, 2004

7. Y. Hoskote, S. Vangal, A. Singh, N. Borkar, and S. Borkar. A 5-GHz Mesh Interconnect for a Teraflops Processor. *IEEE Micro*, pages 51–61, 2007

8. Y. Inada and K. Kawachi. Order and Flexibility in the Motion of Fish Schools. *Journal of Theoretical Biology*, pages 371–387, 2002

9. C. Jesshope, M. Lankamp, and L. Zhang. Evaluating CMPs and Their Memory Architecture. In M. Berekovic, C. Muller-Schoer, C. Hochberger, and S. Wong, editors, *Proc. Architecture of Computing Systems*, pages 246–257, 2009

10. L. Kencl. Load Sharing for Multiprocessor Network Nodes. Dissertation, EPFL, Lausanne, Switzerland, 2003

11. S. Kent et al., BBN Technologies. Security Architecture for the Internet Protocol, IETF RFC 4301. http://tools.ietf.org/html/rfc4301, 2005

12. S. Kumar, C.J. Hughes, and A. Nguyen. Carbon: Architectural Support For Fine-Grained Parallelism On Chip Multiprocessors. In *ISCA '07: Proceedings of the 34th annual international symposium on Computer architecture*, pages 162–173, NY, USA, 2007. ACM, NY

13. A. Lankes, A. Herkersdorf, S. Sonntag, and H. Reinig. NoC Topology Exploration for Mobile Multimedia Applications. In *16th IEEE International Conference on Electronics, Circuits and Systems*, Dec 2009

14. A. Lankes, T. Wild, and A. Herkersdorf. Hierarchical NoCs for Optimized Access to Shared Memory and IO Resources. *Euromicro Symposium on Digital Systems Design*, pages 255–262, 2009

15. M. Meitinger, R. Ohlendorf, T. Wild, and A. Herkersdorf. Application Scenarios for FlexPath NP. Technical Report TUM-LIS-TR-0501. Technische Universität München. Lehrstuhl für Integrierte Systeme, 2005

16. M. Meitinger, R. Ohlendorf, T. Wild, and A. Herkersdorf. FlexPath NP – A Network Processor Architecture with Flexible Processing Paths. SoC 2008, Tampere, Finland, Nov 2008

17. G. De Micheli. Robust System Design With Uncertain Information. In *The Asia and South Pacific Design Automation Conference (ASP-DAC '03) Keynote Speech, Kitakyushu*, page 12, 2003

18. C. Müller-Schloer. Organic Computing: On The Feasibility Of Controlled Emergence. In *CODES+ISSS '04: Proceedings of the 2nd IEEE/ACM/IFIP international conference on Hardware/software codesign and system synthesis*, pages 2–5, NY, USA, 2004. ACM, NY

19. R. Ohlendorf, A. Herkersdorf, and T. Wild. FlexPath NP – A Network Processor Concept with Application-Driven Flexible Processing Paths. CODES+ISSS 2005, Jersey City, NJ, USA, Sept 2005

20. R. Ohlendorf, M. Meitinger, T. Wild, and A. Herkersdorf. An Application-aware Load Balancing Strategy for Network Processors. HiPEAC 2010, Pisa, Italy, Jan 2010

21. P. Palatin, Y. Lhuillier, and O. Temam. CAPSULE: Hardware-Assisted Parallel Execution of Component-Based Programs. In *Proc. ACM International Symposium on MICRO-39 Microarchitecture 39th Annual IEEE*, pages 247–258, 2006

22. W. Shi and L. Kencl. Sequence-Preserving Adaptive Load Balancers. ANCS 2006, San Jose, CA, USA, Dec 2006

23. J. Teich. Invasive Algorithms and Architectures. *it – Information Technology*, pages 300–310, 2008

24. D. Wentzlaff, P. Griffin, H. Hoffmann, L. Bao, B. Edwards, C. Ramey, M. Mattina, C.-C. Miao, J.F. Brown III, and A. Agarwal. On-Chip Interconnection Architecture Of The Tile Processor. *IEEE Micro*, pages 15–31, 2007

25. J. Zeppenfeld and A. Herkersdorf. Autonomic Workload Management for Multi-Core Processor Systems. In *International Conference on Architecture of Computing Systems*, 2010

26. J. Zeppenfeld, A. Bouajila, W. Stechele, and A. Herkersdorf. Learning Classifier Tables for Autonomic Systems on Chip. In *GI Jahrestagung*, pages 771–778, 2008

# 第4章 在多核上的映射应用

Michael Anderson、Bryan Catanzaro、Jike Chong、Ekaterina Gonina、Kurt Keutzer、Chao – Yue Lai、Mark Murphy、Bor – Yiing Su 和 Narayanan Sundaram

**摘要**：就当今的工艺现状来说并行程序设计的使用在软件的工程领域是不容易实现的。专家的技术是实现应用良好性能的必要条件，但是专家在这个并行程序设计中普遍缺乏必备的产业技术。为了推动计算机科学研究，使用可利用的并行计算机硬件平台更为有效，并行程序设计的系统和生产是非常重要的。本书相信设计并行程序进入一个系统的关键是软件的架构，然而发展中的软件框架是并行程序生产率提高的关键。所有的基础是建立在设计模式及一种模式语言上。

本章将阐明设计师是如何让设计模式广泛引用到一个实例中的，这些模式包括：图像识别、语音识别、光流计算、视频背景提取、传感压缩磁共振成像（MRI）、金融计算、视频游戏以及机器翻译。通过使用开发软件技术让每一个应用实现了 10~40 倍的速度提升。比如说如何使用应用框架以及程序设计框架来提升并行程序生产率。当使用 4 次或者更少的代码与编写代码相比实现了50%~100% 的性能。

**关键词**：PALLAS，软件架构，应用架构，编程架构，设计模式，模式语言

## 4.1 PALLAS

PALLAS 代表了并行应用、数据库、语言、算法以及系统。可以相信应用的高效发展对于新一代高度并行微处理器来说优秀的编程从时间上是一个挑战，因此目标是这个领域方面的专家让有效的并行应用能够高效发展，并不只是并行程序设计的专家。可以知道设计并行程序的关键是软件架构，而软件框架[1]是有效安装启用的关键。从架构角度来说在使用的方法中，设计模式以及模式语言[2,3]是基础，一个设计模式是参考概括性的解决循环设计问题。收集设计模式产生设计语言模式是一种简单、有条理的操作方法（见图 4.1）。语言模式[2,3]的计算机基础是由一系列计算模式中 13 个模块[4]绘制成的（见图 4.1b），就像管道过滤器。后来用低水平设计模式来定义的软件模式架构是分层计算构造。

这个软件架构及精华之处完全是概念上的，并且很实用。通常要依靠框架去实现这个软件，定义一个模块叠加软件框架作为环境的建立，用户只被允许与框

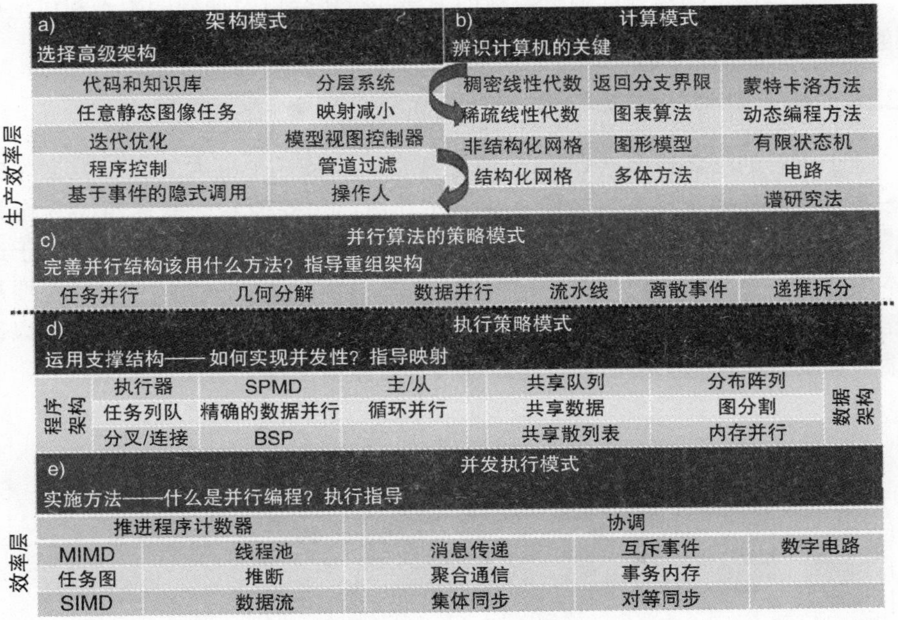

| 生产效率层 | a) 架构模式 | | b) 计算模式 | | |
|---|---|---|---|---|---|
| | 选择高级架构 | | 辨识计算机的关键 | | |
| | 代码和知识库 | 分层系统 | 稠密线性代数 | 返回分支界限 | 蒙特卡洛方法 |
| | 任意静态图像任务 | 映射减小 | 稀疏线性代数 | 图表算法 | 动态编程方法 |
| | 迭代优化 | 模型视图控制器 | 非结构化网格 | 图形模型 | 有限状态机 |
| | 程序控制 | 管道过滤 | 结构化网格 | 多体方法 | 电路 |
| | 基于事件的隐式调用 | 操作人 | | | 谱研究法 |

| c) 并行算法的策略模式 | | | | | |
|---|---|---|---|---|---|
| 完善并行结构该用什么方法？指导重组架构 | | | | | |
| 任务并行 | 几何分解 | 数据并行 | 流水线 | 离散事件 | 递推拆分 |

| 程序架构 | d) 执行策略模式 | | | | 数据架构 |
|---|---|---|---|---|---|
| | 运用支撑结构——如何实现并发性？指导映射 | | | | |
| | 执行器 | SPMD | 主/从 | 共享队列 | 分布阵列 |
| | 任务列队 | 精确的数据并行 | 循环并行 | 共享数据 | 图分割 |
| | 分叉/连接 | BSP | | 共享散列表 | 内存并行 |

| 效率层 | e) 并发执行模式 | | | | |
|---|---|---|---|---|---|
| | 实施方法——什么是并行编程？执行指导 | | | | |
| | 推进程序计数器 | | 协调 | | |
| | MIMD | 线程池 | 消息传递 | 互斥事件 | 数字电路 |
| | 任务图 | 推断 | 聚合通信 | 事务内存 | |
| | SIMD | 数据流 | 集体同步 | 对等同步 | |

图 4.1 模式语言

架结构协调软件的最高架构。比如如果建立在管道过滤器基础上，用户化只包含模式管道或过滤器。已经知道应用程序开发员服务于应用程序框架，这些应用程序框架有两个有利之处：第一，应用程序开发员工作在相同的环境中，用常见的观念绘制应用图；第二，制止了更多的并行程序设计中困难问题的出现，比如非决定论、竞赛、锁死、绝缘。

通过测试及证明并行软件在研究开发时的方法，提供一个接近开发方法的模式导向，达到计算机视觉应用、语言识别、定量金融、游戏以及自然语言转换较宽的范围。第一次使用语言模式作为概念工具，去帮助实现设计。这个工作的叙述在 4.2 节。正如理解使用成熟的模式，用模式去定义模式导向框架。语言识别以及数据并行程序框架这些定义在 4.4 节。

## 4.2 驱动应用

从一个被广泛建立的领域，描述了 8 个应用，包括：图像识别、语音识别、视频背景提取、压力传感 MRI、金融计算、视频游戏及机器翻译。在每个应用中，演示了如何建立开发一系列共同的词汇的模式基础，目标是了解并行机会及遇到的问题，及引导有效的并行底层算法并发展。首先描述应用所有的软件结构，然后再举例说明模式如何分解帮助突出并行机会以及遇到的困难和讨论执行速度提升的实现。

### 4.2.1 基于内容的图像检索

基于内容的图像检索（CBIR）应用常常用来从一个巨大的图片数据库中搜索一系列匹配的训练样本。如图4.2所示，用户想要搜索一些样本图片作为输入，然后CBIR应用将会从图片数据库中收集产品特点，训练分类器是基于选择样本图片的，会寻找一些与图片特点相匹配的模本。比如一个用户可能想要从大数据库花朵的图片库中寻找出玫瑰，如果有不正确的分类的结果，用户可以通过反馈给系统，系统就会再培训重新审视图片数据以生成更精确的结果。

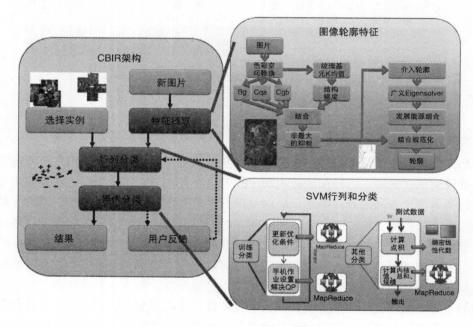

图 4.2 CBIR 应用的构建

一个图像可以用各种各样的特征来描述，比如 SIFT、SURF、HOG、MSRF、颜色、质地、优势、轮廓等。下面研究最先进的 gPb 算法[6]。这个算法可以没有预先知道内容就找到在图像语义上有意义的对象之间的边界，计算机 gPb 算法可以使用管道过滤器模式构造如图4.2那样颜色渐变、亮度以及结构梯度表示图像轮廓的局部线索。像素成对类同的矩阵特征向量代表全球图像轮廓的线索。gPb 运算可以找到图片轮廓包括当地线索以及全球线索。每一台计算机可以通过算法以及计算机模式构建可以更长远的 gPb 算法。比如 $k$ 均值算法可以通过迭代优化模式以及使用稠密线性代数模式和图减少模式的计算样本标识的迭代计算样本均值来被描述。

给定图像的特征向量，需要辨认图像、用户端是否与图像本身匹配，许多机器都可以实现这个运算目标，比如 $k$ 近邻、朴素贝叶斯等。特征向量是这里研究的一个特定的最先进的分类方法。SVM（支持向量机）[7]算法的训练短语及分类短语如图 4.2 建立。迭代优化模式在迭代器内常被描述为计算机训练短语。图减少模式常被描述为计算机的最佳更新状态、建立搜索工作以及解决二次程序问题。分类短语、密集的线性代数模式常表示对向量点积运算。图减少模式常代表计算机核函数求和缩放，通过测试有效的并行计算对图片执行轮廓检索。

随着高效并行的精密实施，通过检查有效的并行算法来进行图像轮廓检测，来自 Nvidia 公司的商用处理器使得减少了 gPb 运算的运行时间，从 237s 的英特尔公司酷睿处理器 i7 920（2.66GHz）平台到 1.8s Nvidia 公司的 GTX 280 GPGPU 约有 130 倍加速并输出确定的结果[8]。实施 SVM 普拉特（Platt）的序贯最小化运算以及自适应一阶和二阶工作集选择启发式算法对 Nividia 的 GeForce 8800 GTX GPGPU 并行，并在训练阶段取得 9～35 倍的加速，在分类阶段对 LIBSVM[9] 在英特尔公司酷睿 2 Duo（2.66GHz）平台取得 81～138 倍的加速。

## 4.2.2　光流跟踪

光流跟踪是密集的运动特征提取视频中最重要的第一步，目前的光流跟踪模型变得比过去更可靠。目前的并行硬件尤其 GPU 还提供了能够满足大生产量的视频分析被要求的速度潜力。目前居于主导地位的光流技术是基于 Horn and Schunck 模型的扩展。特别是使用大位移光流算法 LDOF[11]。为了获得一个连续能量集成离散点的匹配，为了位移或小结构获得精确的流量，这可以帮助跟踪目标，比如人体四肢的运动、棒球运动视频等。这项技术远超过其他技术的准确性。

一个相当普遍的数值表，可以有效地解决基本上所有模型方案的计算。不同水平提供由粗到细的翘曲，通过求解欧拉－拉格朗日方程给出一个非线性系统，然后是定点迭代和线性解算器的更新[12]。这个方法是非常通用的，可容纳甚至非凸正规化矩阵（使用了凸规范和 $L_1$ 范数近似）。对于串行硬件，持续松弛给出了一个有效及非常简单的由高斯－赛德尔给出的线性求解器。但是对于并行硬件，有必要调查哪些算法用于光流问题有更好的表现，有必要全面表示参与这种情况下矩阵的性质，它们是正定的，使得能够使用共轭梯度算法。

图 4.3a 所示为应用构造，这里有 3 个主要的迭代求精区域：一个用来由粗到细的优化；另一个用来做定点的迭代；第三个迭代稀疏线性解算器。这里实现了使用预处理共轭梯度求解线性方程系统（第三个循环）中全部的静态点在所

有尺度与其他并行求解相比较。比如红－黑松弛，前提是条件共轭梯度进行更多的工作（2.1 倍或者更多）前期反复但需要较少（3 倍或者更少）的迭代，从而保证更好的 40% 的性能。对于所有的解决者，有必要采取稀疏矩阵结构去实现存储输出。相比于英特尔公司酷睿 2 Quad Q9550 的串口高斯－赛德尔求解，在 Nvidia 公司 GTX480 共轭梯度解算器实现了 47 倍加速。这里实现了对整个应用程序的米德伯理（Middlebury）光流数据集上的等效错识率 78 倍加速[13]。对于在一对 640 × 480 大小的帧运行 LDOF 的运行时间已从 2min 多到 1.8s，这标志着大位移光流应用于各种运行估计任务中。

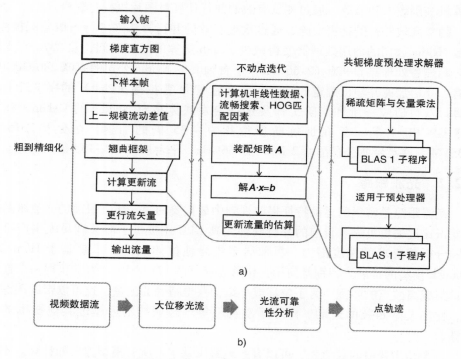

图 4.3　大位移光流应用程序的框架与基于大位移光流的点跟踪器的深入描述
a）大位移光流应用程序的框架　b）基于大位移光流的点跟踪器的深入描述

通过有效的光流求解，开发了点跟踪系统[14]。图 4.3b 显示了高度描述跟踪器。光流计算器占跟踪器运行时间的主导地位，相比最常用的 KLT 跟踪器[15]，即使并行化后占用的总运行时间提高了 93%。可以将跟踪的幅度分为 3 个数量，同时实现更好的 46% 的精度。与粒子视频跟踪器[16]相比较而言运行得更快更好，量级达到 66% 的准确性。另一方面提高了精度及速度，基于 LDOF 跟踪器还提供了改进的跟踪密度和大排量的能力，这已经可以通过算法研究和有效并行处理器，很好的具有并行实现大排量光流算法。

### 4.2.3　静态视频背景提取

　　静态视频背景提取是从视频相机在视频持续时间期间提取的运动部件问题，就像是在被监控的情况下。解决这一问题常用的工具是与一系列针对每个帧和一排帧的视频的每个像素的矩阵的奇异值分解（SVD）[17]，SVD 的操作使得可以提取视频的共有帧的部分。

　　此视频的矩阵规格是特别的矩阵框架。因为像素在一帧的数目通常远小于帧的数量。对于矩阵这个规格，SVD 可以通过矩阵 QR 分解求解有效地被找到。QR 分解是操作一个矩阵分解成两个矩阵的乘积 Q 和 R。Q 是正交，R 是上三角形。因此主要的计算就是开展这种方法来将静态视频背景提取为一个高并且窄的 QR 矩阵分解。

　　图 4.4 所示是静态视频背景提取算法的架构，视频矩阵是主要的数据结构。可以应用几何分解的数据结构分解成小块适用于高速缓存中，在图 4.4 中示出。就 QR 分解的一个最近的算法，通信 - 避免 QR[18]，允许整个矩阵的因素对这些只是一个序列块使用小的操作。这得到了很好的表现，因为能够对每个块并行的各个处理器进行高速缓存操作。使用在 Nividia 公司 GTX480 卡的这种方法，与使用英特尔公司数学核心函数库相比，为整个应用程序实现了 27 倍的速度提升。

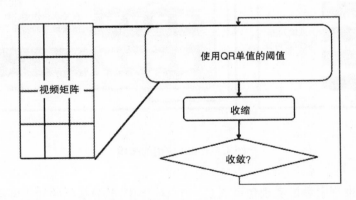

图 4.4　静态的视频背景提取应用架构

### 4.2.4　自动语音识别

　　自动语音识别应用是当输入一个自动语音后，输出一个说话者可能最想要达到目的词组序列。如图 4.5 所示，ASR 首先作为从一个波形中提取声学的特征，然后再解码特征序列以产生一个单词序列。

　　特征提取过程包括一系列信号处理步骤，其模式是管道—过滤器模式。序列过滤器的目的是去掉送话器之间的差异以及回声、保护功能以及区分单词序列、解码处理执行上使用维特比算法的隐藏马尔科夫模型统计推断。这个推测是通过比较每个提取的语言模型被演示的，这个功能在离线时使用一系列强大的数据科学被训练，执行推理模块作为推理机如图4.5所示，有一个迭代外环，就是一定时间内处理语音特征向量之一。在每个循环迭代中，运算演示一个并行数据步骤序列。现代多核处理器充分利用并行中的每个算法步骤，以加快推理过程（映射减小模式）。

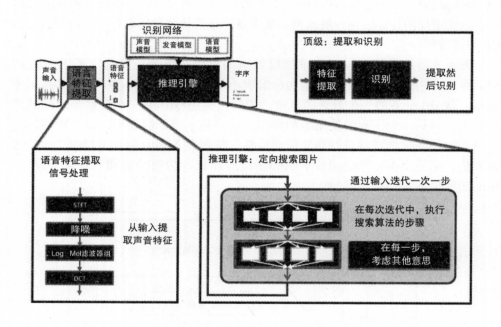

图4.5　ASR应用的架构

　　这样的推理引擎的实现包括通过一个不规则图形为基础的知识网络、数以万计的状态和弧线的平行图（图形算法模式）。挑战并不只是去定义一个软件结构而显示足够细粒度应用开发，而是在这个高速并行的过程之间有效地同步并发任务增长数量及利用并行机会。

　　Chong，You等人[19,20]证明了潜在的加速3.4倍的英特尔公司酷睿i7和10.5倍的Nvida公司G7X280显示出大幅度加速相加以及高度优化的顺序，酷睿i7的执行并没有牺牲精度。并行实施包括小于2.5%的环比开销、有前途的可扩展性和显著的潜力在未来的平台上进一步加速。进一步的并行优化是通过最新的多核平台上展示在 Chong 等人[21]的语音模型中，通过语音模型转换运用领域的知识和探索最新的多核平台等语音模型[22]。

在平行实现的基础上，有更多的机会，包括加速隐马尔科夫模型（HMM）训练法，对于语音识别，进行实时的多数据流解码，如视听识别。这些应用程序由于其非常规则的并行结构的并行计算的可能性可以使用那些已经被优化对 ASR 的目的，并且可预期获得相同性能增益的高度。

## 4.2.5  压缩传感 MRI

压缩传感信号采集是指使采样远低于奈奎斯特速率某些信号的高保真重建的方法。对信号进行重构必须满足一定的"稀疏"条件[23]，但满足这些条件至少有许多应用信号。压缩传感已应用于加快收集 MRI 数据[24]，以及增加 MRI 是否适用于简单的程序。压缩传感重建并不容易计算，需要一个非线性 L1 最小化问题的解决方案[23]。$L_1$ 的最小化问题存在一定的困难，例如，最小二乘是非微分在 $L_1$ 的目标函数中的问题。困难在于加剧了所要解决的问题大小：必须确定每个像素三维 MRI 扫描的值，所以 $L_1$ 的最小化通常涉及数十亿的变量。此计算难度产生过长的运行时间，从而限制了该技术的适用性。MRI 图像必须以交互方式提供给执行检查的放射科研究者，让时间临界决定，以进一步了解图像进行考虑。

求解这个问题，实现了一个凸集投影（POCS）方法，如图 4.6 所示：迭代项目的解决方案只代表稀疏信号和最小化问题的可行域中的

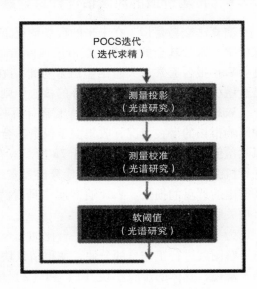

图 4.6  压缩传感 MRI 应用的构架

凸集。由于这些集合是凸，其交接点不为空，该过程保证收敛。虽然 $L_1$ 的最小化问题可以转换为线性规划（LP）问题，并可以通过诸如解决单一法和内点法解决，在这里的例子中 LP 解算器的高数值精度是不必要的。所述 POCS 算法要快得多，并且产生足够高品质的图像。但是，若原 MATLAB 的 FPGA 实现每二级切片大约需要 30s，而一个完整的三维扫描通常具有数百片，同时整个扫描必须在 1h 内来重建。$L_1$ 最小化在"校准"阶段，这需要一个最小二乘问题可行的解决方案。本书直接解决了这些系统，使用标准的线性代数库。这些系统的解决

方案提供了"前后一致"的模式含有从 MR 图像多达 32 个多余的采集信息。

本书制作了 POCS 算法两个高效率的并行实现,评估平台是一个 12 核 2.67GHz 英特尔公司 Xeon E5650 的处理器,该处理器有 4 个 30 核,8 宽 SIMD,1.3GHz Nvidia Tesla C1060 GPGPU。对于典型规模的数据集 8 个信道,打开 MP 并行校准平均运行 20s,打开 MP POCS 求解器 40 次迭代,足以满足大多数数据集收敛,使用全部 12 个 CPU 内核运行 334s。在一个单一的 GPGPU,CUDA POCS 求解器运行 75s 到 4.5 倍比 12 CPU 内核的版本速度更快。使用多 GPU 使得获得了近线性加速:使 POCS 解算器在 20s 内运行。GPU 子波实现带宽效率低:更加高度优化了实施的速度提高了 50%。此外,多 GPU 并行将提供额外的 3~4 倍的速度上升。使用 OpenMP 校准和 Cuda 的 POCS 解算结果在 40s 的重建时间:这是第一次通过实验上可行的压缩感知 MRI 重建实施[25]。

## 4.2.6  市场价值的风险估计计算金融

演算法交易是指:在未来的市场情况下的估计来计算必要的衍生使用率及高杠杆率的避险基金的激增,在市场风险价值(VaR)中潜在经济损失的严重程度。VaR 报告通常每天总结金融业务部门在位置上采取的漏洞市场走势,它们是金融机构的市场风险管理业务的核心原则。

VaR 估计采用直接应用蒙特卡洛计算模式。该模式广泛地承担模拟上百万种影响市场的潜在情况,收集关于投资组合的损失分布记入将来统计数据。每个风险价值包括 4 个步骤,如图 4.7a 所示。存在已有的所有方案在执行各步骤的并行机会如图 4.7b 所示。采用计算出投资组合价值的损失分布,估算投资组合暴露出的严重的损失。VaR 通常取作具有特定频率中 1/100 甚至高达 1/20 减值事项关联的值。

为了优化在一个高度并行平台比如如今的 GPU 的一个执行中[26],使用的几何分解图案进行工作量的分块,使得情景块可以放入执行平台的快速存储器中的给定规模,具体的步骤小块(1)和(2)可以被合并,并作出适合于最低级的高速缓存,以及所有 4 个步骤块基于 GPU 应当配合到存储器中设备上的平台(见图 4.7c)。

这里评估了二次 VaR 估计使用投资组合为基础的方式,其中的投资组合中的所有的财务是从风险因素损失二次近似汇总的标准实现。对于步骤(1),使用一个 Sobol 准随机数的指令序列;步骤(2)中,所用箱型穆勒(Box – Mueller)变换;步骤(3),使用一个块和整个块的顺序还原并行减少。

对于高达 4096 例风险因素的投资组合,实现了 GPU 上的一个 8.21 倍加速,算法相当于多核 CPU 实现。步骤(1)和(2)同步骤(3)获得 5 倍的加速比,并且是由基本线性算法子程序的实现能力的限制,更有效地利用计算和存储器中

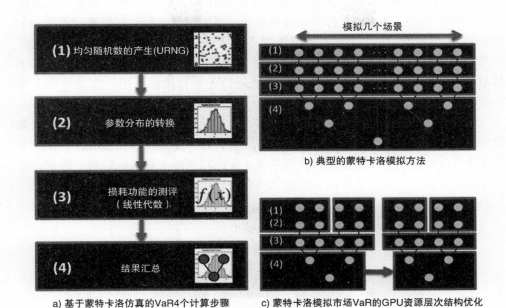

图 4.7 市场价值 VaR 的计算金融应用架构

局部性从施加几何分解图案达到 500 倍的加速。步骤（4）按比例可以忽略不计运行。需要注意，在损失评估的关键计算瓶颈，重新拟定步骤（3）算法，并获得了进一步的 60 倍加速的损失评估。

## 4.2.7 游戏

一个典型的视频游戏的一些大型子系统由诸如物理、人工智能（AI）和图形组成。子系统可以是可重复使用的大文库或"引擎"，或为一个特定的游戏中创建功能。游戏设计者的一个主要问题是如何有效地管理子系统之间的通信。如果子系统要并行在多核设备上运行，需要特殊的协调或锁定共享数据，通信会变得更为复杂。此外，每个子系统应具有同时定义的接口，因此如果是必要的，可以容易地与另一个类似的库交换[27]。

这个问题的解决是用操纵木偶的模式（见图 4.8）。这是指一个操纵者在上面的子系统和充当媒介子系统之间的通信中的应用。假设 AI 子系统改变角色的方向需要通知物理学子系统，这将反过来更新字符的位置和速度，而不是直接与所述物理子系统接口。AI 子系统通知改变的操纵者。操纵者通过信息可以传递到任何有趣的系统。木偶模式的主要好处是，可以减少局域号码的子系统接口，这个模式允许更大的灵活性和可扩展性。

GPU 是专门开发能够在图形子系统中详细计算。对于其他子系统采取这些并行设备的优点，必须将其分解成处理单元的图案以及进行个别提速。例如一个简单的 AI 子系统，从一组共享数据读写字符状态机的集合，共享数据可以包含字符的位置和方向，该系统可以在结构上使用代理和知识库模式被构建。由于 AI 状态机彼此独立一个帧中操作，因此所述任务并行图案适用于加快计算上并行的硬件。

视频游戏有一个实时的约束，即帧率。计算最坏情况下的量必须满足该约束为与最小所需硬件用户，除非计算剂量不影响游戏，并且可以任意跳过。另一个挑战是有效地管理接入场景图，包括本场比赛的状态的主要数据结构。数据传输也可以是非常昂贵的，尤其是在设备之间移动时。

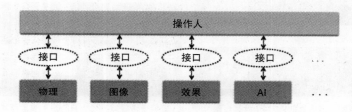

图 4.8　游戏应用的架构

## 4.2.8　机器翻译

机器翻译（MT）是计算机科学和研究自然语言处理（NLP）广大领域中的经典问题之一。高品质和快速 MT 技术可以实现各种令人兴奋的应用，如实时翻译国外的环境手持设备以及国防和监控应用。一个快速的 MT 机也随之在互联网上，实现人们讲不同的语言进行沟通和完全共享资源。

MT 的最普遍的方式是 CKY 算法[28,29]，该算法有 3 个短语：要使用翻译模型来翻译短语、将翻译短语结合在一个自下而上的方式以及从具有顶部向下模式中提取最可能的翻译。对 MT 应用程序的体系结构总结如图 4.9 所示，其中这 3 个阶段是由管道和过滤器模式表示。所述 CKY 算法的困难之处是在第二阶段，在此检查在所有可能的组合上使用 N 型语言模式的短语概率，并且该计算可以通过动态规划模式来表示。并行两个 GPU 和 CPU 的 CKY 算法的第二步骤，由西班牙语译成英语翻译 1000 句用 28 个字的平均长度实现了使用 4 线程速度提升 1.8 倍在 GTX480 和 2.3 倍在酷睿 i7。翻译 250 句就超过 40 万字的长度，使用 4 线程的酷睿 i7 实现了 2.3 倍基础上对 GTX 480 2.6 倍的加速。这说明因为有更多的并行处理，并行化较长的句子才可以做得更好。

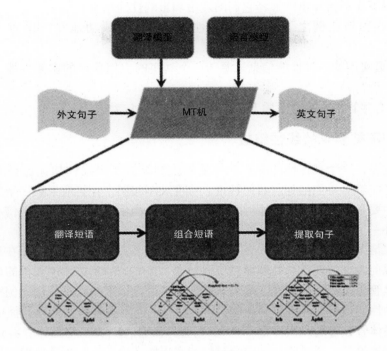

图 4.9　MT 应用的架构

## 4.2.9　本节小结

在本节中，已经探讨了 8 个来自各种领域的应用，并证明了模式可以对一组词汇起到这样一种作用，让软件开发人员能够快速表达和沟通的软件体系结构。本节还谈到了模式如何权衡提供一组知识，告知软件开发人员在一个设计中潜在的困难。这些已知的问题帮助软件开发人员识别关键的设计，了解影响应用程序的性能。在接下来的内容中，提供的这些应用实现了并行加速一些性能。

## 4.3　并行性能的观点

当写一个并行软件时，会首先考虑性能方面。这是很自然的，一旦可以放弃并行化处理并使用序贯处理，就会给性能要求带来问题。这些性能的考虑引发了许多问题：如何判断一个程序已经成功进行并行？如何比较并行平台之间的性能？通常如何推断并行平台之间的一个表现怎样可以从一个性能要求性能推算另一种算法或架构？不同的假设和观点会导致对这些问题观点的多样性，这就是为什么要求做假设是非常重要的，并且要明确有关决策和性能评估。

以以下 3 个指导原则解释它们的理由和影响性能结果：

1）在强烈比例之下，完善的线性加速并不是成功地并行化的一个必要条件。

2）最实用的一种性能信息来源于一个真实的应用程序的实测性能，在真正的硬件上运行。

3）有些算法本身在本质上比其他算法更加难以并行。

## 4.3.1 不被要求的线性缩放

在过去，一个被评估的并行软件受到强烈缩放实现线性加速比是非常重要的，这意味着如果加倍处理器的数量、难度大小相同，计算应采取一半的运行时间。这主要是由于经济上的原因，因此计算机以两倍多核耗费至少两倍小的计算机以弥补一个人的投资，所以线性缩放是必要的。

现在情况已经改变，因为在一个芯片上整合了大量的内核。这是在片上并行处理出现前考虑的现状。处理器供应商创造了更先进的新微体系架构的单线程处理器晶体管更大规模的数量，然而众所周知新的微体系架构没有按比例提供增加复杂性的性能提升。英特尔公司的 Pat Gelsinger 提出了著名的处理器性能的提高只能用晶体管数量的二次方根[30]。虽然业界没有看到关于与晶体管数量相应的线性性能的提升，通过联合处理器时代的实现所产生性能的提升仍然不足以推动行业向前发展，为最终用户提供通过提高性能的新功能。

作为增加核心数量片上的并行处理给程序员显示出了建构的复杂程度。目前，增加晶体管数量以一阶近似，虽然不是线性成本增加，但由于摩尔定律，伴有线性增加显示的并行处理。因此，增加晶体管的数量线性性能缩放，核的数量应该仍然为终端用户提供与来自计算机工业期望增加的能力。另外，工作量比例的大小往往成为变得很难的问题，使得并行比 Amdahl 定律和强大的比例假设建议更容易在实践中使用。并不需要对每个计算应用并行处理，只需要处理那些需要大量计算的，因为那些计算存在更大的问题所以这往往有更好的并行化特性。

## 4.3.2 衡量实际的实物硬件问题

实物硬件往往容易让人审查应用程序的核的并行性。这些硬件获取大量的装载应用程序的计算负荷，所以实物硬件的性能是至关重要的。然而过分注重内核可能是一个错误，因为保存应用程序在一起时可能会迅速成为内核组成的难题，形成一个应用的黏合剂。数据结构往往在内核之间进行改造，必须完成串行工作以确定应用程序应该如何进行，必须协调内核才可以确保正确的结果。因此，最重要的性能数据是实现完整的应用程序所考虑到整个应用的构成。

检查实现是非常重要的，传递应用性能中具体的硬件，而不是在不同的硬件平台比较峰值内核性能要求，并试图概括一个外插预期性能。峰值指理论数字适用范围，但它们具有分散力。大多数计算较难进行并行，即使内核提供对应用性能的范围，像 Linpack[32]（线性系统包）测试内核中那样。有些并行平台是明显比其他平台更脆弱的，在某种意义上说，它们可能会在独立的内核上做得很好，但它们的总体表现比较差。到最后，在具体的硬件中最重要的性能测试结果体现在完整的应用程序中，所有其他的性能测试结果主要作为界限是很有用的。

### 4.3.3　考虑算法

成功的并行化考虑的算法需要被并行化。在两种意义上这是重要的。首先，必须认识到，某些算法比其他的算法更难以并行。运算法则需要大量的数据线程之间的共享，具有不可预知的内存访问模式，或者是充满分支特点的控制流，这本身通常比其他算法更难以并行。有些算法是令人无从下手的序列，有些是主要进行顺序，并且通常只能通过表现显示软件复杂性适度性能增益进行并行化。出于这个原因，如果算法完成不同的任务不要比较两种算法加速结果是非常重要的。不应该期望所有的算法会以同样的效率并行化。

其次，并行应用程序时，考虑算法往往重新思考所涉及的算法是非常有用的。有时用更多的并行算法做更多的工作是特别好的。当然，如果重新思考算法将会导致算法的变化而提高并行以及序列效率，这些改进应该被利用。

### 4.3.4　归纳

在结束的时候，应用并行程序是因为性能的提高使得最终用户的性能得到提高。最终，并行处理是为了解决更大、更难的问题，继续实现在实际应用中提供的摩尔定律的全部性能。

## 4.4　模式的框架

定义一个软件架构的结构和计算模式的分层组合物。面向模式的框架是一个软件环境，基于特定的软件体系结构，且其中所有用户定制必须与该软件架构和谐。换句话说，软件体系结构中仅特定的定制点可供终端用户定制。模式和模式化的框架帮助应用开发者，在并行软件快速原型实现快速探索软件架构设计的空间。针对不同的开发人员使用模型有两种正在开发的框架类型。连同一组扩展点的应用程序域以允许在选择模块功能定制化，而不损害底层基础设施的效率。编程框架提供了一套灵活的工具，以充分利用硬件的并行可扩展性没有特定的平台细节的负担。需要这两种类型的框架，并说明如何使用。

### 4.4.1　应用程序框架

通常开发一个高效的并行应用程序是一个艰巨的任务。开发一个高效的并行应用程序不仅需要在应用领域深刻理解，同样包括先进编程技术的并行实现平台。领域专家对应用领域的深刻理解发现了并行化的机会，使应用程序级的设计方案满足最终用户的需求。高级编程技术使并行编程专家利用并行化机会和现有的并行资源浏览各种级别的执行平台的同步范围。

在自动语音识别（ASR）推理引擎的开发中，应用领域知识，包括主题，如启发式修改，以减少所需的计算，同时保持识别精度，并识别网络建设技术解决词汇间的静音期。高级编程技术，包括设计数据结构进行有效的矢量处理、构造程序流，以减少成本同步，并有效利用支持实现平台上的原子操作。

随着越来越多的并行系统的复杂性，领域专家往往要进行设计考虑没有并行性能影响的完整视图。在另一方面，并行编程专家可能没有意识到应用程序级的设计方案距离他们发现性能进行优化计算和同步的困难。

随着模式语言发展，应用领域专家可以通过其架构使用结构和计算模式，并逐渐意识到权衡制约这些模式并迅速了解设计潜在的并行性能的影响。对于反复出现常见的模式组成的一个领域，可以构建应用程序框架预先优化的各种并行平台。在 ASR 应用领域一个应用程序框架的示例如图 4.10 所示。应用程序框架基于一个高效的并行执行的大词汇量连续语音识别，CPU 所达到超过 11 倍的加速度通过一个优化的顺序实现[21]。

应用程序框架对 ASR 是分层次的，用含有特征提取和推理引擎作为静态部件的顶层（见图 4.10a）。用户可以根据一个特定的最终使用模式定制输入格式。所述特征提取器组件是一个管道过滤器模式为基础的骨架，其中该过滤器可以根据最终应用需要来定制（见图 4.10b）。推理引擎组件包含推理引擎框架，这个框架包含在一个迭代循环实现 Viterbi 算法顺序步骤静态结构中（见图 4.10c）。在每个步骤内的计算可以定制以纳入一个应用的许多变化。

对于应用程序领域专家，应用程序框架以切断来限制实施的方式，以一个已知证明了用户自定义过多的机会，是一个高效的软件架构。不同的用户自定义可导致应用程序域中的一整类应用。对于并行编程专家来说应用程序框架内用来突出重要的性能的困难会导致整类的应用程序的性能提升。引入一个 MATLAB/Java 程序展示关于 ASR 系统框架的有效性。ASR 系统使唇读语音识别通过扩展音频-视频语音识别应用程序。在系统申请只实现插件模块的观察概率的计算（见图 4.10c）和文件输入/输出模块的底层众核平台上能够实现 20 倍速度提升。

一个应用程序框架捕捉组合模式，共同组成重复出现了应用程序域中一种有效的软件架构。应用框架创建应用领域专家和并行编程专家之间所完成的界面。

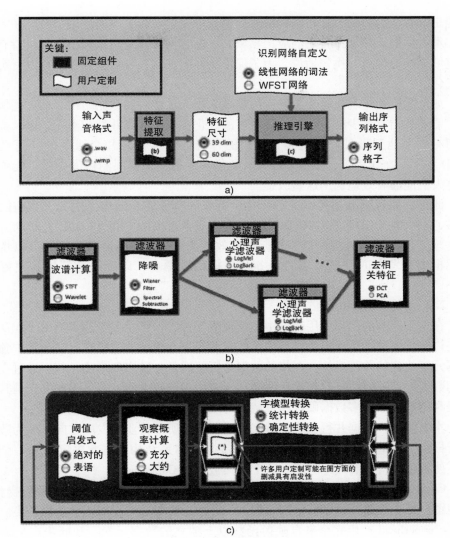

图 4.10　ASR 应用的框架

a) 顶层框架：提取和识别　b) 特征提取框架：信号处理　c) 推理引擎：定向搜索图片

## 4.4.2　规划框架

### 4.4.2.1　通过编程框架的效率和可移植性

虽然应用程序框架帮助应用开发商创建一个特定的体系结构中新的和有趣的应用，应用领域的研究和应用框架内开发人员需要更多的灵活性，以创造他们所需要的工具。重要的是提供框架，将帮助他们充分利用硬件的可扩展性的并行性，同时仍然从特定平台的详细信息屏蔽。可以相信，编程框架提供这种抽象。

可能是很有诱惑力的假设，编程框架提供这种完全无需了解的应用领域。在实践中，编程框架需要支持特定的应用领域，以便它们可以采用数据结构和所特有的特定域变换的优点。换句话说，为了保证良好的性能，有必要调整执行以特定域的优化。

如计算机视觉和机器学习的应用领域采用大量常规的数据结构。在这些情况下，需要找出有多少被执行的一些重要的优化在应用程序并发被曝光，以及描绘如何有效率地到硬件。特别是，现代的并行处理器具有几个级别的并行性的SIMD 水平、在线程级、在核心层等。硬件和编程模型的限制可能会或可能不会允许人们能够有效地利用这些级别。

此外，编程框架还可以处理优化所特有的特殊体系结构。例如，当前的许多核心架构像 CUDA 的 GPU 和数据传送的成本过高的 CPU 和 GPU 之间的有限的物理存储器意味着存储器管理通过高效的调度是重要的。编程框架可以帮助应用框架开发者进行高品质的任务和数据传输调度，以确保低开销和更好的效率[33]。

### 4.4.2.2　Copperhead

在本书调查的工作应用程序中，发现数据并行，严格的数据并行和 SIMD 模式在许多重要的计算中占主导地位。数据并行形态包括通过检查以在计算中独立数据元素找到的并行运算。严格的数据并行模式是一种实现模式，其中通过在独立的数据元素映射独立线程编程漏洞利用可用的数据并行，且 SIMD 模式是其中编程利用单指令，多数据硬件超过载体有效地执行操作的执行模式。

本书认为，数据并行似乎是越来越重要的对所处行业的发展方向，因为数据并行提供了丰富的、可扩展的并行性精度并行体系结构。据此决定建立一个框架，使数据并行更高效地利用。这个框架被称为 Copperhead。

Copperhead 在 Python 编程语言中是重要的，设计用于表达数据的并行操作，如地图、减少扫描、排序、分割、加入、分散、收集等组成的一个功能子集。并行于 Copperhead 产生完全来自映射函数以上独立的数据元素，和同步产生完全来自加入独立的阵列，或访问非本地数据。

高性能数据并行编程的关键细节经常取决于数据并行操作的特定组合物。例如当并行被嵌套，编译器可以选择打开平行地图调用转换成连续的迭代，但在平行的特定地图是否执行的选择取决于其组合物插入计算的其余部分，以及特殊性并联平台作为目标。因此，Copperhead 利用选择性、嵌入性在合适的时刻为所得代码划分为专门的目标到所述平台去执行计算信息。调用一个数据并行的函数调用，运行时检查数据并行操作的组合物，并将其编译成并行 C，然后将其分派在该平行平台上。

Copperhead 是专为支持并行数据计算中进行更好的结构调整而设计，才能很好地映射到并行硬件中，这是成功并行计算的应对。通过专业的重要的方案，Nvidia 图形处理器，相比手工调整的稀疏矩阵向量机训练程序 CUDA C＋＋代码时的 4 倍少行代码实现的性能达到 45%～100%。线的表现目标是在一定程度上开发 Copperhead，可以充分支持提供实现研究计算机视觉和机器学习的计算，提供有用的性能以及高效率[35]。

## 4.5 小结

本节的目标是通过领域专家使高效的并行应用程序开发生产，而并不只是平行编程高手。随着计算的语言变得更加专业化，之前理解的特定领域，如计算机视觉，将有足够的挑战性，领域专家不会有时间或意愿成为并行处理器的专业程序员也是如此。因此，如果领域的专家是从平衡计算并行处理器的发展，则专门为领域专家提供所需要的新的编程环境。这里认为关键在于并行程序设计是软件框架。在这里的方法中，两者的基础是设计模式、语言模式。进一步，原来以为的模式可以赋予软件开发商进行有效的沟通、整合、探索软件设计。

为了验证想法，探索 8 个来自各个不同领域的应用。特别是，已经成功地应用模式来架构的软件系统、基于内容的图像检索、光流、视频背景提取、压缩传感 MRI、自动语音识别以及价值在风险分析的定量金融。在应用模式进行体系结构设计的软件系统、电脑游戏和机器翻译，总而言之，这些应用显示出非常不同的计算特性，几乎涵盖了在模式语言计算模式的全部范围。在探索中已经证明了图案如何作为基本词汇用这些应用的体系结构来描述，还展示了如何在其中描述的体系结构模式的选择自然探索并取舍，有助于告知对软件开发人员在设计中潜在的困难。这些已知的取舍帮助软件开发人员识别关键的设计决策影响应用程序的性能。在这个过程中，确实很自信，形态不仅在帮助概念化一个软件系统的体系结构和传达给他人，图案在实现有效的软件环境是实用的。在创建该各种应用并行实现的过程中，还创造了多种应用并行也获得了一定的见解、加快了对并行处理器的应用程序以及像已经报道的那些。

本书也正在研究模式如何基于体系结构可用于将定义应用程序和编程框架，定义了一个框架作为一个软件环境中的所有用户自定义必须是和谐的底层架构。应用程序框架是一个领域特定工作框架，解决了像应用程序域以及一组扩展点，以便在选择的模块功能定制，而不危及底层高效的基础设施的效率、执行情况的程序执行层面问题。编程框架提供了一套灵活的工具，以充分利用硬件的并行可扩展性没有特定的平台上细节的负担。需要这两种类型的框架，并说明如何使用。有许多关于应用和编程框架与替代方法的软件实现，如特定领域语言的相对价值未解决的问题。这里是在说明这两种方法的优点和缺点。

## 4.6　附录

### 4.6.1　结构模式

管道和滤波器：需要输入数据从之前的滤波器静态顺序结构，进行该数据的计算，然后将输出传递到下一个滤波器。该滤波器有其他作用，滤波器的作用的结果是唯一的输入数据转换为输出数据。

迭代优化：一个初始化随后细化通过步骤集合直至终止条件被满足的一个结构。

映射 – 化简：初始化其次是细化的结构，通过步骤集合反复，直至满足终止条件。

操作：一个操作的结构封装，并通过委托操作的木偶和木偶收集返回的数据控制操作的参考。

### 4.6.2　计算模式

稠密线性代数：一个计算的组织结构作用于数据的密集阵列的算术表达式的序列。操作和数据访问模式限定数学，所以数据可以预取和 CPU 可以执行接近其理论上允许峰值性能。这种模式的应用程序通常使用在密集阵列与载体（BLAS 级 1）、矩阵矢量（BLAS 级 2）和矩阵间（BLAS 级 3）运算的尺寸来定义的标准构建模块。

图算法：可以抽象成在顶点和边的操作，顶点表示一个对象计算和边缘对象之间的关系。

蒙特卡洛算法：认为估计问题的解决方案，通过一组使用不同的参数设置实验统计抽样解决空间的计算。

动态规划：显示出重叠的子问题和最优子结构性质的计算。重叠子问题意味着问题可以通过更小的重叠子问题递归来解决。最优子指子问题正确的最优解。

### 4.6.3　并行算法策略模式

数据并行：一种算法的组织结构为操作并发施加至一组数据结构的元素，并发是在数据中。该模式可以通过定义一个空间索引表达全部。数据结构内的问题对准以这个索引空间和并发通过施加操作流中的指数特征空间的每个点引入。

几何分解：一种算法通过（1）将主要数据结构内的一个问题纳入常规块，并且并行更新（2）每个区块进行组织。通常情况下，通信发生在区块边界上，所以一个算法会分解为三项：①交换边界数据；②更新内部或各区块；③更新边界区域。组块的大小由存储器层次结构的属性决定，最大程度地从本地存储器数据重用。

# 参 考 文 献

1. Catanzaro B, Keutzer K (2010) Parallel Computing with Patterns and Frameworks. ACM Crossroads, vol. 16, no. 5, pp. 22-27.
2. Our pattern language. http://parlab.eecs.berkeley.edu/wiki/patterns/patterns. Accessed 15 December 2009.
3. Keutzer K, Mattson T (2009) A design pattern language for engineering (parallel) software. Intel Technology Journal, Addressing the Challenges of Tera-scale Computing, vol.13, no. 4, pp. 6–19.
4. Asanovic K et al (2006) The landscape of parallel computing research: A view from Berkeley. EECS Department, University of California, Berkeley, Tech. Rep. UCB/EECS-2006-183.
5. Garlan D, Shaw M (1994) An introduction to software architecture. Tech. Rep., , Pittsburgh, PA, USA.
6. Maire M, Arbelaez P, Fowlkes C, and Malik J (2008) Using contours to detect and localize junctions in natural images. CVPR 2008, pp. 1–8.
7. Cortes C, Vapnik V (1995) Support-vector networks. Machine Learning, 20: 273–297.
8. Catanzaro B, Su B, Sundaram N, Lee Y, Murphy M, Keutzer K (2009) Efficient, high quality image contour detector. ICCV 2009, pp. 2381-2388.
9. Chang C, Lin C (2001) LIBSVM : a library for support vector machines. Software available at http://www.csie.ntu.edu.tw/~cjlin/libsvm. Accessed 15 December 2009.
10. Catanzaro B, Sundaram N, Keutzer K (2008) Fast support vector machine training and classification on graphics processors. ICML 2008, pp 104-111.
11. Brox T, Malik J (2010) Large displacement optical flow:descriptor matching in variational motion estimation. IEEE Transactions on Pattern Analysis and Machine Intelligence, vol. 99.
12. Brox T, Bruhn A, Papenberg N, Weickert J (2004) High accuracy optical flow estimation based on a theory for warping. ECCV 2004, pp. 25–36.
13. Baker S, Scharstein D, Lewis J, Roth S, Black M, Szeliski R (2007) A database and evaluation methodology for optical flow. ICCV 2009, pp. 1–8.
14. Sundaram N, Brox T, Keutzer K (2010) Dense Point Trajectories by GPU-accelerated Large Displacement Optical Flow. ECCV 2010, pp. 438–451.
15. Zach C, Gallup D, Frahm J M (2008) Fast gain-adaptive KLT tracking on the GPU. CVPR Workshop on Visual Computer Vision on GPU's.
16. Sand P, Teller S (2008) Particle video: Long-range motion estimation using point trajectories. International Journal of Computer Vision, pp. 72–91.
17. Wang L, Wang L, Wen M, Zhuo Q, Wang W (2007) Background subtraction using incremental subspace learning. ICIP 2007, vol. 5, pp. 45–48.
18. Demmel J, Grigori L, Hoemmen M, Langou J (2008) Communication-optimal parallel and sequential QR and LU factorizations. Tech. Rep. UCB/EECS-2008-89.
19. Chong J, You K, Yi Y, Gonina E, Hughes C, Sung W, Keutzer K (2009) Scalable HMM-based inference engine in large vocabulary continuous speech recognition. ICME 2009, pp. 1797-1800.
20. You K, Chong J, Yi Y, Gonina E, Hughes C, Chen Y, Sung W, Keutzer K (2009) Parallel scalability in speech recognition: Inference engine in large vocabulary continuous speech recognition. IEEE Signal Processing Magazine, 26(6): 124-135.
21. Chong J, Gonina E, Yi Y, Keutzer K (2009) A fully data parallel WFST-based large vocabulary continuous speech recognition on a graphics processing unit. Proceeding of the 10th Annual Conference of the International Speech Communication Association, pp. 1183 – 1186.
22. Chong J, Gonina E, You K, Keutzer K (2010) Exploring Recognition Network Representations for Efficient Speech Inference on Highly Parallel Platforms. Proceedings of the 11th Annual Conference of the International Speech Communication Association, pp. 1489-1492.
23. Candès E J (2006) Compressive sampling. Proceedings of the International Congress of Mathematicians.

24. Lustig M, Alley M, Vasanawala S, Donoho D L, Pauly J M (2009) Autocalibrating parallel imaging compressed sensing using $L_1$ SPIR-iT with Poisson-Disc sampling and joint sparsity constraints. ISMRM Workshop on Data Sampling and Image Reconstruction.
25. Murphy M, Keutzer K, Vasanawala S, Lustig M (2010) Clinically Feasible Reconstruction for L1-SPIRiT Parallel Imaging and Compressed Sensing MRI. ISMRM 2010.
26. Dixon M, Chong J, Keutzer K (2009) Acceleration of market value-at-risk estimation. Workshop on High Performance Computing in Finance at Super Computing.
27. Worth B, Lindberg P, Granatir (2009) Smoke: Game Threading Tutorial. Game Developers Conference.
28. Cocke J, Schwartz J T (1970) Programming languages and their compilers: Preliminary notes. Courant Institute of Mathematical Sciences, New York University, Tech. Rep.
29. Kasami T (1965) An efficient recognition and syntax-analysis algorithm for context-free languages. Scientific report AFCRL-65-758, Air Force Cambridge Research Lab, Bedford, MA.
30. Pollack F (1999) Microarchitecture challenges in the coming generations of CMOS process tech-nologies. MICRO-32.
31. Gustafson J L (1988) Reevaluating Amdahl's Law, CACM, 31(5): 532-533.
32. Luszczek P, Bailey D, Dongarra J, Kepner J, Lucas R, Rabenseifner R, Takahashi D (2006) The HPC Challenge (HPCC) benchmark suite. SC06 Conference Tutorial.
33. Sundaram N, Raghunathan, Chakradhar S (2009) A framework for efficient and scalable execution of domain specific templates on GPUs. IEEE International Parallel and Distributed Processing Symposium.
34. Catanzaro B, Kamil S, Lee Y, Asanovic K, Demmel J, Keutzer K, Shalf J, Yelick K, Fox A (2009) SEJITS: Getting productivity and performance with Selective Embedded JIT Specialization. Programming Models for Emerging Architectures.
35. Catanzaro B, Garland M, Keutzer K (2010) Copperhead: Compiling an Embedded Data Parallel Language. Tech. Rep. UCB/EECS-2010-124.

# 第 5 章　消息传递给多核芯片的例子

Rakesh Kumar、Timothy G. Mattson、Gilles Pokam 和 Rob Van Der Wijngaart

关于共享内存与消息传递编程模型的争论已经持续了几十年，双方皆有有力的论据。在本章中，重新审视了这场辩论的多核芯片，并认为消息传递编程模型往往比共享内存模型更适合解决多核时代提出的问题。

在多内核时代是不同于过去的。编程人员的性质、应用程序的特性以及计算基板的性质是不同于过去传统的并行计算机多内核芯片驱使并行编程发展的。例如，当传统的并行计算机被主流程序员在很少或没有背景的编程在并行算法中，优化特定并行硬件功能的软件或并发的理论基础。因此，多核编程模型必须放置额外费用到生产中，而且必须让并行编程接触到专业的程序员。同样，虽然并行计算的历史记录由高度专业化的科学应用为主，多核处理器将需要运行的全系列通用应用，这意味着在应用程序的性质和优化目标扩展范围内会急剧增加多样性。这将在很大程度上影响到多核处理器编程模型的选择。对多核架构的编程模型也应该能够适应和处理核利用不对称。本书认为，上述目标往往基于共享地址空间编程模型比消息传递编程模型提供更好的服务。

## 5.1　度量标准比较的并行编程模型

为了比较共享内存模型和消息传递模型，可能需要定义一系列的基准，从而把这个比较变成一个量化性能工作的常见方法。然而在这样比较的编程模型从底层运行时系统实现的相对质量作用的相对影响是难以区分的。一个真正的比较应该处理定性"人为因素"，以及它们如何影响编程过程。编程模型的一个公平的比较，必须考虑并行程序全周期结束到终端的成本。完整的生命周期可以概括如下：

- 编写并行程序；
- 调试程序并验证是否正确；
- 优化方案；
- 修复缺陷、程序移植到新的平台、增加功能等维护程序。

对项目周期的不同阶段的编程模型头部对头部的比较将使人们能够做出编程模型相对有效性的定性结论。修改从认知维度来定义比较一套具体的指标[3]：

通用性：在编程中模型用来表达任何并行算法，并发性如本算法具体的执行平台，使得有水平相当的功能。

表现：请问编程模型是否帮助程序员表达他们的并发问题简洁、安全，并明确对并行算法该模型被设计的课程？一个表达确定并行任务，并指定数据是如何在任务之间共享。表现并不表示一般性。

黏性：是否编程模型让程序员进行增量更改工作计划？如果不是这样，采用编程模型的风险是高的。黏性包括以下两个方面：

- 是否有可能逐步引入并发到一个程序的原始串行形式？通常，如果模型意味着一个新的语言，不是这种情况。
- 需要多少努力才能添加或更改现有的并行代码的功能？

组成：是否编程模型提供通过组成并联模块，支持编程所需的分离与模块化？

验证：是否容易建立一个程序，从而将误差引入代码时引入认知单？在程序的正确性方面是合理有效的吗？如何找到困难并删除错误？错误不表现出自己每一个代码运行时很难找到并删除。这种错误可能是由于非确定性，或一个事实，即有可能是正式的规范和实施编程模型的差距较大。

便携性：是否编程模型让程序员编写一个可以重新编译并映射到效率相关的所有目标用户社区系统一个程序？这包括支持异构系统的潜力。

至于验证，这些代价常常超过系统采集和软件创建成本，这种情况只会恶化，因为越来越多的软件正在产生攻击的并行性。验证并行软件的难度传闻证据比比皆是，这里只是举一个单一来源[8]：

"我们写道，实现了 100% 的代码覆盖率的回归测试。每晚构建和回归测试跑了两个处理器的 SMP 机器上…未观察到的问题，直到 2004 年 4 月 26 日，代码僵持四年后。"

5.3 节会讨论信息是如何为上述指标对共享内存的型号通过程序模型收费。

## 5.2 对比框架

为了评估不同的并行程序设计模型，需要确定一个框架，得到关于最常见的并行算法的设计和实施的编程模型的影响。对比框架由不同类别中每个类别的并行算法策略和不同的算法模式组成。下面，定义了 3 种不同的策略并行算法设计：

- 议程并行：并行直接表示为一系列任务术语。
- 结果并行：并行表示为在计算过程中所产生的数据结构中的元素的术语。
- 专家并行：并行表示为任务的集合，每一个都是专门为不同的功能的任期。换句话说，数据的一组并发执行专业化任务之间流动。

这提供了框架的顶部水平结构。在表 5.1 中，展示了一些与这些算法策略相关的较为常见的模式[10]。

表 5.1　并行算法的简要分类

| 并行算法策略 | 算法设计模式 | |
|---|---|---|
| 议程并行性 | 任务并行性 | 分而治之 |
| 结果并行性 | 几何分解 | 数据并行性 |
| 专家并行性 | 发生器/用户 | 基于事件的协调 |

这些模式由众所周知经验丰富的并行程序设计（详见文献［6，9］）。该框架是不完整的，但提交了它涵盖最重要的算法的广阔面。

结合前面的指标使用这些模式，可以把想要的编程模型支配到不同的编程模型特定的假设中。

## 5.3　对比消息传递和共享内存

从两个普遍化有关消息传递与共享存储的编程模型开始，关注这些验证和组成。为了撰写的软件模块，必须保证模块分离。交互只能允许发生通过定义良好的接口。为了验证程序，必须确保在所有操作中可以交错每个合理的方式产生一个正确的答案。这些指标都是由一个共享的地址空间妥协。消息传递通过设计提供绝缘的机制，由定义在计算中的线程或进程在自己的地址空间执行。至于验证，消息传递程序员只需检查不同消息事件所允许的次序。在所有线程都访问一个单一的地址空间中，证明具有程序是竞争自由共享地址空间的编程模型已经被证明是一个 NP 完全问题[7]。因此，不论涉及并行的类型，断定消息传递中难易程度的程序可以被验证具有很强的优势，并支持软件组合物方面的能力（见表 5.1）。

在本节的后面部分，将通过 5.2 节描述的算法设计模式利用 5.1 节中定义的指标来比较基础上的软件功能和编程所需的动作共享内存与消息传递模式工作。结果总结于表 5.2 中。

表 5.2　将消息传递以及共享内存程序模型对于表 5.1 的设计模式

| 指标 | 议程并行性 | | 结果并行性 | | 专家并行性 | |
|---|---|---|---|---|---|---|
| | 任务并行 | 分而治之 | 几何分解 | 数据并行 | 过程 | 事件 |
| 普遍性 | ＝ | 共享内存 + | ＝ | 共享内存 + | 消息传递 + | 消息传递 + |
| 表现 | ＝ | 共享内存 + | ＝ | 共享内存 + | 消息传递 + | 消息传递 + |
| 黏性 | 共享内存 + | 共享内存 + | 共享内存 + | 共享内存 + | 消息传递 + | ＝ |
| 构成 | 消息传递 + | 消息传递 + | 消息传递 + | 消息传递 + | 消息传递 + | 消息传递 + |
| 验证 | 消息传递 + | 共享内存 + | 消息传递 + | 消息传递 + | 消息传递 + | ＝ |
| 可移植性 | 消息传递 + | 消息传递 + | 消息传递 + | 消息传递 + | 消息传递 + | 消息传递 + |

注：" + "表示当在给定的情况下一种模式占主导地位；" ＝ "表示两个模型粗略地等价于特定情况。

### 5.3.1　议程并行

与"议程并行策略"相关的设计模式在工作方面直接表达。两种情况下的不同之处是任务是如何创造的，无论是直接作为可数集，还是通过递归方案。

对于任务并行的模式，无论是消息传递还是共享地址空间的编程模型都是高度表达的并且一般足以覆盖与该模式相关联的大多数算法。该消息传递编程模型是十分适用的，因为数据分解通常是直接扩展问题分解为一系列任务。这意味着，便于验证共同分布式内存环境容易被利用使用消息传递、任务并行问题。

分而治之的设计可以被映射到消息传递和共享地址空间模型。然而在这些算法中，很难表达一个消息传递模型。问题在于作为一个任务被递归地分割成许多较小的任务，与各个任务相关联的数据必须被类似地分解。需要明确数据分解编程模型是很难在如此动态中创建任何任务应用的。共享地址空间的编程模型却完全避免了这个问题，因为所有的线程都访问共享数据空间。此外，差距的实现导致算法的一个关键特征是需要动态地平衡执行单元之间的装载。例如，如果任务在队列被管理，可能是一个执行单元将耗尽的工作。如果仅需要从相邻队列窃取工作描述，而不需要移动数据，这些工作窃取算法自然地表达。这显然是共享联系地址空间模型的情况，而不是消息传递的模型。

总体来说，这两款机型非常适合于议程内并行策略。对任务并行设计方式可以很好地用于这两种类型的编程模型，但略微优先选择消息传递模型。然而对于分治模式，共享地址空间模型实质上更适合。

### 5.3.2　结果并行

就数据如何被分解系统之间的各处理单元，设计模式与结果的并行策略中心是相关联的。在大多数情况下，分解非常适合于显式数据管理方案。因此，这些算法可以很好地与消息传递和共享地址空间编程模型工作。

经典的"结果并行"模式是几何分解。消息传递模型已被广泛地使用这种模式。数据的共享是通过显式消息，使得利用一个消息传递编程模型坚固和易于验证几何分解方案。共享地址空间的编程模型可以很好地工作，但可能由于竞态条件这样的事实，数据"默认共享"这些程序可能难以验证。

消息传递程序与几何分解模式也是高度可移植的。因为这些是固有的问题来定义数据是如何处理与流程之间共享的，编程模型高度可移植，允许共享存储器和分布式内存系统之间便于动作。

数据并行算法遵循类似的分析。数据并行算法与信息传递和共享地址空间模型之间的工作配合得很好。然而共享地址空间模型在消息传递有一个略微优势，因为它们遇到集合操作时不需要复杂的数据移动操作。这仅是小的优点，然而，最常见的集合包括在消息传递库中。

总体来说，这两款机型在 3 个算法策略中运行良好，然而消息传递模式更容易验证，因此在编写的程序中略占优势。

### 5.3.3　专家并行

这些算法会被来自消息传递和共享地址空间编程模型所挑战。与专家并行性策略相关联的设计模式的基本特征是该数据在特定任务之间的流动。

对于管道的算法在这两种模式工作，消息传递提供阶段之间的数据更加自律的运动。消息是用一个自然的方式来表示，在管道制造消息传递编程模型即表现力和强劲阶段之间流动。共享联系地址空间编程模型的工作，需要容易出错的同步阶段之间安全地移动数据。对于缺少点至点同步的 API，这会导致需要建立如何刷新作品细节复杂的同步协议。即使是专家 OpenMP 的程序员发现刷新应对之内所有具有挑战性但最为简单的情形[4]。

这些问题基于事件的协调算法是很糟糕的。消息传递模式工作稳健性受到损害，因为事件模式需要消息进程之间的匿名和无法预测的流程。这损害了坚固性和验证属性，并创建了一些情况，竞争条件可在消息传递程序进行一一介绍，关键是要使用更高级型号应用到消息是如何在这些算法中使用。例如，一个角色的模型以及映射到基于事件的协调算法。参与者就其性质的消息传递模型可以在一个共享联系地址空间内来实现，但它需要复杂的同步协议并引起有难度的验证方案，下面总结了两种模型如何针对双方为不同的度量加价。

## 5.4　框架结构的影响

程序设计出支持它们的硬件型号的位置要求。共享存储器编程模型、高效运行，需要硬件支持。

在实践中，这可以归结为所支持的硬件高速缓存一致性的问题。作为核数量和 NoC 流量增长的复杂性，架空中的硬件高速缓存一致性协议限制可扩展性的服务。这是显而易见的侦听方案，但它也是更具可扩展性基于目录的协议情况。例如，每个目录项将是至少 128B 长，用于支撑基于目录的高速缓存一致性 1024 核处理器完全映射。这通常可能比高速缓存线路一个目录条目预期跟踪的尺寸更大。作为另一示例，写在一个顺序一致的共享存储器的处理器可能不会进行，直到所有的共享线路已经失效，甚至驻留在内核，可以为距离的那些 10% 的希望。

因此，随着核数量的增加，以作为各内核被加入到多核处理器扩大选取的高速缓存相关性协议相关的开销。每个核成本增加意味着作为核计数发展，"高速缓存一致性"最终限制了程序从系统中提取提高性能的能力。

与此相比，对于不支持高速缓存一致性多核处理器的情况，芯片优化支持消息传递。如果没有高速缓存一致性方案，没有从根本上支持消息传递。作为专为消息传递处理器的一个例子，考虑到 48 核 SCC[5]。所述 SCC 处理器由 24 切片通过 6×4 的二维网格相连。这是一个大的芯片与 45nm 高 K 值的 CMOS 技术制造的 1.3 亿个晶体管。W. Each 在所述 SCC 处理器包含一对 P54c[1]，此芯片是可变的，范围从 25～125 切片。每个核拥有自己的 L1 和 L2 缓存，并实现与 P54c 处理器相关的标准内存模型。所述内核共享一个连接到网孔接口单元，它在硬模的网络上，连接到一个路由器。切片还含有一种 16KB 的内存区域，即"信息传递的缓冲区。"通过缓冲区每个切片的消息相结合，提供了一个片上共享内存。这个共享存储器缺乏对内核之间高速缓存一致性的任何硬件支持，因此作为核的数量增长，不增加开销。

该 SCC 处理器包含用于提供 16～64GB DRAM 的处理器的 4 个 DDR3 内存控制器。该 DRAM 可以在编程控制的专用内存或共享内存进行动态配置，而该存储器是共享的，但是没有保持多个内核之间的这个共享 DRAM 没有高速缓存一致性。此外，一个路由器连接到非包 FPGA 来翻译网状协议转换为 PCI 表述协议允许芯片起到一个管理控制台的作用与 PC 交互。

SCC 处理器的设计与信息传递是最主要的。该消息传递协议是单方面：一个核心"提出"的 L1 高速缓存行传递到缓冲区中的消息，而另一个核心"得到"高速缓存行并将其拉入自己的 L1 高速缓存。利用这种机制，通过显式移动 L1 高速缓存行的芯片实现内核信息传递。

对于利用 SCC 架构的芯片，因为内核的增加，与记忆相关的高架结构访问不从根本上发展。由于没有目录或播送来维持共享高速缓存线的状态，以 IP 核心形式时添加的 SCC 处理器，其高架保持固定。作为核心交互，通信资源明显存在。但它们是固定的，或者它们发展以 IP 核形式在二维网格的对角核之间的通信的数量的二次方根。甚至与在最差的情况下呈现增长的通信慢得多的速率相比，在芯片上发现基础上的高速缓存一致的共享地址空间。因此，一个多核处理器周围的消息传递编程模型的需求使许多多核芯片扩展到大量的内核而设计避免了"一致性"。

## 5.5 讨论和小结

表 5.2 总结了共享内存和消息传递编程模型的比较，为每一个指标考虑了一系列的设计模式。

正如前面所指出的，消息传递编程模型有明显的优势，由于相对容易验证和事实的支持，它们要求成分的隔离。此外，正如在前面指出了，一个消息传递的编程模型是更容易移植的，以及由于该模型放置在硬件上的制约减少，以支持该模型的事实。其他指标与不同消息传递的共享内存模式呈现出更为复杂的局面。那么，为什么是消息传递被看作不适合主流编程，因此在很大程度上忽略了多核的芯片。

本书相信，如何表现一般的编程模型源于在编写程序的初始步骤时编程模型中心的大多数比较产生。在表 5.2 中看出，共享内存编程模型中最常见的并行算法的类（议程并行和结果并行）具有优势。在某些情况下，这些优点可能会相当的鲜明。这往往导致信息传递前期的资格，因为最显著的第一印象是程序员编程模型中其表现力。好的表现往往与具有更高的程序员的工作效率有关，然而验证和组合物构成应用程序占周期成本的很大一部分。共享存储器编程器试图验证程序，并了解它与其他软件模块必须了解系统的基本内存模型组成，即使是挑战该领域专家的一个任务。

当看整个软件运行周期和全方位指标（不只是表现力）时，提交的信息传递模型比一大类应用程序共享的内存模型更适合。因此，消息传递模型是重要的，即使不是唯一用于编程多核和众核芯片的替代方案。好处在于增加内核数量和在处理器芯片增加网络的复杂性。

# 参 考 文 献

1. D. Anderson, T. Shanley, *Pentium Processor System Architecture*, Addison Wesley, MA, 1995
2. N. Carriero, D. Gelernter, How to Write Parallel Programs: A Guide to the Perplexed. ACM Computing Surveys, 21(3), pp. 323–357, 1989
3. T.R.G. Green, M. Petre, Usability Analysis of visual Programming Environments: a "Cognitive Dimensions" framework, Journal of Visual Languages and Computing, 7, pp. 131–174, 1996
4. J.P. Hoeflinger, B.R. de Supinski, The OpenMP memory model. In: Proceedings of the First International Workshop on OpenMP – IWOMP 2005, 2005
5. J. Howard, S. Dighe, Y. Hoskote, S. Vangal, D. Finan, G. Ruhl, D. Jenkins, H. Wilson, N. Borkar, G. Schrom, F. Pailet, S. Jain, T. Jacob, S. Yada, S. Marella, P. Salihundam, V. Erraguntla, M. Konow, M. Riepen, G. Droege, J. Lindemann, M. Gries, T. Apel, K. Henriss, T. Lund-Larsen, S. Steibl, S. Borkar, V. De1, R. Van Der Wijngaart, T. Mattson, A 48-Core IA-32 Message-Passing Processor with DVFS in 45nm CMOS, Proceedings of the International Solid-State Circuits Conference, Feb 2010
6. K. Keutzer, T.G. Mattson, A design pattern language for engineering (Parallel) software, Intel Technology Journal, pp. 6–19, 2009
7. P.N. Klein, H-I Lu, R.H.B. Netzer, Detecting Race Conditions in Parallel Programs that Use Semaphores, Algorithmica, vol. 35, pp. 321–345, Springer, Berlin, 2003
8. E.A. Lee, The problem with threads, *IEEE Computer*, 29(5), pp. 33–42, 2006
9. T.G. Mattson, B.A. Sanders, B.L. Massingill, Patterns for Parallel Programming, Addison Wesley software patterns series, 2004
10. M.J. Sottile, T.G. Mattson, C.E Rasmussen, Introduction to Concurrency in Programming Languages, CRC, FL, 2009

# 第 2 部分
# 多处理器系统的可重构硬件

# 第 6 章 适应性多处理器片上系统构建：自主系统设计和运行时间支持的新角度

Diana Göhringer、Michael Hübner 和 Jürgen Becker

**摘要**：对于处理器特性方面需要比如 RISC（精简指令集计算机）、CISC（复杂指令集计算机）、按位、指令集和对于通信存储带宽对每个应用的实现都不同。此外，运行时间对于性能的需要也不一样，因为应用必须对环境要求作出响应。图像处理过程对这个方案是个好例子，因为这类应用领域需要适应并依赖于画面内容。例如，机器人在图像处理过程应用上对于不同时钟的需要十分明显。有时，手势、干扰移动目标等需要一台或多台高分辨摄像机来观察。对于此类应用，一种特殊的运行 RAMPSoC 被发明出来提供在设计和运行时间适应性的硬件构建，用这种方法找到自主系统设计和运行时间支持的新设计角度。程序上，如复杂处理器系统上，对硬件优先隐藏复杂性时，有效的设计方法论是十分重要的。此外，运行时间操作系统需要控制资源管理和应用的运行时间表。本章就描述了硬件构建、设计方法论和 RAMPSoC 的运行时间操作系统，并且简明地综述关于重新配置计算机和动态局部重新配置方法。

**关键词**：MPSoC，FPGA，NoC，重新配置计算机，动态和局部重配置，设计方法论，HW/SW 联合设计，操作系统

## 6.1 简介

高性能计算软件，如图像处理或多信息应用仍然由于处理过程电能不足而十分有限。之前这种方法用于增加处理器的时钟频率，这导致高耗电的缺陷。近来此方法转用于增加处理器数量，并且保持时钟频率稳定或减少。这样，耗电就不会大幅增加了。

大多数算法被用于高性能计算机中，有较高固有平衡。可以用多处理器系统进行开发。它的缺陷是其硬件基于设计和运行时间，这意味着，处理器通信和存储的构建大多数优于一个应用方案。因此，用户必须小心选择合适的多处理器系统，并且用户需要为选择多处理器系统化分开应用程序。应用划分要紧随系统硬件，这些硬件通常导致低效率任务分配，因此使工作量不均分。特别的，如果通用算法被用于图像处理，在所选架构上，一些处理得很好而另一些就处理得不太

好，在同相和多相多处理器系统[21,23]都是如此[29]。由于多相性，可以实现很好的效果。对目标应用上电进行权衡，但是其他应用可能处理的不那么优先。通常，所有多处理器系统的限制是缺乏设计上和运行时间时钟上的适应性。

另一个开发点是平衡，这样增加计算能力是运用 ASIC 和 FPGA 的纯硬件执行。这种对比处理器阵列更平衡的方法可以开发出来并且低电耗也可实现。ASIC 执行实现了好的效果，掩码生成十分费时，并且安装硬件不灵活。而 FPGA 十分灵活，因为它可以用新功能重新配置，因此可以被不同应用再利用。一些 FPGA 供应商，比如 Xilinx 公司提供特殊性能如动态和部分重新配置。这就是说，部分 FPGA 硬件用于时钟模块，但其他部分仍用于执行并且不能干扰。比如 FP-GA 图像处理滤波器要交换，但是与相机和监视器的连接要保留，这是十分有用的。如果整个 FPGA 要重配置，相机构架会丢失。用部分动态重新配置代替，保证相机构架不会丢失，因为相机接口模块在 FPGA 上仍保持运行，仅图像处理模块重配置。因此 FPGA 部分配置特性的 FPGA 十分灵活。提供自由新程度，被称为在时间空间的计算[19]。其他优势是及时执行功能。更小的 FPGA 可以通过于此实现，并且减小耗电，缺点是需要编程。多处理器系统编程本就困难，而 FP-GA 更难，因为硬件描述语言最大化的实现，如 VHDL 和 Veriling 一定要运用。ESL（电力系统等级）设计工具通过提供特殊 C 语言到门电路或者 MATLAB 到 VHDL 工具减少编程。但这仍是一个大的研究课题，到目前为止这些工具功能有限且输出信号常受限，且需要特殊编程。对大多数有软件或应用背景的工程师，用软件执行或编程实现一个多处理系统，尽管 FPGA 执行功能较差，但对于他们仍然十分合适并且耗时较少。

在本章中，新的 RAMPSoC 给大家展示出来，它试图克服如重配置计算机和多处理器这两个所提出的一些挑战。RAMPSoC 的同相网络处理器，它包括分离存储器和相近的一组硬件加速器。该加速器支持比纯基于 FPGA 的硬件更高速设计流，因为其支持时钟和通过开发动态和 FPGA 的部分重配置功能硬件的时间适应。处理器和近一组硬件加速器的结合可用于处理器控制流，用在处理器和数据流集中于硬件加速器部分算法中。这可以通过保持低电耗实现多处理器方法论的延伸，导致一个折中的方法，因为应用软件和硬件搭建可适用于满足应用需求。一个新自由度可被提供于系统设计，也被适应性过程的时钟元素高效配置。

本章由以下内容组成：6.2 节，硬件重新配置的背景信息；6.3 节，重配置多处理器系统相关领域的工作；6.4 节，RAMPSoC 的前景；6.5 节，RAMPSoC 与新型 NoC 硬件搭建；6.6 节，RAMPSoC 新型设计方法论；6.7 节，被称为 CAP – OS 的特殊用途操作系统，它可以对时钟应用过程、目标配置、资源管理和完整 RAMPSoC 配置进行响应；最后概述现阶段结论和未来提高改进的展望见 6.8 节。

## 6.2　背景：硬件重新配置的介绍

FPGA 被广泛用于应用中。以前的用途是集中于为集中测试系统的快速样机设计系统。测试阶段之后，ASIC 代替大型芯片。为 FPGA 降低价格且为 ASIC 的设计增加目标成本，但也减少重配置硬件的耗电，它的高灵活性为工业和科学工作的广泛研究打开市场。特别的，FPGA 使时钟重置成为可能，可以为适应性硬件提供研发新想法。FPGA 根据使用多次重置，只要它基于 SRAM 或 FLASH。现代 FPGA 设备如 XiLinx Virtex FPGA 也支持部分动态时钟重置，它可以为未来需要适应性和灵活性硬件的应用发展的设计显示新方向。当运行数据时这个想法为应用提供所需的硬件。这个想法与传统的不同，可以有一种数据存在功能。传统程序计数器指向结构，引起数据流入相关功能。数据计数器指向下一个数据包（见文献 [1]），功能源于需求和数据处理时钟。发明系统新方法可以管理重置的新方法，是时钟适应性系统。此系统用部分改变重置灵活 FPGA，只有所需功能可以配置片上存储器。所需要功能可被另一个文献 [28] 中描述的功能代替。此系统方法包括控制模式、重置计划表和转变列可替代功能性元素的数据。下面将描述基于重置计算的方法论和术语的最新观点。

### 6.2.1　时钟重置基本概念

重置硬件允许为嵌入式系统的设计增加自由度。微处理系统的灵活度在于程序存储器编程的适应性。对不同应用的适应方法可扩展到片上硬件的适应性。这种特性在之前是在一些生产应用中不需要高 ASIC 的损耗而更新系统的这类开发。为了硬件更新的需要，特别地，现代 ASIC 耗费代码，包括可能存在的重设计的高风险，这有时是不可能的。电路复杂度增加电力系统灵活性的需要同时增加性能需求都要求电路和目标平台的硬件重置。

上面提到的可重置的方法，是硬件时钟重置的延伸。构建的适应性和灵活性来自于设定时钟到运行时钟。新自由度可以实现并用术语，在"在时间上和空间上计算"说明。与时间轴并列的系统，并且是用时钟和运行时间描述的系统，是在平行维度上的扩展。这个平行维度来自目标平台的配置。

如图 6.1 所示为与两个运行时间平行的示例。这一个性质不会使得硬件重置与微处理器系统分离，现代处理器可以运行超过一个任务在允许超过一个算法逻辑单元（ALU）的平行空间上。把运算和功能过程的非连续数据看作硬件，时间、空间上的平行化可以在这两个维度上运行有很大优势。

时钟重置硬件可以为特定要被运行的应用引入另一个维度。涉及的片段作为整个时钟算法和功能的物理媒介，图 6.2 所示为片段上把目标分配到不同位置。

在图 6.2 中，$x$ 和 $y$ 轴代表片段维度。比如，任务 2 比 1 需要更长的片段。此外，时间 $t_1$ 和 $t_2$ 平行于 $xy$ 平面分段，表示目标在重置区域分配。图 6.3 和图 6.4 展示上述分割，代表目标片的重置区。

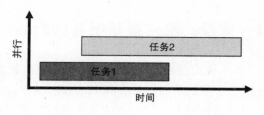

图 6.1　并行任务处理

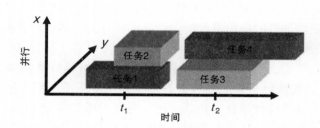

图 6.2　在时间和空间上的并行任务处理

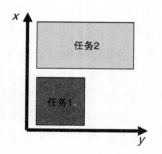

图 6.3　在 $t_1$ 时刻切平行于 $xy$ 平面

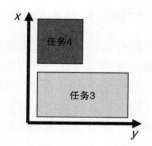

图 6.4　在 $t_2$ 时刻切平行于 $xy$ 平面

　　这个简单的例子所展示的这个片段还可以用于包括在时间和位置的不同任务。任务可以开始和终止于不同时间点，并且这个区域可以在其他运行时重新使用。重使用可以用于那些数据出现于需要时，表示数据处理开始于其他外部出发或内部要求等的运行系统的要求。先是触发发出，然后配置目标在重置区域。

　　为了此目的，动态和部分重置 FPGA（比如 XiLinx）可以使用。这个构造提供时钟适应性需求，该构造可以用这个系统开发。减小片数尺寸大小是引入此系统的一个优点，因为只有现在需求的功能是用重置区，这个区域的闲置任务是从外部存储器导入。

## 6.2.2    时钟重置基本概念和配置间隔分类

1960 年，可交换硬件的基本想法被提出。该想法由 Gerald Estrin 提出发表[11]，现在叫做重置硬件，由于技术限制不能被发现。最初，30 年后在 1989 年，Berth 等人发表第一个原型[3]。对开发重置硬件灵活性和适应性的分析从与众不同的研究领域提出。"反机范式"由 Reiner Harfenstein 描述了数据流基于范例在传统冯·诺依曼体系结构的控制流为基础范例相对引入，显示了新方法的可能性。在冯·诺依曼的方法中[18]，数据需要操作的地方或任务的并行处理被移动到所述硬件的操作。这种新颖的选项可重构计算，在学术和产业界的基础上是前瞻性的体系结构。一个小的例子指出了这一点。

图 6.5 显示了一个简单的数据流图的若干操作的运算功能。图中通过以椭圆形的形式，在平行于该区域的一个时间点上一个可能的聚类和操作调度被人们提了出来。分别对不同数群的操作可以在一个时间步长进行处理。在顺序处理架构，数据必须被分配给之后另一个 ALU 的方式加以处理。为了这个目的，通过另外的控制周期来调节 ALU 到所需的操作是必要的。

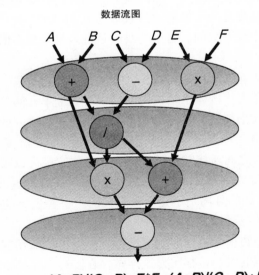

图 6.5    数据流图与空间示例

表 6.1 示出了不同的实现，例如数据流图图 6.5 与顺序和并行处理数据的比较。而"‖ ‖"符号表示该操作并行，直到下一个";"符号。很明显，在更短的时间内，并列实现的数据流图相比于顺序实现了图形计算的结果。在这个例子

中，并行实现算法将结果发送 4 个时间步骤，而连续流传送数据提供 7 个时间步骤。有了这个小例子，性能改进的粗略估计 1.75 是可以做到的，这说明了并行算法的能力。

**表 6.1　串行和并行数据处理的比较**

| 串行数据处理 | 并行数据处理 |
| --- | --- |
| tmp_ 1 = A + B; | tmp_ 1 = A + B ‖ ‖ |
| tmp_ 2 = C − D; | tmp_ 2 = C − D ‖ ‖ |
| tmp_ 3 = E * F; | tmp_ 3 = E * F; |
| tmp_ 4 = tmp_ 1/tmp_ 2; | tmp_ 4 = tmp_ 1/tmp_ 2; |
| tmp_ 5 = tmp_ 1 * tmp_ 4; | tmp_ 5 = tmp_ 1 * tmp_ 4 ‖ ‖ |
| tmp_ 6 = tmp_ 4 + tmp_ 3; | tmp_ 6 = tmp_ 4 + tmp_ 3; |
| 结果 = tmp_ 5 − tmp_ 6; | 结果 = tmp_ 5 − tmp_ 6; |

结果 $= (A + B)/(C - D) + E * F - (A + B)/(C - D) + E * F$

由于第一引进可重构硬件，COTS（商用现成品）芯片专业化的稳定过程可以监测。优化发生在集成逻辑单元，布线资源和功耗的减少领域。特别是，后者专题是可重架构对制造商是一个挑战。这代表直接与 ASIC 生产相对竞争，这是迄今为止在功率消耗中最有效的。这里的目标是进入越来越多的市场，例如移动通信市场。

以指定粒度的术语，简介可重构硬件的特性的分类如下：

粒度的术语描述了可重构体系结构内的最小可寻址单元的位宽的大小。重要的是在这种情况下，大小剂量不仅适用于不同大小的逻辑块。此外，逻辑块之间的布线必须被考虑在内。首先是对最小逻辑块输入信号的位宽和该功能的复杂性，之后是这些逻辑块之间连接结构的位宽，这些位宽都可以被调节。三种结构之间有所区别：粗粒度、中粒度和细粒度可重构体系结构（见文献［10］和［25］）。当然这些类之间的分离是不完全被定义的。一种选定的体系结构不能分为单一型粒度的这种情况可以发生。

表 6.2 对一个粗略的指导方针的架构进行了分类。如果互连宽度的大小不同于与来自逻辑块的位宽的大小，很明显这样做存在困难。此外，这种架构被用来描述学术工作（见文献［27］）。

在一般情况下，也可以注意到粒度是直接关系到其灵活性和普遍性的应用，这是影响逻辑块的布线和内容位于水平有可能的结果。基于这个目的，细粒度可重构架适合处理在位级别的数据算法的集成。

**表 6.2　可重构硬件位宽方面的分类**

| 位宽 | 分类结构 |
| --- | --- |
| <4bit | 细粒度 |
| ≤8bit | 中等粒度 |
| >8bit | 粗粒度 |

　　基本上，它是可以集成关于细粒度可重构体系结构所有的逻辑和算法功能。考虑到细粒度可重构结构可能具有较高的硬件开销、成本和功耗。设定操作其位宽超过体系结构的尺寸时，必须通过连接一个以上的逻辑块，这使得增加了实现布线的复杂性。这个增加的复杂性导致了芯片面积的低效利用和通信与电力消耗，从而增加了延迟。

　　相比较而言，粗粒度可重构体系架构能处理的比特数较高，在最好的情况下，以回避用于连接其他逻辑块是必要的。操作位宽比所提供的尺寸小需要可用位的全尺寸处理，这导致了体系结构开发的低效和功耗的不断增加。所描述的一组问题显示，相对于所述操作，需要实现粒度的选择，对完整实现的效率有很大的影响。可重构硬件搭配不同粒度有更多的细节和例子[20]。

## 6.3　有关工作

　　可重构硬件平台，如 FPGA 的 Xilinx 和 Altera 的资源，在过去几年已经提高了不少。现今，不仅提供逻辑块而且提供 DSP 内核、片上存储器模块，甚至一些硬 IP 处理器内核都可以做。通过这种方式，复杂的系统如一个 MPSoC 组成的单片 FPGA 有 20 个或更多的核，是有可能的。对于这样一个系统有一个著名的例子[6]，是用于多处理器（RAMP）的探测加速器，它由系统研制伯克利仿真引擎 2 版[8]与五大 Xilinx 的 Virtex – 5 FPGA 组成。关于每一个 FPGA 多个 32 位 RISC 处理器，称为 Xilinx 的 MicroBlaze⊖，实现建立一个均匀的多核系统。该系统用于投入不同的应用程序的映射策略以供将来的多核系统。由于这些多个 FP-GA 板的功率消耗，它不能被用于嵌入式高性能系统。此外，不支持迄今为止系统的运行时间适应。

　　一些研究室研究可重构 MPSoC，例如 Paulsson 等人[24]。呈现由若干 Xilinx MicoBlazes 支持的指令存储器的重新配置系统。

　　Claus 等人[9]和 Bobda 等人[4]还开发了基于 FPGA 的多处理器系统。这两种工作所述处理器被固定，但加速器可以使用动态和部分重新配置，实例如 ARM 处理器和 3 个可重构加速器构成的 MORPHEUS 片上多处理器系统[26]。每个加速器

---

　　⊖　"Xilinx MicroBlaze Reference Guide"；Available at http：//www.xilinx.com。

都有一个不同的可重构粒度，这意味着一个是细粒度，另一个是中粒度，第三个是粗粒度可重构器件。

另一种方法是 XiRisc 可重构处理器[7]，它由一个 VLIW RISC 内核和一个叫做 PiCoGA 运行时可重构数据路径组成。通过重新配置 PiCoGA，这是在处理器的数据路径内该处理器的指令集，因此指令流是可重新配置的。一个附加例子，例如与运行时可重配置数据路径中的 VLIW 处理器是 ADRES 架构[2]。

总之，这里所说的多处理器系统要么完全静止要么只支持的任一指令存储器或加速器的重新配置，而处理器本身和通信基础设施是固定的，不能在运行时修改。同样，这里介绍的可重构 VLIW 处理器是单处理器，可重新配置数据通路，但额外的处理器不能添加。

尽人们所知，没有其他此类整体方法如 RAMPSoC 存在，其通过支持设计和处理器的运行自适应存储器，并且加速器提供了更大的自由度。以此方式，要求性能和功耗可以更有效地实现。此外，该 RAMPSoC 方法提供了设计方法和一个运行时的操作系统，隐藏的基础硬件的复杂性来自于用户。

## 6.4　RAMPSoC 方法

所述 RAMPSoC 方法结合多处理器系统和可重构体系结构的好处。图 6.6 显示了最终的 RAMPSoC 中间过程的办法。这相交的中间过程的方式扩展了典型自上而下国内最先进的 MPSoC 与国内最先进的可重构结构如 Xilinx FPGA 支持自下而上的硬件适配方式支持的工具应用程序分区。这是第一种方法，它结合 MPSoC 的简单的编程范例与可重构体系结构的硬件运行时自适应。以此方式，应用程序分区和起始 MPSoC 架构的定义是在设计时开发的。由于 FPGA 中的配置性，优化 MPSoC 架构对于给定应用可以在设计时进行定义。此外，通过利用运行时的重新配置予以支持，例如通过 Xilinx FPGA 中，MPSoC 的硬件可以适应在运行时达到每瓦的比例并对应用程序有不错的表现。

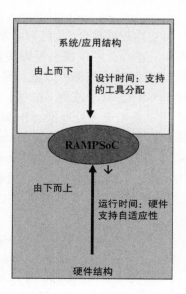

图 6.6　RAMPSoC 在中间过程的方法

该 RAMPSoC 方法支持以下硬件组件的运行时间调整：

- 数量和处理器的类型；

- 数量和加速器的种类；
- 通信基础设施。

当然，同时软件可执行的文件可以在运行时或者通过发送经由通信基础设施的新的软件任务或通过使用动态和部分重新配置来覆盖所述指令和给定的处理器的数据存储器交换。

定义这样的最佳多处理器系统为一组给定的应用程序是一个多维优化问题。即使多处理器系统的编程范式比可重构体系结构中一个较简单的自适应 MPSoC 的编程要复杂。因此，底层硬件的复杂性是使用一种新的设计方法，它引导应用程序员抽象编程。因此，如图 6.7 已经做出介绍以下 4 个抽象层：

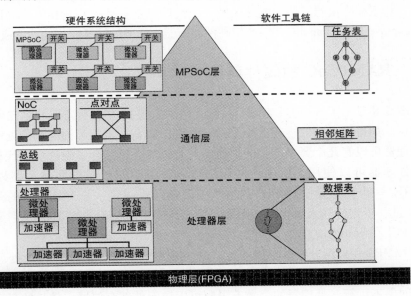

图 6.7 RAMPSoC 对其用于从用户隐藏底层硬件的复杂性的 4 个抽象层

- MPSoC 层；
- 通信层；
- 处理器层；
- 物理层。

抽象层被同时用于硬件系统结构和 RAMPSoC 的设计方法。

该 MPSoC 层是抽象的最高水平。它是由用户使用，关于他/她的结构将被映射在基于 FPGA 的多处理器系统，但细节如处理器的类型、通信基础设施的类型或数量和加速器的类型是用户不可见的。另一类设计方法，该层表示使用应用程序，这是由于在 C、C＋＋或 C 和 MPI 由设计方法被自动转换成一个任务图。

通信层表示从出发通信基础设施的文库如总线、网络运行中心、点对点的连接或它们的组合的硬件点。在另一类设计方法上选择这种抽象的基础上的邻接矩阵。邻接矩阵是任务图表的分配的结果，示出的任务其分别对应不同的处理器上连接中的要求。

处理器层是支持处理器和加速器文库的。在这个层面上，设计方法探讨每个处理器任务，并提出相应的处理器和加速器。

如果需要处理器、加速器和通信基础设施库可以延长。目前，以下处理器支持 Xilinx 的 MicroBlaze、IBM 的 PowerPC405、Sparc 和 Xilinx 的 PicoBlaze。对于通信基础设施，它可以从 Xilinx、PLB、OPB、CSRA – NoC 和星轮网片之间进行选择[16]。一些图像处理加速器，如 Gauss、Sobel、中位数、SAD、归一化平方的相关性、热点和冷点的支持。此外，另一类设计方法支持使用商用 C 到 FPGA 工具（如 ImpulseC 或 CatapultC）以产生硬件加速器为任务的计算密集的功能或循环。

## 6.5 RAMPSoC 的硬件架构

图 6.8 显示了一个 RAMPSoC 系统在时间上连接一个不完整的星轮网片上的一个点。如可以看到的，在 RAMPSoC 是多相 MPSoC 支持不同类型的处理器。每个处理器可以有几个紧密耦合的加速器。有限状态机结合了硬件功能代替一个完整的处理器可以使用，用于连接传感器和执行，如照相机和显示器以及具有 MPSoC，一个称为虚拟 IO 组件通信基础设施上 hostPC 一个 PCI 接口的开发。虚拟 IO 进一步支持输入数据，如图像，为若干个处理器分裂将其转发到显示器或通过 PCI 在 hostPC 之前。

RAMPSoC 采用分布式存储的方式来实现最大加速。因此，每个处理器的软件可执行文件必须足够小，适合在当地的片上存储器，它可以在一个周期内访问。如果不可行，处理器的个数有限制可以访问外部存储器。较长的延迟和商业 FPGA 开发板有限的外部存储器，这种应该是个例外，因为它会降低实现的速度提升。如已经提到的，不同的通信基础设施的支持。

图 6.9 给出了由星形轮网络片上所支持的不同的拓扑的概述。该星轮片上网络支持 3 种不同类型的交换机，实现单位面积权衡了良好的业绩。最小的开关是子开关。它被用来连接 MPSoC 到 NoC 的处理元件。相邻子开关使用万能开关与彼此通信。非相邻子开关使用万能开关与彼此通信。不同的子网到根交换机是必需的，它支持不同的子网之间的通信链路数量有限之间的通信。后其异构的拓扑包括多达 4 个子网使用新型轮的拓扑，其连接在使用星形分布结构根交换机，如图 6.9f 的星轮 NoC 所示。

提供低滞后时间，因为它所需的高性能计算应用因此是高流通量，例如图像处理，该星轮的 NoC 使用电路和分组交换通信协议的协同作用。每个开关有进

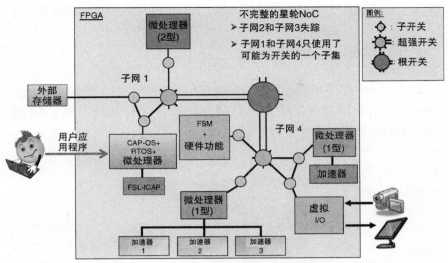

图 6.8 一个 RAMPSoC 系统连接在一个不完整的星轮网络芯片的某个时间点

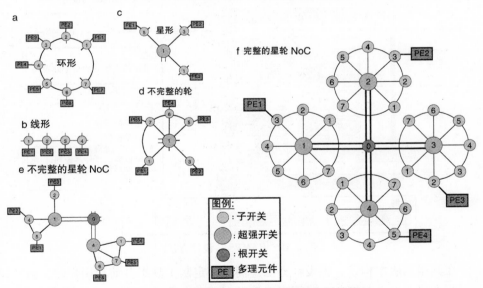

图 6.9 由星轮网络芯片支持不同的布局结构

行电路和分组具有结构转换的单独的端口。分组交换用于控制目的和用于建立和释放两个处理元件之间的通信信道，用于交换通过通信信道的数据，所述电路交换协议。如果一个相邻交换机或 PE 已被删除、添加或交换，在运行时该网络是自适应和每个开关的识别。该星轮 NoC 的可扩展性和效率方面针对 FPGA。由不同的时钟域所支持，这是 MPSoC 的重要特征，由于动态频率缩放的可能性被证明。在文献［16］中星轮 NoC 是死锁。像虚拟 IO 和 RAMPSoC 的其他组成部分，该星轮 NoC 已经融入了高水平的设计工具，Xilinx 提供称为嵌入式开发套件。

## 6.6　RAMPSoC 的设计方法

用这种柔性的硬件架构编程，一种新颖的设计方法是必要的，这由下列 RAMPSoC 4 个抽象层隐藏了来自用户的基础硬件的复杂性。图 6.10 给出了 RAMPSoC 设计方法包括 3 个阶段的概述：

- 阶段 1：SW/SW 分配；
- 阶段 2：HW/SW 分配；
- 阶段 3：执行。

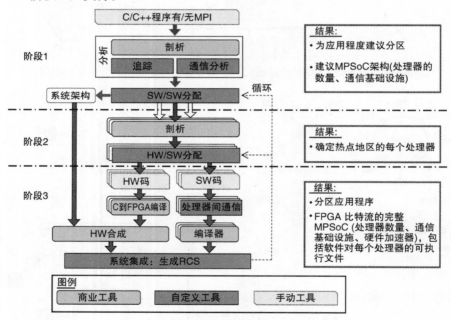

图 6.10　RAMPSoC 设计方法

在其当前版本构建，该设计方法是商业和定制工具半自动和用户的组合，以及一些次要的手动步骤。它可用于无 MPI 的 C++ 或 C 与 MPI 或 C 应用程序。

在阶段 1 中，对用户的应用程序进行了分析。使用商业分析工具如 AMD 的代码分析，各功能的运行时间被测量。调用图生成与不同的功能之间的通信进行分析。对于这一点，两个定制工具被开发出来。通信分析工具，目前支持 C 程序，而无需 MPI 和详细说明[14]。C++ 程序的支持，目前正在开发中。此工具的好处是，它将产生调用图和自动分析两个函数调用和 MPI 命令通信要求。由于这些尚未支持的通信分析工具，跟踪库仅用于 C++ 应用程序。为了分析的

C＋＋应用的通信要求，无论是新的相邻关系启发式可以使用[13]，或者通信的要求必须手动进行分析。性能分析的时序结果，调用图和通信要求，然后用作用于 SW/SW 划分工具的成本函数的参数。SW/SW 划分是基于使用分层聚类算法启发式方法。如图 6.11 所示为层次结构。层级的每个级别可被映射到处理器的一个特定号码，它等于群集数。如果处理器的期望数量是已知的，分级聚类算法可以停止在该特定步骤。

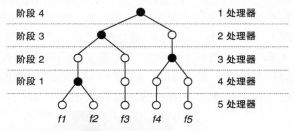

*fx*:函数*x*, (任务粒度用于分层聚类)

图 6.11　层次分类算法分配层次以及如何映射到 MPSoC 架构

图 6.12 示出了密闭功能，是用来两个函数/集群的分级归类。对于集群，这是有别的函数调用基于 MPI 的通信（MPI_COM）与通信成本（Call_COM）之间。这两种类型都不同的加权使用 $\omega_{\text{MPI}} \cdot \omega_{\text{Call}}$，其中 $\omega_{\text{MPI}} + \omega_{\text{Call}} = 1$ 并且 $\omega_{\text{MPI}} \leqslant \omega_{\text{Call}}$。

密闭功能：

$$C(x,y) = \begin{cases} \omega_{\text{MPI}} \dfrac{\text{MPI\_COM}(x, y)}{T(x, y)} + \omega_{\text{Call}} \dfrac{\text{Call\_COM}(x, y)}{T(x, y)} \\ \dfrac{\text{NH}(x, y)}{T(x, y)}, \text{如果 MPI\_COM, Call\_COM 未知} \end{cases}$$

| | |
|---|---|
| $T(x, y)$: | 两个任务概要文件运行时间的总和被聚类 |
| MPI_COM $(x, y)$: | 两个任务通过MPI通信之间的通信成本 |
| Call_COM $(x, y)$: | 方法调用图中两个任务之间的通信成本 |
| NH $(x, y)$: | 基于方法调用圆的两个任务的联系 |
| $\omega_{\text{MPI}}$: | MPI通信加权系数 |
| $\omega_{\text{Call}}$: | 图形通信加权系数 |

图 6.12　密闭功能用于决定分级归类的每个步骤关于两个功能的归类

$\omega_{\text{Call}}$ 大约或等于 $\omega_{\text{MPI}}$，由于两个函数通信的调用图应该更容易聚集。这样做的原因在于 MPI，这是用于在不同处理器之间交换数据的编程模型的基本原理。如果编程模型用于不同处理器之间交换数据，程序员因此使用 MPI 到两个功能之间交换信息，这表明这两个函数应放置在不同的处理器。应用程序员可以适应这些平衡取决于他/她对应用的需要。一个普通的 C 无 MPI C＋＋应用程序被使用，则 $\omega_{MPI}$ 应该被设置为 0，$\omega_{Call}$ 应该被设置为 1。

如果 MPI_COM 和 Call_COM 是未知的，集群仍然可以通过使用自定义的感应完成试探 NH（$x$，$y$）[13]。

其结果是，根据分级归类 SW/SW 分区，表明两者的应用程序分区和一个系统架构的用户。

在阶段 2 中，每个群集的最终系统的每个处理器被成形在逐行使用商用的分析工具中，如 AMD 代码分析员，以确定可能的计算密集型的代码段。由分析器生成的报告计算每个函数和循环，也是循环和其造成相应的功能的执行需要时间的关系的时序。图 6.13 以图形方式显示用户的关系，并产生不同的意见和资料分析工具的结果文本文件。图 6.13a 示出了配置文件分析器的截屏图和用于循环和功能所提取的时序分析值。图 6.13b 示出了相对于相应功能的总运行环路运行时的一个示范性时序图，图 6.13c 所示摘要文件列出了所有热点。

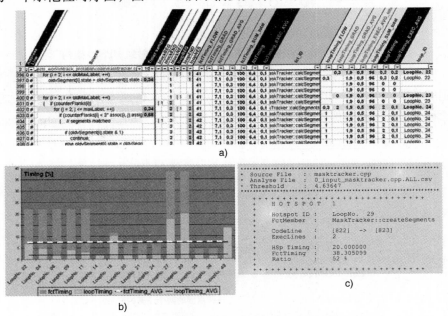

图 6.13　不同的截屏图和文件分析工具的结果

a）一个分析文件的截屏　b）时序图之一　c）热点汇总文件

阶段 3 是基于先前阶段设计方法的结果而集成和实施的阶段，每个集群必须根据要求将找到的热点代码分离成软件和硬件的代码，进行手动修改选择 C 到 FPGA 工具的如脉冲 C 中。这些修改都是次要的，而且仅在 C/C + + 水平，例如特定的计划已经被插入到其中。当然如果所选择的加速器已经可以在现有硬件 IP 库中使用，C 到 FPGA 工具是不需要的，在现有的 IP 可以直接使用。对于 FP-GA 供应商，例如这种 Xilinx 商业工具，可以用来合成硬件。在软件方面处理器间通信用于基于 MPI 的应用程序包括 RAMPSoC MPI 实现库自动处理（见文献 [14]）。如果所选择的软件应用程序不使用 MPI，处理器间通信具有手动添加，因为对于不同的通信基础设施，API 库都是可用的。该软件是使用现成的编译器编译，如 GNU gcc。该软件的可执行程序和硬件架构的网表中均给出了定制系统一体化的工具，叫做 GenerateRCS[17]，它给用户提供了一个图形界面，并通过调用适当的 Xilinx 工具相应简化了 FPGA 的全部和部分配置。

现在的设计方法完全在 FPGA 上进行测试和执行。如果所取得的结果不佳，则用户可以返回到阶段 1 或 2 停止，例如在层次归类的不同层次结构中或者选择不同的（额外的）热点迭代地完成他（她）所设想的设计目标。另一个原因是返回到以前的阶段，将在阶段 2 的大部分代码片段被映射到处理器的加速器，这使大多数时间空了出来。因此设计人员可以回到阶段 1 启动不同的分区，并提出现在这款处理器最初映射到其他处理器的部分任务。其结果可能是在这种情况下减少使用处理器核的数量。

设计方法的模块化结构使得它非常灵活，并且独立于目标结构以及可用的现有商业化工具。因此整体设计方法并不重要，商业工具是用于分析或生成的硬件加速器，这种差异可能只是在于人力。例如一些 C 到 FPGA 工具对输入 C、C++和其他语言较多的限制。此外，3 个阶段的每个阶段独立于其他的阶段，当然也可以用于其他目标架构。阶段 1 对于其他 MPSoC 架构，可以用来分析应用程序和分区，而阶段 2 可以重复使用，来分析单个处理器和基于 FPGA 加速器生成的应用程序。最后生成 RCS 工具可以单独使用，以图形方式显示 VHDL 文件，对于 Xilinx FPGA 并生成由早期部分重配置流部分和全部比特流[22]。

## 6.7 CAP – OS：用于 RAMPSoC 配置访问端口操作系统

要安排应用程序、分配应用程序任务并管理硬件资源和访问单个内部配置访问端口，被称为 CAP – OS[15] 的一种特殊用途的操作系统被开发出来。CAP – OS 要保证不同应用程序上运行的 RAMPSoC 满足实时约束。与此同时，因为 RAMP-SoC 是一个嵌入式系统，CAP – OS 需要保证对硬件资源的利用率，因此总的功率消耗保持在低水平。

CAP – OS 是运行操作系统 RAMPSoC 处理器的一部分，如图 6.8 所示。在当前版本中，CAP – OS 是在操作系统 Xilkernel RTOS<sup>⊖</sup> 中运行的。Xilkernel 是个单一 RAMPSoC 处理器的管理资源而 CAP – OS 是 RAMPSoC 完整管理的。CAP – OS 的资源被编程为多线程应用程序，因此 Xilkernel 具有实时操作系统多线程功能。该处理器将被称为 CAP – OS 处理器。

CAP – OS 设计方法是隐藏了来自于用户的潜在 RAMPSoC 硬件的复杂性，如图 6.14 所示。

---

⊖ "Xilkernel v3_ 00_ a"；EDK 9. li，2006 年 12 月 12 日。http://www. xilinx. com。

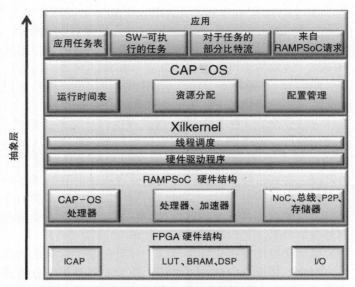

图 6.14  CAP – OS 的抽象层

最高抽象层是应用层。这里 CAP – OS 用于接收设计方法的输出，这意味着应用程序的任务图描述、软件的可执行文件和部分配置比特流。此外它可以接收来自其他 RAMPSoC 处理器的任务请求。

第二级表示 CAP – OS 的三大任务：

- 应用程序的运行调度
- 应用任务资源，试图通过重新使用现有的资源分配；
- 管理该装置的结构，访问到 ICAP 接口。

在随后的 CAP – OS 中，Xilkernel RTOS 正在运行，安排 CAP – OS 线程的执行。当然它提供了硬件驱动程序，因此 CAP – OS 可以访问外围设备，例如外部存储器、FSL – ICAP、UART 以及通信接口连接到其他处理器。

第四级是 RAMPSoC 硬件结构，它代表了 CAP – OS 处理器、其他的处理器、加速器、通信基础设施以及该系统的存储器。

最后，抽象最下层是 FPGA 硬件结构，例如 ICAP、LUT（查找表）、BRAM（块随机存取存储器）、DSP 和 I/O（输入/输出）。

用户只能看到最高水平的抽象：应用层面。其他层对用户隐藏。CAP – OS 级别被设计方法隐藏，这种方法用于配置该 CAP – OS 参数和硬件体系结构。CAP – OS 本身则隐藏在通过运行自动管理硬件架构时较低的第三级用户。

对于运行时间的调度，CAP – OS 使用抢占式调度的方法，它允许配置的终止。对于调度，静态列表调度和一种新颖的动态调度方法的组合被使用。

静态列表调度算法是一种有基于优先级算法和资源约束的算法。因此它大致是用来分配优先使用描述的任务图与所述列表中调度算法的优先级信息应用任务，它接收 RAMPSoC 的设计方法。为了计算列表排序算法的优先级，对于每个任务的 ASAP 和 ALAP 进行计算。ASAP 开始时间减去 ALAP 开始时间，流动性可以计算每个任务，这是为每个任务来指定一个优先级，一个小流动性的任务得到更高的优先级。为了调度资源限制，例如单一的 ICAP，尽可能多地处理元素的最大数量以及其他约束条件，例如考虑任务的重新配置时间和通信费用。

基于所述静态列表调度的结果，一种新颖的动态调度方法被引用，它可以评估当前就绪任务。就绪任务，即原先没有的或者原先的已经重新配置。一个分化在具有硬实时约束应用任务图的任务和这样的软实时约束之间发生。软件实时约束的任务成为较低优先级和那些与硬件实时约束之后将重新配置，即使它们有一个基于所述静态列表调度更高的优先级。此外，如果它们已经重新配置为新的调度算法，将试图使用现有的资源。通过这种方式，所需重新配置任务的时间可以保存。这种新颖的调度方法的一个附加特征是在运行时处理元件的时钟频率可以按需增加/减少，以加快当前任务的执行、更快释放一个处理元件、使下一个任务可以被映射到这个处理元件。这种方式，处理元件可以被重复使用，并且没有新的处理元件需要配置到设备上，这样可以节省重构时间以及保持低功耗。如果在另一方面的任务可以轻松完成，时钟速率可以被降低以减小动态功率消耗和实现电力消耗和性能之间的良好性能。由此，假设执行时间保持在时钟频率下。如果一个任务无法在其 ALAP 期间之前完成它的执行，那么另一个原因就是增加时钟频率的发生。此外，当前重构的终止是可能的，如果具有较高优先级任务迫切需要重新配置。

CAP – OS 的当前版本是使用以下 6 个线程执行：

1）Test _ main：初始线程启动以下 5 个线程。

2）Init _ proc：生成一个列表，包括所有可能的处理器及其属性。这个线程仅在启动时执行一次。

3）Task _ graph：基于由设计方法获得的信息该线程初始化所有任务并产生任务图。它进一步计算开始时间，并使用 ALAP 和 ASAP 的算法的每个任务的流动性。以相等的质量要求的任务被标记，因为这种方法允许通过几个任务重用现有的资源。

4）Schedule：该线程调度当前就绪任务。准备工作是其前人已经在设备上设置好的任务。此外，这个线程还搜索这些任务可用的处理元素。

5）Configure：此线程负责管理对新的或现有处理单元的配置。此外，它是负责传送软件可执行对现有的处理元件或者 ICAP 或经由通信基础设施。这也将新配置的任务有关其前人和接班人的任务位置所需要的信息。

6）Contr _ Exit _ Task：它控制当前正在执行的任务，如果一个任务完成其释放相应的处理器单元。

最后 3 个线程：Schedule、Configure 和 Contr _ Exit _ Task 具有相同的优先级，

并继续执行它们，直到完成任务图被执行。它们共享的 CAP – OS 处理器，而线程 1 ~ 3 是开始时仅执行一次。目前 CAP – OS 的扩展正在开发中，其中支持从处理元件和同时来自用户的进一步运行时请求要求加工，以在运行时加载额外的应用程序。请求处理元件可以是，例如加入或交换硬件加速器取决于数据是否被处理。

## 6.8 小结与展望

引入了可重构架构和一些可重构 VLIW 和 MPSoC 架构后，RAMPSoC 整体方法被提出来。RAMPSoC 结合 MPSoC 和 FPGA 的优点，拥有非常灵活的硬件体系结构，达到每瓦特率良好的性能，因为它可以适应所有类型和处理器数量。RAMPSoC 硬件架构支持处理器类型和数量的设计时间和运行时适应性、通信基础设施以及紧密耦合的硬件加速器。为了隐藏 RAMPSoC 硬件的复杂性，这种新的设计方法提供了有助于用户在分区他（她）的申请，并产生相应的 RAMPSoC 硬件架构。不需要硬件描述语言如 VHDL 或 Verilog 任何知识，该设计方法便可使用。通过设计方法生成的配置文件和软件执行连同任务图表的说明，然后这些文件被传递到 CAP – OS，这是一个特殊用途的操作系统，它隐藏了来自于用户的 RAMPSoC 运行时适应的复杂性。CAP – OS 负责基于任务图描述的应用程序调度、分配任务、处理单元和使用动态部分重构的整体系统配置管理硬件资源。

进一步将是对图像处理域高性能计算应用完整 RAMPSoC 方法的评估。基于该评估，硬件结构、该设计方法和 CAP – OS 将进一步改进 RAMPSoC 架构的编程和支持更大搜索库的处理单元、通信基础设施和硬件加速器。

## 参 考 文 献

1. J. Becker, R. Hartenstein, Configware and Morphware going Mainstream; Elsevier Journal of Systems Architecture JSA (Special Issue on Reconfigurable Systems), October 2003
2. M. Berekovic, A. Kanstein, B. Mei, Mapping MPEG Video Decoders on the ADRES Reconfigurable Array Processor for Next Generation Multi-Mode Mobile Terminals; In Proc. of Global Signal Processing Conferences & Expos for the Industry: TV to Mobile (GSPX 2006), Amsterdam, Netherlands, March 29–30, 2006
3. P. Bertin, D. Roncin, J. Vuillemin, Introduction to Programmable Active Memories; Systolic Array Processor, Prentice Hall, pp. 300–309, 1989
4. C. Bobda, T. Haller, F. Mühlbauer, D. Rech, S. Jung, Design of Adaptive Multiprocessor on Chip Systems; In Proc. of the 20th Annual Conference on Integrated Circuits and Systems Design (SBCCI 2007), Copacabana, Rio de Janeiro, pp. 177–183, Sept. 3–6, 2007
5. L. Braun, D. Göhringer, T. Perschke, V. Schatz, M. Hübner, J. Becker, Adaptive real time image processing exploiting two dimensional reconfigurable architecture; Journal of Real-Time Image Processing, Springer, vol. 4, no. 2, pp.109–125, 2009

6. D. Burke, J. Wawrzynek, K. Asanovic, A. Krasnov, A. Schultz, G. Gibeling, P.-Y. Droz, RAMP Blue: Implementation of a Manycore 1008 Processor System; In Proc of RSSI 2008, July 2008

7. A. Cappelli, A. Lodi, C. Mucci, M. Toma, F. Campi, A Dataflow Control Unit for C-to-Configurable Pipelines Compilation Flow; In Proc. of IEEE 12th Int'l. Symposium on Field-Programmable Customs Computing Machines (FCCM 2004), Napa Valley, CA, USA, pp. 332–333, April 20–23, 2004

8. C. Chang, J. Wawrzynek, R. W. Broderson, BEE2: A High-End Reconfigurable Computing System; IEEE Design and Test of Computers, vol. 22, no. 2, pp. 114–125, 2005

9. C. Claus, W. Stechele, A. Herkersdorf, Autovision - A Run-time Reconfigurable MPSoC Architecture for future Driver Assistance Systems; Information Technology Journal, vol. 49, no. 3, pp. 181–187, June 20, 2007

10. K. Compton, S. Hauck, Reconfigurable Computing: A Survey of Systems and Software; ACM Computing Surveys, vol. 23, no. 2, pp. 171–210, 2002

11. G. Estrin, Organization of Computer Systems-The Fixed Plus Variable Sructure Computer; In Proc. of Western Joint Computer Conference, pp. 33–40, 1960

12. D. Göhringer, J. Becker, High Performance Reconfigurable Multi-Processor-Based Computing on FPGAs; In Proc. of the 24th IEEE International Parallel and Distributed Processing Symposium (IPDPS 2010), Atlanta, USA, April, 2010

13. D. Göhringer, M. Hübner, M. Benz, J. Becker, A Design Methodology for Application Partitioning and Architecture Development of Reconfigurable Multiprocessor Systems-on-Chip; In Proc. of the 18th Annual International IEEE Symposium on Field-Programmable Custom Computing Machines (FCCM 2010), Charlotte, USA, May, 2010

14. D. Göhringer, M. Hübner, L. Hugot-Derville, J. Becker, Message Passing Interface Support for the Runtime Adaptive Multi-Processor System-on-Chip RAMPSoC; In Proc. of the 10th International Conference on Embedded Computer Systems: Architectures, Modeling and Simulation (SAMOS X), Samos, Greece, July 2010

15. D. Göhringer, M. Hübner, E. Nguepi Zeutebouo, J. Becker, CAP-OS: Operating System for Runtime Scheduling, Task Mapping and Resource Management on Reconfigurable Multiprocessor Architectures; In Proc. of Reconfigurable Architectures Workshop (RAW 2010), Atlanta, USA, April, 2010

16. D. Göhringer, B. Liu, M. Hübner, J. Becker, Star-Wheels Network-on-Chip featuring a self-adaptive mixed topology and a synergy of a circuit- and a packet-switching communication protocol; In Proc. of the International Conference on Field Programmable Logic and Applications (FPL2009), Praha, Czech Republic, August/September, 2009

17. D. Göhringer, J. Luhmann, J. Becker, GenerateRCS: A High-Level Design Tool for Generating Reconfigurable Computing Systems, In Proc. of the IEEE International Conference on Very Large Scale Integration (VLSI-SoC 2009), Florianopolis, Brazil, October, 2009

18. R. Hartenstein, A Decade of Reconfigurable Computing: A Visionary Retrospective; In Proc. of Design, Automation and Test in Europe (DATE 2001), Munich, Germany, pp.642–649, March 12–16, 2001

19. R. Hartenstein, Why We Need Reconfigurable Computing Education; RC-Education Workshop, Karlsruhe, Germany, 2006

20 S. Hauck, A. DeHon, Reconfigurable Computing: The Theory and Practice of FPGA-Based Computation; Morgan Kaufmann Series in Systems on Silicon, 2007

21. J. Howard, S. Dighe, Y. Hoskote et al., A 48-Core IA-32 Message-Passing Processor with DVFS in 45nm CMOS; In Proc. of IEEE International Solid-State Circuits Conference (ISSCC 2010), San Francisco, CA, USA, Feb. 2010

22. P. Lysaght, B. Blodget, J. Mason, J. Young, B. Bridgford, Invited paper: Enhanced Architectures, Design Methodologies and CAD Tools for Dynamic Reconfiguration of Xilinx FPGAs; In Proc. of the International Conference on Field Programmable Logic and Applications (FPL 2006), Madrid, Spain, pp. 1–6, August 2006

23. nVIDIA® Tesla™, GPU Computing Technical Brief, Version 1.0.0, May 2007

24. K. Paulsson, M. Hübner, H. Zou, J. Becker, Realization of Real-Time Control Flow Oriented Automotive Applications on a Soft-core Multiprocessor System based on Xilinx Virtex-II FPGAs; In Proc. of International Workshop on Applied Reconfigurable Computing (ARC 2005), Algarve, Portugal, pp. 103–110, Feb. 22–23, 2005

25. B. Radunovic, An Overview of Advances in Reconfigurable Computing Systems; In Proc. of the 32nd Hawaii International Conference on System Science, January 1999

26. N. Voros, A. Rosti, M. Hübner, Dynamic System Reconfiguration in Heterogeneous Platforms: The MORPHEUS Approach; Springer, Netherlands, 2009

27. A. Thomas, J. Becker, Dynamic Adaptive Routing Techniques In Multigrain Dynamic Reconfigurable Hardware Architectures; In Proc. of the International Conference on Field Programmable Logic and Applications (FPL 2004), Antwerp, August 2004

28. M. Ullmann, B. Grimm, M. Huebner, J. Becker, An FPGA Run-Time System for Dynamical On-Demand Reconfiguration; In Proc. of Reconfigurable Architectures Workshop (RAW 2004), Santa Fé, USA, 2004

29. W. Wolf, The Future of Multiprocessor Systems-on-Chips; In Proceedings of the Design Automation Conference (DAC 2004), San Diego, USA, pp. 681–685, June 7–11, 2004

# 第 3 部分
# 多处理器系统的物理设计

# 第7章 设计工具和芯片物理设计模型

Ricardo Reis

**摘要：**本章提出了一种新的综合系统物理设计方法，如 MPSoC，所有逻辑单元在飞行状态中被设计出来，没有物理设计师使用单元库时（功能的数量，晶体管的数量，晶体管的大小、面积和功耗）所面对的限制。由 MPSoC 和其中几个组成了许多功能模块，它们由随机逻辑构成。仅仅使用所需晶体管数量和合适的大小，因此优化这些随机逻辑块是很重要的。减少晶体管数量的一个基本工具，它使用最佳数量的晶体管来提供任何逻辑功能的退化。单元发生器允许自动单元的设计，它由晶体管网络［使用简单的门或静态 CMOS 复杂门（SCCG）］和晶体管的尺寸组成。当晶体管的尺寸应该大于器件高度时，该工具可以进行晶体管折叠。由于设计人员不受器件库的限制，它也可以做一次深层的逻辑最小化，所有需要的逻辑单元会在运行中产生。这使得减少所需晶体管的数量来让一个电路生效，其结果是静态功耗也将被减少。单元发生器提供了单元与压实布局，以及重要的晶体管密度。它提出了一些物理设计自动化策略相关的晶体管拓扑、各层布线管理、VCC 和地分布、时钟分布、接触和通孔的管理、关系管理的主体、晶体管的尺寸和折叠，以及如何将这些策略提高布局优化。一些结果与一般传统标准单元工具（供应商的工具）中获得的那些相比，体现在面积、延迟和功率消耗这些方面的增益。该方法的灵活性也可以让设计师来定义布局参数，以应付例如宽容瞬态效应、收益率提高、印制适性这些问题，如设计人员还可以管理晶体管的大小来降低功耗，而不影响时钟频率。

**关键字：**物理设计，低电量，晶体管网络，布局，EDA

## 7.1 简介

集成电路（IC）设计自动化的研究与发展，从布局层次开始并向抽象的更高层次发展。IC 的物理设计起初是手工来完成的，直到 20 世纪 70 年代末才结束。计算机被用作绘制布局的工具，但是对于 IC 的物理设计自动化还没有工具。随着组件的数量不断增加，它出现了一个强烈的物理设计自动化的需要。第一个解决方案是使用一些规则块，这是一种更可行的自动化设计。摩托罗拉 68000 就是开始使用规则块的一个例子，如 ROM 和 PLA[1]。

可以看到，原始 68000 控制部分采用两级 ROM 和许多 PLA。在 90 年代，为了提高性能和面积，许多电路如英特尔 486 开始使用标准单元（SC）的方法，主要是在它们的控制部分。传统的 SC 方法一直使用到今天，对于许多设计它仍然是可以的。因此，如果在多种情况下 SC 方法还行，需要寻找新的方法吗？是的，如果想要降低功耗的物理设计、减少面积和提高性能。这是一个自动化的 SC 方法吗？这是自动化方法的一部分，因为在同一时间，布局和路由是自动化的步骤，每个单元的设计是不一样的。每个单元已经被单元库所设计并提取。一个单元库的设计代表了高成本，在一个典型的单元库中，可以发现不同功能的数量是有限的（一般可以找到类似的 150 种不同的逻辑功能），单元的大小也有限。在一般情况下，可以找到 3 个不同大小的功能：一个用于电源、一个用于性能还有一个用于区域。在物理设计层面，这些限制不允许延伸到一个电路的优化中。使用 SC 在过去一个很大的优点是，单元特性有足够的估计延迟。如果考虑最近的技术，这是不可能的情况，这是因为延迟主要是由于连接。所以应该找到一种减少电线长度的方法，其中连接是减少电路延迟的中心问题。可以断言，SC 的方法是脱离功耗最小化、晶体管的数量和面积、延迟、线长。所以如果想做一个物理设计优化，需要做一些对设计范式的改变和寻找新的物理设计方法。本书提出了一种新的方法是单元的飞行设计，在物理设计步骤中，考虑扇入和扇出以及晶体管数量的优化。这种方法也意味着在物理设计阶段的抽象层次的一种改变，因为它不再只是一个布局和路由的逻辑单元，而是一个布局和路由的晶体管网络。

## 7.2 MOS 复杂门的应用

减少晶体管数量的一种方法是使用静态 CMOS 复杂门（SCCG），其中与多个输入功能仅使用一个门便可实现。在图 7.1 中，它展示出一个例子，其中一个相同的功能可以通过使用基本门或仅使用一个复杂的栅极（SCCG）来实现。它是个很明显的例子，在复杂门的选择中使用晶体管的最小数目。

通过使用最多的叠 P 和叠 N 晶体管，表 7.1[2] 展示了可能实现功能的数量。这是可能看到的，举个例子，如果它被选择最多 4 个叠 P 和叠 N 晶体管的限制，那么可能的逻辑功能数量是 3503。所以这些功能比在一个典型的单元库找到的好得多。因此实现单元库所有可能的功能是不可行的，一个解决方案是使用这样一种方法，即在物理设计期间单元的飞行设计。

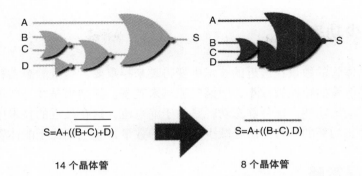

$$S=A+((\overline{\overline{B+C})+D})$$

14 个晶体管

$$S=A+((B+C).\overline{D})$$

8 个晶体管

图 7.1　同一功能设计的两种不同选择

**表 7.1　通过限制叠 P 和叠 N 晶体管的数量可能不同的功能的数量**

| | | PMOS 晶体管的数量 | | | |
|---|---|---|---|---|---|
| | | 1 | 2 | 3 | 4 | 5 |
| NMOS 晶体管的数量 | 1 | 1 | 2 | 3 | 4 | 5 |
| | 2 | 2 | 7 | 18 | 42 | 90 |
| | 3 | 3 | 18 | 87 | 396 | 1677 |
| | 4 | 4 | 42 | 396 | 3503 | 28435 |
| | 5 | 5 | 90 | 1677 | 28435 | 125803 |

　　一个自动单元生成的方法是为逻辑最小化步骤提供更多的自由，因为通过在单元库中可用的功能，这里不再需要对逻辑的最小化进行偏置。在逻辑合成步骤中提供的任何功能可在布局合成期间被实现。在飞行中单元的产生也同样很重要，还可以利用晶体管折叠生成任何大小的晶体管。

## 7.3　减少线长

　　现代 IC 设计中的一个挑战是减少导线长度。使用任何逻辑函数的可能性提供了机会，来减少晶体管的数量。由于减少晶体管的数量将减少电线的数量，这也将减少导线长度，有助于减少电路的延迟。由于晶体管数量的减少，导线长度也减少了。重要的一点是，还有一个空间能够提高布局和路由算法。这种表述在文献［3］中有介绍，作者向人们阐述了布局算法是 1.43 ~ 2.38 次的最优考虑线长。

## 7.4 减少功率

减少晶体管的数量在最近的技术中变得越来越重要。这是静态功耗的主要原因。随着晶体管的特性被减小，泄漏电流越来越多。其结果是在某些情况下，静态功耗大于动态功耗。这种静态功耗是由于漏电流，这在最近的技术中是很重要的。减少静态功耗的一种方法是减少晶体管的数量，它也正比于晶体管的数量。

## 7.5 布局策略

在单元布局的设计中，单元格的布局取决于与当前不同问题相关的决定：

—晶体管拓扑；

—VCC 和地分布；

—时钟分布；

—联系方式和通道管理；

—路由层管理；

—Body 关系管理；

—晶体管大小。

每个问题的决定都影响着其他问题。例如，一个 VCC 和地分布的决定关系，它定义了一些通孔位置的限制。如果使用太多的参数来做每一个程序，该算法将过于复杂，运行时将被禁止。基本的晶体管拓扑，例如水平、垂直、晶体管狗腿弯曲（doglegs）、晶体管折叠。如果考虑 doglegs，它们可以在许多不同的地点进行，但取决于接触和通孔的位置。如果考虑折叠，晶体管数量分段可以有很大的差异，特别是当它们驱动时。

图 7.2 显示了一个两节段的晶体管折叠。因此晶体管折叠的使用也增加了布局选择，并做逻辑单元的设计。路由管理定义了在每一层路由的优先级、在每一条路径的优先级（此路径是两根电源线、VCC 和地面之间的区域）以及在每一层的路由方向。路由优先级的管理可以避免使用多个跟踪信号路由的需要。

VCC 和接地可以在一条路径边缘来实现的、在一个中间地带（P 和 N 之间的平面）或者在晶体管中实现。图 7.3 显示了晶体管的电源线运行的布局。

交叉层的塔孔可以利用路由步骤的限制，接触和通孔的管理变得越来越重要。在文献［4］中，它描述了一种方法，即通孔放置在 P 和 N 之间的一个或两个轨道平面。之后上层路由可以使用一个通道路由器的方法来完成。

因此，当前面临的挑战是开发一种算法，这种算法在一个较短的运行时间内可以提供优质的结果。

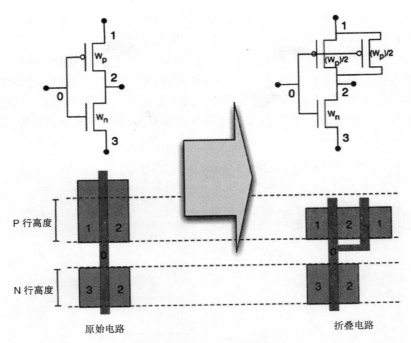

图 7.2　两节段的晶体管折叠

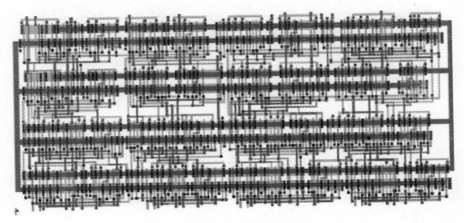

图 7.3　晶体管的电源线布局

## 7.6　一个晶体管网络的布局

在新提出的方法中，一个电路被看作一个晶体管的网络。被设计出来的工具是用于自动生成任何晶体管网络，即使有不同数量的 P 和 N 型晶体管。在这种方法中，布局合成的抽象层次与传统的 SC 方法已经有所改变。在布局合成的地方使用一组预先设计好的器件，它是用来作晶体管的布局和路由。晶体管可以选择任何大小。如果晶体管的 $W$ 大于各自扩散区域的高度，那么它就是晶体管折叠。当做驱动的设计时这是非常有用的。图 7.4 表示了使用 Parrot 工具集的一个电路布局。这个电路布局是自动生成的并且所有的晶体管完全都是在飞行中设计的。

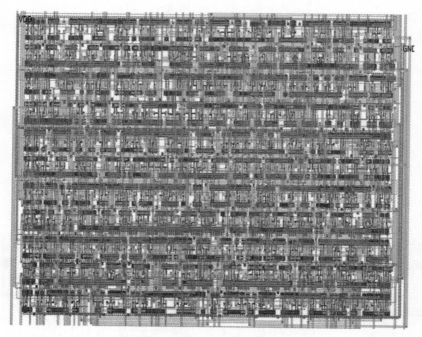

图 7.4　Parrot Suite 布局生成

图 7.5 说明了方法的演变，此图通过使用 Tropic 工具集[5] 和 Parrot 工具集[6] 表示出了一个 ISCASC1355 参照结果。在密度和延迟的减少下，这可能是所看到的一种好的演化。两种工具通过数以千计的门（门的数量取决于工具正在运行的机器），均能生成全布局功能块。

一个替代方法，即先从事与做元件的自动生成，一个特定的电路需要使用合适的大小。这种方法应用于一个新的工具——晶体管网络自动合成（ASTRAN），这种工具是能够生成一组晶体管器件的布局。其第一个成果在文献［7］中被发表。

图 7.6 表示了 JK FF 与 34 个自动生成的晶体管的布局。可以看到该工具可以解决多晶硅和金属的路由问题。当然还可以看到它能够生成不同大小的晶

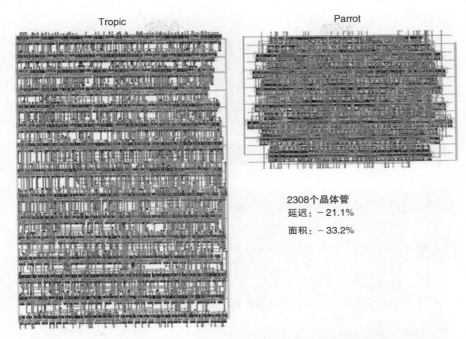

图 7.5　对于 ISCASC1355 Tropic 和 Parrot 工具布局生成之间的对比

体管。

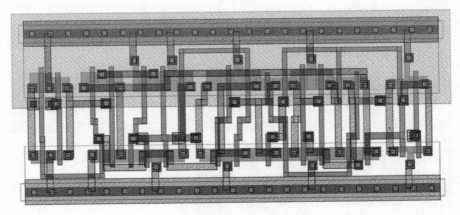

图 7.6　使用 34 个晶体管自动生成的一个 JK FF

　　一些其他器件生成的 ASTRAN 在图 7.7 中被展示出来，这也可能证实了器件的密度相当好。密度的显著提高是因为该工具能够自动提供使用多晶硅和电线的内部路由。

　　图 7.8 展示了使用两种方法生成的一个 4×4 乘法器的布局。第一种方法的

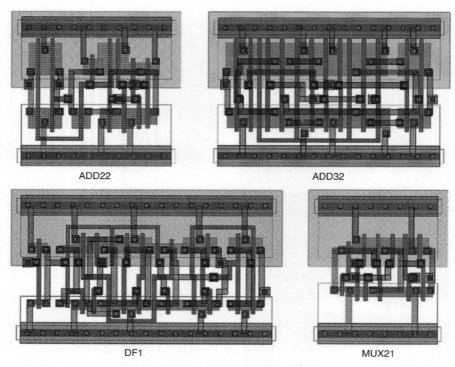

图 7.7 一套 ASTRAN 器件生成

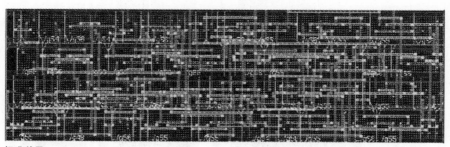

标准单元

使用物理设计方法生成的器件

图 7.8 使用 ASTRAN 工具和一个单元配置工具生成的 4×4 乘法器

生成是使用由供应商工具集提供的传统 SC 方法。另一种方法的生成是使用 AS-TRAN 和一种使用数据路径方法的器件组装工具。有证据显示第二种解决方法提供一个较小的布局。观察表 7.2，此表展示出了两种可实现的数据，它很清晰地表达出：更为明显的减少晶体管数量的方法是第二种（634 与 376），其主要原因是使用了更为复杂的门。使用 ASTRAN 的这种办法在减少功耗和延迟方面也有很好的体现（功率几乎降低了 40%）。

表 7.2　采用标准单元的方法和 ASTRAN 结果比较，自动布局工具

|  | 标准单元 | 单元编译器 | 增益（%） |
|---|---|---|---|
| 单元数量 | 52 | 28 | 46 |
| 晶体管数量 | 634 | 376 | 59.3 |
| 面积/$\mu m^2$ | 6716 | 5070 | 24.50 |
| 延迟/ps | 2174 | 1896 | 12.8 |
| 功率/mW | 6.45 | 3.97 | 61.55 |

ASTRAN 工具可以支持晶体管折叠、晶体管的大小和其他的布局参数，它还可以尝试不同布局方案以及处理许多问题，如辐射效应和变异性。这里有许多实验和研究去探索这些可能性。

## 7.7　使用 ASTRAN 帮助模拟单元的合成

MPSoC 当然也包括模拟单元。ASTRAN 工具在一些模拟单元的合成中也会有所帮助。ASTRAN 的一个版本工作于一个令人关注的空间中，这个空间致力于产生一些模拟电路。

如图 7.9[8] 所示为 ASTRAN 模拟电路生成的一个实例，这是使用 350nm 技术的一个电流发生器。另一个例子如图 7.10[9,10] 所示，它展示了一个使用工业 65nm 技术的老化传感器的布局、混合模拟和数字器件。

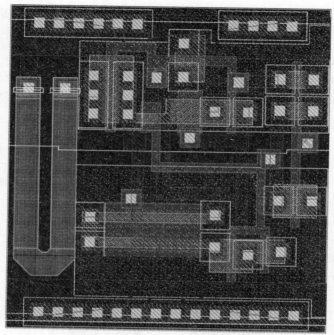

图 7.9  使用 65nm 技术的电流发生器布局

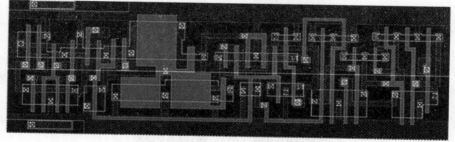

图 7.10  使用 65nm 技术的老化传感器布局

## 7.8  小结

对于物理合成，它提出了一种集成电路自愿优化面积、功耗和性能的新方法，这个工具可以用来生成一个 MPSoC 的组件。这种方法是基于晶体管网络的合成，在电路的设计过程中该布局是自动设计的。减少晶体管数量的供给可以实现任何逻辑功能的可能性，因此其相应的面积、线长、延迟和功耗也会随之减少。一个飞行设计的单元和晶体管都可以有任何大小，它让设计师探索其余几个布局策略，来改善延迟、功耗、辐射耐受性和多变性。

## 致谢

在本章中，感谢所有在物理设计项目工作的学生和同事们，并且实现了其中几种已经被报道的结论的工具。当然还要感谢 $CNP_9$ 和 CAPES 公司，感谢他们赞助了我们的一些工作和学生。

## 参 考 文 献

1. Reis, R., Lubaszewski, M., Jess, J., Design of Systems on a Chip: Design and Test, Springer, p. 297, 2007. ISBN 978-0-387-32499-2

2. Detjens, E. et al., Technology Mapping in MIS, In: IEEE ICCAD, 1987. Proceedings, Los Alamitos, California: IEEE Computer Society Press, pp. 116–119, 1987

3. Chang, C.-C., Cong, J., Xie, M., Optimality and Scalability of Existing Placement Algorithms. ASPDAC, 2003

4. Santos, G., Johann, M., Reis, R., Channel Based Routing in Channel-less Circuits. IEEE International Symposium on Circuits and Systems. ISCAS2006, Kos, Greece, May 21–24 2006, IEEE Press. ISBN:0-7803-9389-9

5. Moraes, F., Reis, A., Robert, M., Auvergne, D., Reis R. Towards Optimal Use of CMOS Complex Gates in Automatic Layout Synthesis. In: Proccedings of the 10th Congress of the Brazilian Microelectronics Society, Canela, July 31–August 4, Canela, SBMicro, pp. 11–20, 1995

6. Lazzari, C., Santos, C., Reis, R., A New Transistor-Level Layout Generation Strategy for Static CMOS Circuits, 13th IEEE International Conference on Electronics, Circuits and Systems – ICECS2006, Nice, France, December 10–13, pp. 660–663, 2006. ISBN: 1-4244-0395-2

7. Ziesemer, A., Lazzari, C., Reis, R., Transistor Level Automatic Layout Generator for non-Complementary CMOS Cells, In: IFIP/CEDA VLSI-SoC2007, International Conference on Very Large Scale Integration, Atlanta, USA, pp. 116–121, October 15–17 2007. ISBN: 978-1-4244-1710-0

8. Vazquez, J., Champac, V., Ziesemer A., Reis, R., Teixeira, I., Santos, M., Teixeira, J., Built-In Aging Monitoring for Safety-Critical Applications, IEEE International On-Line Test Symposium, IOLTS 2009, Sesimbra, Portugal, pp. 29–34, June 24–27 2009. ISBN 978-1-4244-4822-7

9. Vazquez, J., Champac, V., Ziesemer A., Reis, R., Teixeira, I., Santos, M., Teixeira, J., Delay Sensing for Parametric Variations and Defects Monitoring in Safety-Critical Applications. In: First IEEE Latin American Symposium on Circuits and Systems – LASCAS 2010, Iguaçu Falls, February 24–26 2010

10. Vazquez, J., Champac, V., Ziesemer A., Reis, R., Teixeira, I., Santos, M., Teixeira, J., Low-sensitivity to Process Variations Aging Sensor for Automotive Safety-Critical Applications, IEEE VLSI Test Symposium, VTS 2010, Santa Cruz, USA, June 18–21 2010

# 第 8 章 电源感知多核 SoC 芯片和 NoC 设计

Miltos D. Grammatikakis、George Kornaros 和 Marcello Coppola

**摘要**：本章考察低功耗系统级芯片的系统级设计。该设计起初是研究功耗的来源，解决高层次高效处理技术、存储和片上通信这些问题。本章也讨论了算法结构驱动的软件转换和嵌入了高效嵌入式软件的应用程序。然后，本章提供了一个计算机辅助设计工具的研究和开发，在不同模式的抽象水平尤其是系统级建模而进行有效的多内核 SoC 的功耗估算、分析和优化，包括对授予工具的互用性电源格式标准化的结果。在最后，本章考虑使用最先进的运行时功耗管理和优化技术，包括动态电压缩放（DVS）、频率缩放（DFS）等以 NoC 为基础的节能机制。本章最后简要概述了对系统级功率感知设计未来的发展趋势，为进一步研究提供参考。

## 8.1 简介

随着 COMS 技术的不断扩展，集成大量处理器的单芯片系统、片上存储器以及定制知识产权核心已经成为现实[1]。大多数主要的芯片厂商已经发布或宣布大规模生产芯片多处理器的计划（CMP）。在这些处理器上执行的多线程工作负载发现了高片上通信延迟和显著消散的功率，因此需要进行适应性的芯片结构和相应的设计技术可以动态地适应全范围的工作负载，从密集的计算到内存和通信结合的应用。

低功耗设计技术应用已超过 25 年，特别是在移动消费设备，如手表电路、移动电话、游戏和计算器。当前，较短的上市时间、低成本、高性能和低能源这些日益复杂的软件应用被授权，例如新的电源效率 MIPS/mW（或类似）的指标开始出现在日常生活中的交流与控制系统或者便携式电池供电的消费电子电器。这种新的功率感知设计方法的主要应用不仅包括移动多媒体终端和数字蜂窝电话，而且还包括下一代网络、便携式计算机、机顶盒/数字电视的设计以及新兴应用设备，例如环境智能理论与传感器网络的监控系统。

高效节能的微电子系统在如今有极大的利益是源于时钟频率的增加、设计的复杂性（晶体管的数量）和泄漏功率在系统芯片的深亚微米（DSM）技术（65nm 以下）、环境法律、伦理原因、固定系统的能源输送成本、延长电池寿命的便携式系统的数据密集型应用程序和散热管理，避免加热而导致芯片运行不可行或不切实际[2]。

电源分析是必要的，以识别优化不同应用的电源关键部分的机会，例如通过基于不同的工作电压和降低功率状态的内置特定设备的电源管理可能提供了技术。对于电源分析、评估和整个 SoC 的优化，5 个不同的抽象层面被考虑（从最抽象到最具体的层面）：应用软件（包括软件设计、高层次综合和编译）、交易、行为、门极（RTL 综合）和晶体管（或布局）。

抽象级别的选择影响电源估算精度、模型的执行速度和开发它所需的时间。直到最近，RTL 被认为是在设计流程的入口点。对于门和晶体管的水平，许多 EDA 供应商提供准确的概率或基于仿真的功耗估算和优化工具。尽管建模在这个层次上是准确的，但要实现减少设计探索的范围和显著变化是非常昂贵的。相比之下，基于组件模型与电源状态抽象的高级电源估计、分析方程或查找表尚处于起步阶段；这是困难和不准确的，因为在早期设计阶段设计特点和典型的交换活动以及硬件资源的应用程序试验台不知道可不可用，这些都没有很好的记载。

然而在过去的几年中，作为设计流程中的新入口点，高级电源估计已在行业中获得了动力。系统级的功耗估计方法，例如基于一个位和准确周期的 SystemC2.0 交易或行为级模型分离通信和计算功能，可以比 RTL 仿真快几个数量级，目前在设计空间探索还不能够（近 RTL）准确地实现 HW – SW 分区和单元选择。在早期设计空间探索阶段，绝对准确的电源估计与相对精度不是同等重要的，因为定性的电源指标与确保适当的早期设计决策的最终实现已经足够了。

系统电源通过累加所有资源、相互作用和环境来计算。消耗功率可分为 4 个部分：短路、动态、静态和泄漏。

短路功耗是短路电流引起的，在非零间隔（空闲时间）下降和 COMS 电路上升时间时直接向地流动，也是 P 型和 N 型设备正在进行时的开关活动期间[3]。这种功率是很浪费的，而且通过输出电容它是不回收的。

动态功耗可被划分为单元的内部消耗和能量的负载，包括布线和电容输出端。CMOS 电路的动态功耗可以被描述为 $P = 0.5\alpha f C V^2$，其中 $f$ 是时钟频率，$\alpha$ 是开关活动，是指每一时钟周期点的门位跃迁即输出电容的充电与放电，$C$ 为大致与芯片面积成比例的总负载电容，而 $V$ 是电源电压电平。总电容是输入电容、布线电容和寄生电容的总和。而 $f$ 且 $V$ 是直接由设计者定义，$C$ 由系统结构来确定，$\alpha$ 取决于数据表示、应用程序、映射和体系结构。

静态功耗正比于开关活动和一些技术相关的参数。因为静态功耗的贡献通常低于 20%，则在更高的水平或一部分被捕获的动态功耗估计是可以忽略不计的。

相比于传统的技术，一个电路中所有耗散功率为 80% ~ 90% 是由于开关活动和动态功耗的 90% 所导致。然而对于深亚微米（65nm 以下）布线电容是在系统级的主要成分，但很难估计和控制。待机功耗是由于亚阈值漏泄电流，可以用此表达式表示：$P_{\text{leak}} = V_{\text{dd}}I_{\text{off}}K$，其中 $I_{\text{off}}$ 是在没有配电的情况下电源轨之间的电流，$K$ 是描述分配/P 型和 N 型设备的大小、堆放的效果、设备的闲置和设计风格的一个因数。

动态功率管理（DPM）包括各种运行技术，要求 QoS 约束有效系统组件的最小数目以实现节能的效果。当电源管理组件（如处理器、内存或外围设备）的工作负载较低时，某些电路可以被关闭。此外，通过在晶体管、门、RT 或系统级中减少 $f$、$\alpha$、$C$ 和 $V$ 的值，许多有效的技术可用于最小化动态功耗：

- 例如，可以用技术驱动的低功耗设计来改变动态功率，如采用超低功耗的 CMOS 技术减少了结构驱动的规模，这样也影响了短路功率，在最上层电容通过硅上的隔离物、绝缘材料的介电常数和路由高频信号减少了负载电容。

- 同样在体系结构层次，可以增加数据并行或使用全局异步本地同步通道设计（GALS），它允许独立的时钟、降低了时钟频率和/或电源电压电平，并提供了一个很有前途的二次型消费[4]。降低时钟频率、缩短逻辑深度或添加流水线寄存器而减少了故障电源，如延迟依赖性转变是由于组合逻辑信号延迟不平衡造成的（在正确的逻辑值变稳定之前）；这是非常有效的数据路径组件，诸如乘法器和奇偶树。一些故障会引发错误，从而导致动态功率消耗，然而降低频率扩展程序的执行时间未尝不可。由于能量消耗是一种执行延迟、功率消耗、缩放频率并省动态功率的产品，但不能有效地提供节能[5]，而且由于长时间的延迟，连通周边的 SoC 设备可能消耗更多的能量，如显示器。

- 不同的设计方法在系统/应用软件中可用来降低动态功耗，主要是通过降低开关活动。例如降低整体信号切换活动中，可以借助改进的路由技术和智能数据表示或修改数据或资源分配方案或调度算法来减少一些基本的数据流操作或增加功能块连续的输入模式之间的相关性。甚至可以改变编程方式，例如一个面向对象的范例，众所周知它是引入了一个显著的性能和功率代价，这个代价是由于增加指令计数，代码大小和存储器访问数目增加[6]。潜在隐藏技术，例如运用缓存来探索数据局部性、多线程或预取，在减少电容的情况下是非常有帮助的，同时也减少了具有高容性负载的全球通信的长导线[7]。

静态电源管理应用还只是在设计阶段。一部分静态功耗的总功率随着时钟频率减少而增加。静态功耗可以使用多种技术来控制：

- 通过降低阈值电压而影响耗散功率从而缩小晶体管的大小。

- 门氧化层厚度的不同种类会影响在动态和静态功耗之间的性能和平衡。

- 功率门控（也称为多阈值 CMOS 设计）降低的供应和可扩展至阈值电压，对每个宏块级别或标准小区以提供不同的功率与性能的权衡。由于缩小阈值电压，成倍增加了亚阈值泄漏，所谓被插入到功能单元或门的睡眠晶体管具有高阈值电压。睡眠晶体管在休眠方式期间，可明显减少泄漏。

接下来研究节能设计方法，包括对于能源感知计算的高级应用驱动的适应性战略。这里更专注于系统级设计技术的计算、存储和通信，而不只是简单地考虑节能的门级、逻辑和物理芯片设计[8]并注意系统级功耗估算模型在指令执行上使用低级别的模拟数据，例如晶体管状态转变或技术数据从 RT－综合的 HDL 的软核到布局的硬核，能更好地评价系统的指标。

更具体地说，在 8.2 节中将解决功率消耗的来源，即计算、通信和存储。这里认为考虑到处理器、内存和芯片互连组件的功率估算模型包括对 NoC 的功耗估计系统级的方法。还讨论了算法和结构驱动的软件转换以及嵌在嵌入式软件的电源效率的应用，并提供一个计算机辅助设计工具的研究成果，开发有效的多核SoC 的功率估计、分析和优化，从建模到实施的不同的抽象层次。最后，在能够实现工具互用性的电源格式下确认当前的标准化工作。

然后在 8.3 节中阐述了最先进的运行时功耗管理和优化技术，包括 DVS 和DFS 以及其他基于网络芯片的节能机制。最后，在 8.4 节中简单介绍一下对电源感知系统未来的发展趋势。引用参考文献列表来总结本章。

## 8.2　功率估算模型：从电子表格到功率状态机

在目标体系结构上执行系统或应用程序任务的总能量消耗是通过系统所有组件的能量和来获得的。每部分的总能耗在应用程序执行过程中所有转换的功率耗散在组件的状态机中的积累量做进一步分析。对于一个硬件组件中每一个可能的转变的动态和静态功耗构成的功率状态模型，注意每个状态转换过程中可能会执行一些基本操作，例如读、写并等待操作。

功率状态模型利用含熵的方程可以被提取出来，运用硬件模块的低级别技术（结构和功能）参数（例如，加速和互连）来计算或运用周期精确的系统级仿真结合含有提供能量观点的数据信息宏观建模库（C/C＋＋或系统 C）来近似估算，例如存储或通用处理器库。

不同的目标体系结构和特定应用的工作负载，系统级功率宏观建模不提供较高的绝对精度或精细粒度，如功率峰值的精确瞬时振幅，因为在运行状态或算法的水平中设计细节是不可用的。然而功率状态模型具有通用性和灵活性，对系统电源管理的高效率和相对准确的分析需要冷却和性能或服务要求的质量和更短的建模时间，因此会发生显著的改良设计并缩短产品上市时间。功率状态模型也能使虚拟平台的 SystemC 模型循环准确，包括有限状态机（控制）、数据路径组件、存储器和处理器。

对于几个数据依赖的系统，例如有规律或固定活动模式的数学软件，可以估算静态活动，并使用一个静态的电子表格模型来估算内存访问的功耗、数据路径、控制路径和互连功能。这种模式是简单而常见的，特别是对于早期阶段"信封背面"的计算，解决瓶颈问题和促进设计划分的快速探索。例如，Power-play[9]根据一个电源模型库，在一些复杂活动敏感系统的模型常数的精度水平中有一个基于网络的电子数据表接口。

对于复杂的数据依赖的条件语句、分支和循环相比于运用回归为基础的近似或动态分析技术的动态电子表格模型比较慢，但比静态的电子表格更准确。这些模型的计算工作，通过理论分析或收集开关活动的统计数据，运用实验行为水平模拟来计算。作为输入，它们也需要用户提供的输入矢量的典型变化和操作模式；半导体技术参数，例如基本的能源成本：每门转换、指令或总线事务和电路的复杂性度量。下面给出几个例子。

一个 PTL 基于周期的功率分析工具叫做 SPA，它是在数据路径、控制路径（FSM）、存储器、典型指令和数据输入的相互关系[10-12]情况下，基于设计实体和信号的活动分析。

功率估计工具 ESP[13]，它的目标是一个 RISC 处理器，运用一个固定的活动功率模型，它与输入矢量中的位转换的数量成比例。

同样地，嵌入式指令级功率估算模型，通用处理器和数字信号处理器在目标处理器上执行指令循环。不同指令的平均功耗可以存储在一个轴输入信号概率和每周期输入/输出转换值（零延迟）的指定平均值的查找表中。该模型可以考虑管道挡口、缓存未命中和指令间的效果，由于在执行对指令之间的状态变化过程中增加了额外的功耗，这样不会出现故障或危险。

对于算术运算，双位类型的模型（DBT），它用于 Sente 的商业工具 WattWatcher/Architect[15]，提供了一种以数据路径的分析结构为基础的活动模式。这种技术是基于观测，定点和二进制补码数据流是以两个不同的活动区为特征，从而导致两个不同的有效电容系数；最小意义的数据位呈现了类似于均匀分布的白噪声的活动，而最显著的信号位取决于信号转换概率，这关系到数据流的时间相关性。

RTL 功能模块电源的功率因数近似（或 PFA）法实验模型是以字长度、硬件复杂度和激活频率参数[16]为基础的。

功率状态机（PSM）是细粒度 FSM 样图结构。对于每块，它们包含抽象的状态，代表不同的操作模式与功耗注释、边代表状态转换，通过一系列的操作状态，也注明电源成本和过渡延迟。状态转换由来自环境的外部刺激（事件）来驱动。PSM 捕捉系统功耗通过可执行的规格说明来描述组件、组件间的相互作用和工作量行为。它们可以在 HDL 或 SystemC 中指定，并避免在估算系统功率[17]中电子表格的限制。不断发展的电源模式和电源管理，如高级配置和 PC[18]的电源接口（ACPI），并广泛用于 DPM。

### 8.2.1 处理器的功耗模型

处理器的最大功耗不断增加。应用程序特定的 CISC 或 DSP 提供大量的节约能源和性能，利用能量感知编译器优化和代码生成来获得，基于一个干净的指令集结构在几个不同的功能单元和寄存器文件中提供增强的并行性。通过指令重新排序、智能数据分配内存库或寄存器文件和包装说明可获得节能[19-21]。

对于低功耗 RISC 处理器可以使用不同的技术来优化：

• 静态或动态电源电压降尺度，能够适应其电压或频率的工作量[22]。关于降低电压，许多处理器系列具有低功耗版本。

• 在空闲的单位下，时钟门控和操作隔离，以避免无用的开关活动。CPU 的能量值可以推导出数据表或物理水平每组教学测量和操作模式，如正常电压/频率缩放或停止，从而关闭片上组件[23]。

• 专门的指令集，用于特定的工作负载，如并行 SSE3 指令、特殊的寻址方式或乘法累加指令。执行程序指令的转换为开关活动时，处理器电路造成节点电容的放电或充电，从而产生动态功耗[24,25]。一条指令功率模型的两个基本组成部分如下：

—指令执行的基础能源成本。对于不同的输入信号概率和每周期输入/输出（零延迟）转换值，通过执行循环该指令的几个实例[26]来估计这个成本。

—能源消耗成本由于在处理器电路的开关活动而造成相邻指令的执行。这个成本是基于交替指令序列下通过执行循环来估计，但这样不会出现故障或危险。管道挡口或高速缓存未命中可以用类似的方式进行处理。

例如，图 8.1 说明了一个 FSM 例子，基于 PXA270 功率感知资源管理的 MIPS32。Marvell 公司（前身为英特尔公司）PXA270 应用处理器系列的电源状态机包括几个 DVFS 模式[27]，如涡轮和半涡轮，和几个动态功率管理（DPM）模式与不同的切换延迟，如深空闲状态。最好的配置是通常选择基于任务的执行时间。

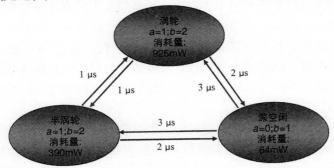

图 8.1　MIPS32 处理器的 FSM 建模 DVFS 和 DPM 模式

## 8.2.2 存储功耗模型

支持计算是存储所需要的。内存性能（访问时间、带宽）的准确预测和功耗是在系统设计时的主要挑战，特别是对新兴的数据密集型应用。存储系统（包括缓存）在多核 SoC 中通常会消耗大部分的总能量。这种说法更加证实了多内核 SoC 内存占据了大部分芯片面积的这一说法。

存储功耗与访问指令或数据的能源成本相关联，并且取决于存储器大小、组织和访问模式或替换策略。一种存储器系统包括单元阵列、解码器和控制电路，如检测放大器。当这些组件相互作用时，与静态和动态功耗相对应的存储功耗会被消耗。对于写操作，功耗取决于旧的和新的值之间的代码间距，而对于读访问，这取决于电流值和文字 0x00 之间的代码间距。注意到 DRAM 的电源在空闲时会被消耗和在单元阵列中读取操作，这是由于刷新的缘故。解码器的功耗可以表示在当前地址与前一个地址之间的代码间距。在控制电路中功耗代表一个恒定值、独特的每种操作（写、读、空闲）。

设计师已经考虑动态调谐、电路设计和高效专用的分层存储系统的自动化合成，它们每个都有其自己的时钟和刷新信号[28]。他们还考虑实施 DMP 技术，例如基于不同操作模式的时钟和电源门控（或无刷新）、动态电压或频率缩放，有效的数据表示通过编码或压缩和软件转换来优化数据分配和减少代码大小、存储器访问次数或在密集阵列处理应用中的数据交换活动。例如指的是参考数据传输和存储的探索（DTSE）方法[29]。

## 8.2.3 片上互连的功耗模型

片上通信设计方法必须适应于高性能、功耗和由 DSM 技术提供的可靠性要求。在这种情况下，由于通信而不是计算，出现了一个更显著的功耗和性能约束，在系统级中充分利用片上互连性能是很必要的，从单一微处理器时代转向现代多核结构的移动电源还原技术，在多个抽象层次上的多个设计变量的联合优化是必要的。

未来 SoC 的最大性能瓶颈是高成本的片上通信，通过 NoC 模式，它允许不同的内核互相沟通，已经成为一种很有前途的代替以传统总线为基础的方法。通过消除全球电线，NoC 为基础的多核系统提供可扩展性和可预测性，同时有利于设计重用。

如今，在一些处理器中功耗也成为一个一阶的设计指标，电线贡献高达总芯片功率的 50%。再加上功耗、散热限制好像主宰其他物理约束，如引脚（pin）带宽和硅面积。

通信性能和功耗对多核设计的相对影响，随着新技术的不断增加而增加。基于分布式网络技术的通信分层，数据和地址编译打包多个时钟域定时电路、动态电压和高效任务映射的频率缩放，路由路径分配或链路速度分配是降低功耗的基本技术。高效的渠道设计主要集中在各个层，尤其是物理层和数据链路层。

在物理层，互连线的技术特点以及调制和通信信道编码和信令是很重要的。在这个层面上，性能和能量优化可以基于低摆差信号[30]，分布式同步和自定时异步协议解决了系统的时钟产生分布，并提供模块化和鲁棒性。可以通过降低频率和高电容电压（低于 1V）减少功耗并共享长导线；由于多个计算和存储在同一个通道上进行通信，因此这种电线的有效电容远大于本地电线。事实上，在未来的高效多核系统芯片研究领域的技术参数变化，还需要仔细定位、路由[31]和分段总线结构[32]。

在数据链路层和网络层，或所谓的掠过水平的 NoC，通信信道的物理特性和发射/接收结构被抽象化。这层严重影响了通信的能量。

在这个层面上，时钟门控是一种流行的节能技术并在许多同步电路被使用。它将额外的控制逻辑插入到设计（通常是手动）来控制连接到寄存器和修剪的时钟树，从而禁用部分 NoC 组件，例如网络接口或路由器子块。然后相应的触发器不改变状态，它们的动态功耗被降低到零，基本上只有泄漏损耗。此外芯片面积减小，是由于大量的多路复用器被时钟门控逻辑替代。时钟门控的粒度接近 0 时，同步电路的功耗接近于异步电路功耗，例如只有当它是活跃计算时该电路才会产生逻辑转换。虽然异步电路被定义为不具有"时钟"，完美的时钟门控一词用来说明在异步电路中，不同的时钟门控技术是简单的近似相关数据的行为表现。

此外，误差检测的冗余（信号）数据编码方案和重传或耗电的纠错协议利用时序数据相关性帮助减少开关活动，通过额外的网络控制线，指定数据如何被编码，提高兼容性和通信可靠性[33]。注意减少开关活动并不会立即转化为电力的节约，因为由编码器和解码器的电路所消耗的功率也被考虑在内。数据总线反转技术与地址总线编码相结合最近已经被提出来了，包括应用到分区总线结构和专用应用数据流中的自适应编码。

传输层优化的网络资源和控制流用于提供端至端的服务质量。在网络繁忙的情况下，面向连接的协议是低能效的，这是由于重新传输和额外计算的能量花费在了目标节点上。此外，网络流量控制技术通过调节进入网络的数据量，减少吞吐量，以避免网络的竞争和拥塞。这种技术已经应用于无线网络[34,35]之中。

通过专注于通道设计，总线通常被认为是非可扩展互连，因为当总线规模增大时，争用和仲裁时间呈超线性[36]增加。总线比分布的片上通信结构节能效益差，是由于数据传送从一个启动程序到一个目标或目标的一小部分的多点传送[37,38]造成的。此外，分组交换比不规则的电路交换和非平稳通信模式更好，另外要注意到混合解决方案也是可以的。

在总芯片功耗中片上互连的功耗是占主导地位的[39]。此外，对于大部分的节点，片上通信网络的功耗估计比非分区片上总线的类似性能或分段的总线设计小[40]。总线和 NoC 设计之间的公平对比需要真实的布局实验，以及对不同子系统的功率管理技术的考虑，其中包括时钟和电源门控以及叠层 GALS 模式，此模式允许在最低频率兼容的应用要求下运行一个子系统，然而 NoC 允许分布式仲裁和改进布局规划以适应较小的电线长度和与总线相对照的电容负载。高级动态 NoC 功耗估计模型定义了一个单位在 NoC 中传输所消耗的总能量，从入口到出口点，在中间路由器、内部缓冲器和互连导线[41]中消耗的能量。

## 8.2.4　功率模型的嵌入式软件

系统和应用软件在管理组件服务水平和相应的功耗中发挥了重要作用。虽然低功耗的软件库和原语通常是特定的应用程序（例如图形、可视化、多媒体或算术），但某些减少功率的一般原则也是常见的。

应用存储或系统程序和数据消耗了功率，是由于 DRAM 存储刷新操作或 SRAM 静态功耗。指令和数据存储所造成的功耗可以通过缩短指令长度来减少，例如通过记录或压缩对象代码。

此外，几个结构的分析技术表明 OS、系统软件、批量或交互式应用软件以及编译器都能影响能源消耗，由于不同的计算、通信和同步任务在底层硬件结构中造成了不同的功率消耗。而基于 OS 的功率降低重点是耗电的任务，如上下文切换、系统和应用软件的源代码重写，而这种源代码重写是基于自动代码生成技术与高层次综合，通过探索规则活动模式和局部性或基于编译器的代码转换的一种技术。传统编译器试图优化代码来提高性能和缩短编译时间（例如使用投机执行），而多核 NoC 编译器是以较长的编译时间为代价，把重点放在高性能和能源效率上。

在数据密集型应用中，算法和特定结构源级编译器转化（称为特别化）优化控制和数据流（包括存储器访问），例如多媒体中的多维数组处理和信号处理。一些努力试图量化硬件和软件分区和高级编译器转换的影响，通常使用处理器模拟和功率分析工具，在 RTL 或指令级上运行。这些方法包括（见文献［17，42，43］）：

● 在非关键延迟路径的入口点，源代码分析或用于发送时钟门控的等效符号控制数据流图形模型的操作和电压或频率的降尺度指令。注意动态缩放采用线性规划技术来设置每个单独的循环电压水平。

● 采用动态编程的指令选择，例如寄存器与存储器存取。

- 多重指令打包或无序指令调度减少指令间的影响而导致了高数据转换活动。
- 为了调度有效数组操作，存储库中的数据运用了 SoC 寄存器的适当配置，基于共同的模式或收集的痕迹（所谓的内存访问的依赖关系图）的缓冲区或多层次存储阵列。这包括提高并发级别技术，如预取、软件或硬件缓存来提高指令或程序局部性、冗余计算替换存储和进行数据流转换，如条件分支预计算，用于减少负载或存储的数目，并启用闲置的功能单元门控时钟和重写使用转变的算术运算、基于联合/分配特性的数据重新排序以及小整数计算。关于控制流、循环转换和并行存储器阵列访问在高性能并行化编译器中详细检查了属性（performance - wise）。这些技术采用循环不变量、循环展开、循环分配、循环合并和嵌套循环排列，以减少高速缓存未命中率，同样也影响到了电源效率。

之前的研究成果也被认为是嵌入在对称的 NoC 拓扑中的应用，研究不同的路由算法、缓冲区大小分配和转换仲裁政策。Hu 和 Marculescu 研究异构 16 核任务图的高效映射，它表示一个多媒体应用到网格 NoC 拓扑[44-46]，而 Murali 和 De Micheli 使用自定义工具（称为 Sunmap）映射一个异构的 12 核任务图，它表示使用不同的路由算法而得出的一个视频对象平面解码器和应用到网或环面的 NoC 拓扑[47,48] 的一个 6 核 DSP 滤波器。由斯坦福大学和博洛尼亚大学提出的 Sunmap 专用工具实现了对 NoC 拓扑的研究，通过减少面积和功耗的需求，最大限度地提高性能特点。对于所有网络组件，该 Xpipes 编译器最终可以获得高效的综合 SystemC 代码，如路由器、链接、网络接口和互连。

另一项研究的重点是延伸和现有的参数化开源分区工具，以及通过点和周期精确 OMNeT + +（C + +类）的仿真模型评价嵌入质量。在传统的 NoC 拓扑中，考虑到映射常见的树像合成任务图（表示主从通信）和 MPEG4 解码器的应用，例如网格和环面以及低成本的循环图，如 Spidergon STNoC，这项研究得出的结论是对与现实的网络规模（低于 64 个节点）Spidergon 比传统的拓扑[49] 更具成本效益。

最后，另一个重要项是应用程序的流量。通信加权应用模型考虑通信方面（CWM），而通信的依赖性和计算模型（CDCM）同时兼顾应用方面。当前的技术，嵌入常规 NoC 结果的 CDCM 模型在 NoC 执行延迟中平均减少 40% 和在动态能耗中平均减少 20%[50]。

## 8.2.5　功率估算、分析和优化工具

用于精确、高效的功率建模的 EDA 工具和多核系统优化是低功耗和功率感

知设计的基础。功率优化的日益增加对寿命较长、重量较轻的便携式消费电子设备和系统是非常有帮助的，例如能源之星兼容系统。

在设计流程的每一个抽象层次（从晶体管到网关、RT 和行为级）中，以确保功率规格随着成本、规模、性能和市场约束时间从不改变，功率分析和验证工具是必要的。事实上这就是所谓的前馈设计：直到满足所有结构规格的一个较高的抽象级别设计（如合成或后续的布局）。因此，功率分析工具用于解决大用户的功耗，例如改善 SoC 结构、优化的映射、通过低功耗修改数据表示或重写应用软件和功率感知算法的设计与实现。

传统的功率估计工具主要用于功率驱动的合成。低电平功率估计工具，如 SPICE 衍生物或晶体管级 Mentor Graphics 的 Lsim 和 Synopsys 功耗编译或门级 Cadence 的 InCyte 芯片估计，均是利用平面规划信息提供更高的精度。此外，各种降低功率技术（例如时钟、电压和电路关键路径的频率缩放）和半导体制造技都能够支持低电压。

而低级别的功耗估计对于设计验证或后期优化是很有用的。在系统级建模的基础上，通过使用 C/C＋＋或 SystemC 而采用抽象的功率估计方法，这种方法有增加的趋势。由学术研究、创业公司和 SME 兴起的众多新型工具执行系统级功率估计，通过使用 C/C＋＋或 SystemC 的行为合成硬件模块的可执行规范，因此完成了早期的设计决策而不依赖于硬件合成。一些工具不仅提供了在模拟结束时的总能量消耗，而且还提供了随时间演变的电力消耗。从 C/C＋＋或 SystemC TLM 到硅的一种直接自上而下的翻译设计流程方法目前不可能实现，因为功率估计宏观模型使用电子表格或反注释这种方法有时候并不可用。

- 芯片 Vison 的 Orinoco 是一个系统级的设计空间探索工具链，在不同的体系结构上运行不同的算法（指定在 ANSI－C 或 SyetemC），它用来估计性能和功率[51,52]。该算法编译器的一种分层控制数据流图（CDFG）描述了预期电路结构且无需采取完全的合成。CDFG 节点表示功率特征的操作，边表示控制和操作间的数据依赖，对应于连续层次之间转换的嵌套过程调用。组合规则计算了一个复杂 CDFG 的总成本。运用目标技术的标准功率库，组件是运用目标技术的标准功率库来检测区域、数据流和交换活动的，它由功能单元组成，如加法器、减法器、乘法器和寄存器。

- Synopsys Innovator 是一个基于 SystemC 的集成开发环境，它是一个开发者有效地整合、分析和验证交易层次模型的虚拟平台[53]。早期的 RTL 仿真估计可以带注释，通过一个图形化的用户界面到系统级虚拟平台模型的创造，在最新公布的 Synopsys Innovator 环境中来估计功耗和开发电源管理软件。

- HyPE 是一种高层次的仿真工具，它对于可编程系统的快速、准确的功率估计采用分析功率宏模型，由数据路径和存储器件组成。

- 基于网络的 JouleTrack 指令级模型的估计功率详述了商用 StrogARM SA1100 和 Hitachi SH－4 处理器[55]。SoftExplorer 虽然类似于 Jouletrack，但它更注重于商用 DSP[56]。其他类似的工具是 Simunic[57] 和 Avalanche[58]，而 Lajolo[59] 采用 RTL 仿真和它可以链接到 Avalanche 的软硬件联合仿真。

- 类似于 Lajolo，Powerchecker[60] 使用较慢的 RTL 仿真功率估算模型的硬件组件。BullDast 的 PowerChecker 适用于混合 RT－门级描述，并通过源 HDL 分析、阐述和硬件推理来获得[61]。设计对象的注释与实际的开关活动是通过 RTL 级仿真得到的。

- BlueSpec[62]。PowerSC[63] 和 Power－Kernel[64] 框架是建立在多层次抽象中的功率感知特性、建模与估计，加入 C＋＋类上的顶部 SystemC。不像其他的工具，Power－Kernel 是开源的。Power－Kernel 对于 SystemC 2.0 提供了一个高效的面向对象的库，它在一个复杂的设计 RT 级中允许简单介绍 SystemC 的功率宏模型[64]。PK 实现了比低级别的功率分析工具更高的仿真速度。电力仪表是基于 SystemC 的类，通过 put_ activity 和 get_ activity[65] 功能使用先进的动态监测和 SoC 区 I/O 信号活动的存储。在时钟频率、栅极和触发器的开关活动的线性依赖下，这两种恒功率模型和更准确的回归模型被使用。例如 AMBA AHB 总线的动态功率估计被分解成仲裁器、解码器和用于读写操作的复用逻辑。后期操作估计是控制在总动态功耗的 84% 以上。类似于 RTL 级综合 SystemC 代码的功率仪表技术会在文献［66］中描述。

## 8.2.6 标准化和功率格式

在未来的功率形式标准化工作中，功率格式到 SoC 设计的影响为彻底调查并提出新的功率建模、分析和优化要求提供了可能性。此外，它对于这种产业是很有利的，它提供了一个共同的定义、分析和估计、静态和动态功耗优化方法和在不同的嵌入式 SoC 平台上为功率标志而设置（尽可能）的通用条件（和计算接口）。

当今的 HDL，通过开关和供应网时钟门控可以被充分地表达出来，功率分布、功率建模和功率门控同样是不真实的。现有的 EDA 产业的举措朝着标准化的电源格式发展，一个电源管理全面的方法，解决了日益关注的低功耗和功率感知系统。EDA 供应商已经创建了两项举措，即通用功率格式（CPF）和统一功率格式（UPF），在 RTL 到 GDSII 的设计流程、验证和实施，试图用一致的方式表达通信能力。CPF 最初由 Cadence 公司开发，现在正在推进硅一体化倡议（Si2），而 UPF 最初由 Synopsys、Mentor Graphics 和 Magma Design Automation 公司支持，现已是 IEEE P1801 标准（UPF2.0）[67]。这两种格式都被成功应用，然而缓解低功耗和功率感知设计与验证挑战这一系列问题，往往使设计师陷入在双竞争格式间的标准战中间。尽管这两种格式还没有融合成一个单一的标准，但设计人员希望它们能快点，因为需要灵活、可移植性和互操作性的工具。不过，目前尚不清楚这两家阵营将如何尽快找到共同点。

功率工具设计者和多内核 SoC 结构必须平等地分享功率方法和数据的标准化的需求，特别是在自动化水平较高的方面，如模拟和混合信号设计，系统级的多核 SoC 设计和验证扩展电源域和一个完整功率管理系统的嵌入式软件开发的新动力状态模型。在使用不同的 EDA 工具时，这些功能可以显著改善生产力和用设计器打开一个单一、开放、可移植文件格式结果的质量以及不断指定、修改、扩展、维护复杂电源模型的行为和设计数据。供业界广泛采用的可互操作的低功耗和功率感知的方法，这方面的努力可以使重要的 EDA 供应商和客户得到终端用户的支持。

## 8.3 电源管理

动态电源管理（DPM）是一种广泛用于在芯片供电和任务正在运行时降低系统能耗的策略[68]。所有基于 DPM 方法的核心思想是把一个系统的一部分进入低功耗状态以节省能源，当该子系统不工作时在适当的时间内确定关闭和唤醒的系统开销。

最近的研究工作通常集中于降低功率或能量，在执行过程中使用动态电压/频率缩放（DVFS）技术，根据每个任务的计算需求来控制电源电压和时钟频率。在 CMOS 电路中动态功耗二次尺度、电源电压和线性的频率以及显著的功率增益通过采用 DVFS 技术达到一定的预期目标。

如今，高效的技术需要从单一的微处理器时代转向现代多核的 SoC 结构。随着 CMOS 技术的不断缩放，集成了大量的处理器单片机系统、片上存储器和自定义知识产权核心（IP 核）已经成为现实[69,70]。其实，大多数主要的芯片厂商已经发布或宣布大规模生产芯片多处理器的计划（CMP）[71,72]。创新结构通过 NoC 模式，它允许不同的内核互相沟通，已经成为一种很有前途的代替以传统总线为基础的方法[73]。通过消除全球电线，NoC 的方法提供了所需的可扩展性和可预测性，同时促进设计复用（也请参见 8.2.3 节的结尾）。

通信和同步构成的关键和复杂的功率以及性能约束与计算相比是必要的，在一个更高的水平来了解和充分利用互连结构的性能。更具体地说，在未来系统芯片上的性能最大的瓶颈是全球电线片上通信的高成本[74]。此外对于某些处理器，功率消耗已经成为一个一阶的设计指标，其有效电线高达总芯片功率的50%[75]。多核处理器上执行的多线程工作负载在片上互连中浪费了大量功率并且还发现了高片上通信延迟以及网络带宽和可扩展性问题。

此外，其他物理约束相比热约束似乎占主导地位，像引脚带宽、对分带宽和芯片面积。在未来的多处理器系统芯片，连同功率消耗、时钟分配和（技术）参数变化问题，它们构成了一个多学科方程，而不同领域的多个设计指标的联合优化是有必要的。为这个原因，高效自适应多核 SoC 结构的设计可以动态地适应计算、内存和通信约束的工作负载的设想。

由于应用程序的流量有不同的特点以及在 SoC 开发时往往是不可预测的，因此研究者认为在线管理是必要的。理想情况下，功率估计、分析和优化工具与模型应该是相对准确的以及关于硬件和软件体系结构需求的成本效益。在电路和 RTL 级里，低级功率工具操作，如 Synopsys 的 PowerMill 和 Mentor Graphics 的 QuickPower 提供非常准确的数据，但也存在不实际的设计空间探索和相应的系统结构决策。此外在 8.2 节中也讨论过，在开发过程中（离线）和在系统执行期间（在线），功率模型是用来评估拟议结构的能源效率。动态电源管理策略中的在线功率模型不能依赖于详细的模拟，因而代替了模拟活动计数或复杂的解析计算的能量函数，实时系统事件被用来解决这个缺点。

在任务级，因为一个现代的芯片被分为规则的小块，而每一块可以是一个通用处理器、一个数字信号处理器、内存子系统等，应用程序被划分为一个并发任务的图形，系统设计人员必须决定每个核上的哪个任务必须被映射到哪个任务上，从而优化目标函数。通过考虑不同的 NoC 拓扑和基于模拟退火的通用设计方法，可以实现规则结构的高效映射和不同的静态路由计划（参见 2.3 节)[45,76]。然而不确定的工作负载需要系统参数的动态适应，如电压、频率或节流和螺纹的偏移，因此固有动态行为的任务可能导致不可观察到的离线分析的情况。此外这些情况必须用专门的体系属性来处理，例如动态路由协议和与不同的时变特性共享 IP 核的处理器。

## 8.3.1　管理技术分类

对不同的网络管理技术进行了探索，即只有当紧急情况出现的时候。这些方法可以分类如下：

● DPM 技术主要侧重于电压或频率水平甚至停机链路的规模化机制。网络统计数据，如缓冲的利用率，可用于驱动开/关判定策略的通信链路[77]。然而在同一时间，路径分集被降低，可能会损害 NoC 连接。因此基于功率性能的连通图无死锁路由（或复杂的死锁恢复）算法是必要的，以确保数据包投递在网络运行期间关闭。当链接打开并可用时提出了在互连网络中的辅助节能[78]，这些技术可以与功率感知的缓冲机制共同工作。

● 在特定能量或热约束下，工作负载的动态节流降低了功耗。特别是减少带宽（例如内存访问）或节流通信链路流量是相辅相成的政策，以实现动态系统的功率管理。

● 通过采用编码技术，数据传输的动态管理降低开关活动和/或解决信号完整性（串扰）的影响。进入低过渡传输之前，通过检测通信链路上的位转换模式和编码硬件转换数据。在总线中使用特殊编码来减少电线和避免对抗的开关模式之间的干扰[79-82]，这项技术已经被应用。替代的技术，如片上互连网络的低能量传输编码（SILENT），其目的是用差分编码降低串行链路的切换活动[83]。数据的序列化和编码方案之间的组合也被提出，它用来处理高效节能链路传输[84]。

● 回收策略的动态激活对于不同的故障率可以解决电压或频率缩放的效果。例如 Razor 描述了定时故障自适应故障率监测[85]。

## 8.3.2 功率的动态监测和散热管理

在现代 SoC 集成度中监测技术得到了越来越多的应用。对于温度、功率、时钟抖动、电源噪声、过程变化和性能行为来说，动态管理成为了当今 SoC 中不可或缺的一部分。例如在不同的过程、电压和温度条件下，IBM 公司 POWER6 处理器采用的 24 个关键路径监视器（CPM）分布在芯片上，保证正确的电路操作[86]。这些监视器不仅可以识别过程变化的扰动、电源噪声的影响、老化的影响和时钟的不稳定性，而且还可以为防止电路故障提供纠正措施。

在宏体系结构层次，随着系统工作频率的增加和电源电压的降低，瞬时故障开始发生从而导致增加设备的软错误率。动态管理已被用于处理器核心逻辑中的软错误检测。通过检查点和回滚反向恢复是一种流行的方法，它用于现代的处理器中，以恢复这些类型的瞬态故障。另外，采用双模块冗余技术同时实现了双处理器的同步执行；一个处理器显示的执行错误，作为双处理器行为的偏差。在常规检查点间隔的两个处理器的状态，采用"指纹"比较来评估这种偏差。一个程序状态的检查点由寄存器的快照和在特定时间点的存储器组成。一个检查点间隔是两个连续的检查点之间的时间。指纹是一个散列值，检查点间隔中的每一个指令执行之后，总结了处理器的状态。如果这两个处理器的指纹在检查点间隔结束时是相符合的，那么在间隔中执行的所有指令都是正确的。如果指纹不一致，之后处理器必须回滚到正确的执行状态，就是在当前时间间隔的初始点。

片上动态监测的产业事例，如 Intel 的安腾处理器，使用电压、散热和功率传感器[87]。综合反馈监控，简称 Foxton 技术，利用芯片上的传感器来测量功率和温度。为了优化性能，在功率和温度限制下，微控制器可以调节电压和频率，使处理器核在最佳功率效率下进行计算。OMAP2420 是另一个工业处理器，它从 TI 演示 SoC 划分成几个功率管理 IP[88]。每个 IP 功率控制接口都连接到一个由软件控制的全局电源管理器。不同的节电模式已经被实现，包括闲置（时钟停止）、低泄漏和快速重新启动的保留和超低漏电断电模式。如果某个特定的域是从本地平面漂移到一个潜在的近地面，电源开关是用来连接每个本地 IP 到全球电源平面。正如在文献 [8] 的设计报告中显示，与主动模式相比，一个 2~24 的泄漏量能减少电压缩放，而且 SRAM 3.4~4 的泄漏量被保留了下来。当所有的电源域是在关闭模式下，40 的泄漏量减少实现了与在室温下有效泄漏的一致。

片上热传感器的实现已被提出，它是利用了一个正向偏置二极管电压的温度系数，与此同时环形振荡器的温度传感器也被广泛采用；利用结温的线性关系来实现一个受控的振荡频率，这是表示芯片内的温度。研究人员还提出了级联电流镜为基础的频率输出热传感器[89]和低面积开销差分温度传感器或主动补偿电路中的过程变容热敏传感器设计[90]。

控制温度与功率的联合优化需要智能的策略，尤其是多核 SoC 的出现。这样的监控系统允许处理和热监测之间的合作在文献 [91] 中被证明。处理监视器计算处理器是否在预期的参数中运行，通过从处理器内核获得的运行信息来比较系统离线分析的结果。基于环形振荡器的温度信息与代表应用程序运行的监控图相关，在处理监视器给予更好的评价。

最近，之所以 NoC 可以替代片上总线是由于更好的可扩展性和动力性能，作为服务层显示器也随之出现，因此提出了 4 个必须解决的额外挑战：

● 监视器的数量和位置。由于核心数量增加，监视器的数量也必须顺应这一趋势。

● 监视器的类型。通用显示器要么过于复杂要么成本无效是由于监测过程的多样性。

● 吞吐量要求和电路资源。监控功能的差异呈现多样化这也是由于 NoC 大小的影响。

● 界面和现有 NoC 的相互作用。监测功能可以由 NoC 现有链接服务实现，或者作为独立的监控核心，使用一个专用的、二级、NoC 芯片。

功率和热管理的监测机制通常需要在运行时测量 NoC 参数和提高运行环境、

提高服务质量、预测死锁活锁和避免拥塞或者不正当利用资源。NoC 通信参数的监测可以在任何 NoC 协议栈的通信层完成，然而由于监测机制功能的需要，至少考虑每一个 NoC 层的速度，为了捕获 NoC 运输量的准确统计，它们往往通过硬件监控代理支持。与此相反，当监测温度发生波动时操作条件被放宽。

　　DVFS 算法通常是在操作系统中实现，因此操作系统的调度程序被增强是为了监控应用程序的阶段和在毫秒时间范围内发生的核心电源模式转换的需求（必要时）。Isci 等人已经认识到在更精细的时间尺度上应用阶段活动监测的重要性并提出了在几百微秒里利用全球电源管理框架来重评 DVFS 的决定[92]。然而基于 DVFS 最先进的电源管理方案的提出导致了电压和频率之间过大的转换延迟，以实现目标功率模式。数十微秒电压转换的延迟，是由于断开电压调节器，限制如何快速地改变电压，从 PLL 锁定时间的频率转换延迟结果。在更精细的时间尺度中，这些转换延迟从根本上限制了再评估应用程序行为，重新映射核心电压和频率。相比之下，微结构事件，如缓存错过在纳秒级粒度的应用性介绍。此外微建筑反应技术在时钟门控或节能管道和节流的形式中提供了纳秒级动态管理。

　　基于 NoC 电压岛结构的概念，侧重于使用固定的供应分配来最大限度地减少功耗，以在设计时可用的运输模式为基础[93,94]。

　　DVFS 岛组织如图 8.2 所示。在每个岛上的本地网络条件通过 DVFS 监视器都可以适应的调整，它单独收集网络信息和在岛上每个开关的狭窄链接。岛上的电压是一个电压调节器的输出，频率由一个 PLL 确定。电压调节器的结构和 PLL 是由来自电压离散数和频率对的 DVFS 监视器设置的。岛与岛之间，FIFO 需要不同的频域接口。

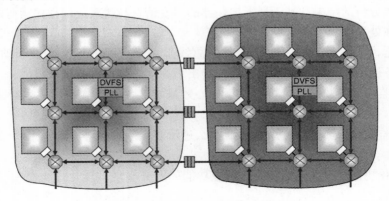

图 8.2　基于 NoC 的电压/频率岛结构

在运行监测服务设计时，随着 NoC 结构规模的不断扩大提出了一个可扩展的方法，此方法支持其中的控制器和通信。在通信结构中，物理独立网络能显著降低切换和仲裁的复杂性，它提供了能源效率，但布线开销的成本会更高。在不同的体系结构层次上，它可以根据监控流量配置自适应网络的最大灵活性。虚拟通道是另一种替代数据流量的解耦监控信息的一种方法，并且带宽的保留是一种有效的方法，以实现可预测和保证平均延迟。

通信监控是大多数时间的一个优先级类，因此需要从数据流量中处理与保证服务、解耦。在非常快速的连接路径上，紧急情况必须立即确定提高监测数据包的需要，它应该具有很高的优先级和路由。分布式监控架构和信息的过滤往往是必需的，然而扩展到大型 NoC 为了减少监控通信带宽需求和避免能源开销也很重要。

## 8.4　未来趋势

电源效率是新兴的复杂的重要问题。能量感知在深亚微米多核 SoC 设计中的应用，不仅增加功耗和散热，还增加了包装和冷却成本、降低了可靠性。

一种低功耗和功率感知未来电子器件目前正在被开发，在设备制造技术的进步的推动下，多核 SoC 架构、系统和应用软件、算法设计及 EDA 方法重点监控、评估、分析和优化工具即将到来。新的技术突破，基于波分复用和并行或异步的 SoC，低功率的单相时钟（TSPC）触发器和锁存器、电路可以将多余的能量返回到供应、有限的摇摆电路、光互连中，这已经被发现。

此外，基于功率宏模型或指令级模型的新的系统级工具、框架和方法可支持高效低功耗或功率感知设计空间探索和简单的技术迁移。如图 8.3 所示，随着从高到低的设计工具变得更准确，但也有一个数量级的速度较慢，从而能够处理更

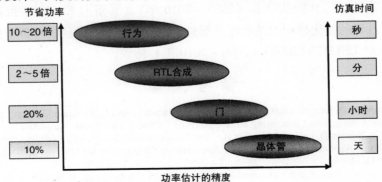

图 8.3　在不同抽象层次，功率估计的成本、估计效率和精度

小的电路。由于性能和软件功率在设计中很早就解决了，早期软件开发和产品差异化的好处预计将是巨大的，而相同的 RTL 模型是不必要的。此外，通过探索创新的算法、架构和技术相关的功能，可以表现如下：

- 精确和有效的变化感知功率分析主要集中于若干关键系统部件的分布，而不是一个单一的确定性和绝对度量。
- 技术迁移过程中，有前途的性能和功率预测。

因此，系统级功率的方法和工具必须利用几个概念，如代码重写、轻量级的系统监测线程和电力仪表、目标功率估计、优化、有足够的精度和性能优化、功率消耗和相比于 RTL 设计流程的生产率。尽管功率估计精度的牺牲是由于不可用低级别（物理和结构）信息，高效、入门级动态功耗估计模型，但它可以基于点和周期精确的 syestemc Macri 事务级模型。例如，开关活动通常是计算在所有组件中的所有门信号乘法交易和/或位转换，具有适当的位能量系数。注意绝对功率估计结果，对当前技术的校准可以基于统计实验和线性回归。计算也可以进行分组，例如：

- 在输入/输出接口端口，包括寄存器和本地信号驱动程序；
- 存储器，通过捕获读、写和空闲事务以及行/列解码器和单元阵列的位转换；
- FSM 和数据路径组件表示为二进制决策图（对应门节点），通过评估输入和输出信号的位转换，以及每个门的输出。

## 致谢

对于这一项目的工作，第一作者间接地受到了 ISD 公司的 S. A. 以及特别是欧盟的资助：①根据批准协议 n° 100029，ARTEMIS 和 SCALOPES "可扩展的低功耗嵌入式平台" 共同的事业（2009~2010 年）。②新型 ENIAC "可靠性建模与设计、过程的变化感知的纳米电子器件、电路以及系统"。参考希腊融资局推出的新型 n° ENIAC – 120003（2009~2010 年）协议。

## 参 考 文 献

1. M. Coppola, M.D. Grammatikakis, R. Locatelli, G. Maruccia, and L. Pieralisi, "Design of cost-efficient interconnect processing units: Spidergon STNoC", CRC Press, Inc., (2008).
2. T.Cohen, N. Sriram, D. Leland, Moyer, et al., "Soft Error Considerations for Deep-Submicron CMOS Circuit Applications", in Proc. IEEE International Electron Device Meeting (IEDM), pp. 315–318, (1999).
3. H.J. Veendrick, "Short-Circuit Dissipation of Static CMOS Circuitry and its Impact on the Design of Buffer Circuits", J. Solid-State Circ., SC-19 (4), pp. 468–473, (1984).
4. T. Burd et. al., "A dynamic voltage scaled Microprocessor System", in Proc. Int. Solid State Circ. Conf., (2000).

5. A. Chandrakasan and R. Brodersen, "Low power digital CMOS design", Kluwer Academic Publisher, (1995).

6. A. Chatzigeorgiou and G. Stephanides, "Evaluating performance and power of object-oriented vs. procedural programming in embedded processors", LNCS 2361, J. Blieberger and A. Strohmeier (Eds.), Springer-Verlag, pp. 65–75, (2002).

7. H. Mehta, R.M. Owens, and M.J. Irwin, "Some issues in Gray code addressing", in Proc. Great Lakes Symposium on VLSI, pp. 178–180, (1996).

8. E. Macii, M. Pedram, and F. Somenzi, "High level power modeling, estimation and optimization", IEEE Trans. Computer-Aided Design of Integrated Circuits and Systems, vol. 17, pp. 1061–1079, (1998).

9. D. Lidsky and J. Rabaey, "Early power exploration: A world wide web application", in Proc. Design Automation Conf., (1996).

10. P. Landman, "Low-Power architectural design methodologies", Ph.D. Dissertation, UC Berkeley, (1994).

11. P. Landman and J. Rabaey, "Architectural power analysis: The dual bit type method", IEEE Transactions on VLSI Systems, 3(2), pp. 173-187, (1995).

12. P. Landman and J. Rabaey, "Activity-sensitive architectural power analysis", IEEE Trans. on CAD, 15(6), pp. 571–587, (1996).

13. T. Sato, Y. Ootaguro, M. Nagamatsu, and H. Tago, "Evaluation of architecture-level power estimation for CMOS RISC processors", in Proc. Symp. Low-Power Electr., pp. 44–45, (1995).

14. V. Tiwari, S. Malik, and A Wolfe, "Power analysis of embedded software: a first step towards software power minimization", IEEE Trans. VLSI, 2(4), pp. 437–445, (1994).

15. WattWatcher Product Sheet, Sente Corp., Chelmsford, MA, (1995).

16. S. Powell and P. Chau, "Estimating power dissipation of VLSI signal processing chips: The PFA technique", J. VLSI Signal Proc., Vol. IV, pp. 250–259, (1990).

17. L. Benini, and G. De Micheli, "System-level power optimization: techniques and tools", ACM Transactions on Design Automation of Electronic Systems, 5(2), pp. 115–192, (2000).

18. ACPI,http://www.teleport.com/~acpi/

19. V. Tiwari, R. Donnelly, S. Malik, and R. Gonzalez, "Dynamic power management for microprocessors: A case study", VLSI Design, 185–192, (1997).

20. V. Tiwari, S. Malik, A. Wolfe, and M. Tien-Chien Lee, "Instruction level power analysis and optimization of software," VLSI Design, 13(2), pp. 223–238, (1996).

21. M. Caldari, M. Conti, M. Coppola, P. Crippa, et al., "System-level power analysis methodology applied to the AMBA AHB bus", in Proc. Design Automation and Test in Europe Conf., pp. 32–37, (2003).

22. T.D. Burd and R.W. Brodersen, "Design issues for dynamic voltage scaling", in Proc. ISLPED, pp. 9–14, (2000).

23. C. Kulkarni, F. Catthoor, and H. De Man, "Advanced data layout organization for multimedia applications", in Proc. IPDPS - Workshop on Parallel, Distributed Computing in Image Processing, Video Processing and Multimedia, (2000).

24. V. Tiwari, R. Donnelly, S. Malik, and R. Gonzalez, "Dynamic Power Management for Microprocessors: A case study", VLSI Design, pp. 185–192, (1997).

25. V. Tiwari, S. Malik, A. Wolfe, and M. T-C. Lee, "Instruction level power analysis and optimization of software", J. VLSI Signal Proc., 13(2), pp. 223–238, (1996).

26. V. Tiwari, S. Malik, and A. Wolfe, "Power analysis of embedded software: a first step towards software power minimization". IEEE Trans. VLSI, 2(4), pp. 437–445, (1994).

27. Intel PXA27x Processor Family, Electrical, Mechanical, and Thermal Specification, Technical Report, (2005).

28. M. Farrahi, G. E. Tellez, and M. Sarrafzadeh, "Memory segmentation to exploit sleep mode operation", in Proc. Design Automation Conf., pp. 36–41, (1995).

29. F. Catthoor, K. Danckaert, C. Kulkarni, E. Brockmeyer, et al., "Data access and storage management for embedded programmable processors", Kluwer Acad. Publ., (2002).

30. H. Zhang and J.M. Rabaey, "Low-swing interconnect interface circuits", in Proc. Int. Symp. Low Power Electr. and Design, pp. 161–166, (1998).

31. M. Pedram, and H. Vaishnav, "Power optimization in VLSI layout: A survey", J. VLSI Signal Processing, 15(3), pp. 221–232, (1997).

32. L. Xie and P. Qiu, and Q. Qiu, "Partitioned bus coding for energy reduction", in Proc. Asia South Pacific Design Automation Conf., pp. 1280–1283, (2005).

33. D.Bertozzi, L. Benini, and G. De Micheli, "Low-Power Error-Resilient Encoding for On-Chip Data Busses", in Proc. Design Automation and Test in Europe Conf., pp. 102–109, (2002).

34. J. Walrand, P. Varaiya, High-Performance Communication Networks. Morgan Kaufman, (2000).

35. I. Papadimitriou, M. Paterakis, "Energy-conserving access protocols for transmitting data in unicast and broadcast mode", in Proc. Int. Symp. Personal, Indoor and Mobile Radio Communication, pp. 416–420, (2000).

36. A. Tanenbaum, "Computer networks". Prentice-Hall, Englewood Cliffs, NJ, (1999).

37. C. Patel, S. Chai, S. Yalamanchili, D. Shimmel, "Power constrained design of multiprocessor interconnection networks", IEEE Int. Conf. on Computer Design, pp. 408–416, (1997).

38. H. Zhang, M. Wan, V. George, J. Rabaey, "Interconnect architecture exploration for low-energy configurable single-chip DSPs", IEEE Computer Society Workshop on VLSI, pp. 2–8, (1999).

39. T.T. Ye, L. Benini, and G. De Micheli. "Packetization and routing analysis of on-chip multiprocessor networks", J. Syst. Arch. - Special Issue on Networks on Chip, 50 (2-3), pp. 81–104, (2004).

40. P.T. Wolkotte, G. J.M. Smit, N. Kavaldjiev, Jens E. Beckerand J. Becker, "Energy model of networks-on-chip and a bus",. in Proc. Int. Symp. System-on-Chip, pp. 82–85, (2005).

41. M.R. Stan and W.P. Burleson, "Low-power encodings for global communication in CMOS VLSI", IEEE Trans. VLSI Syst., 5, pp. 444–455, (1997).

42. D. Brooks, V. Tiwari and M. Martonosi, "Wattch: A Framework for Architectural-Level Power Analysis and Optimizations", in Proc. ProcInt. Symp. Comp. Arch., (2000).

43. M. Kandemir, N. Vijaykrishnan, M. Irwin, and W. Ye, "Influence of compiler optimizations on system power", in Proc. 37th Design Automation Conf., (2000).

44. J. Hu and R. Marculescu. "Exploiting the routing flexibility for energy/performance aware mapping of regular NoC architectures", in Proc. Design, Automation and Test in Europe Conf., (2003).

45. J. Hu and R. Marculescu. "Energy-aware communication and task scheduling for network-on-chip architectures under real-time constraints", in Proc. Design, Automation and Test in Europe Conf., (2004).

46. J. Hu and R. Marculescu. "Energy- and performance-aware mapping for regular noc architectures". IEEE Trans. Computer-Aided Design of Integr. Circ. and Syst., 24(4), pp. 551–562, (2005).

47. S. Murali and G. De Micheli. "Bandwidth-constrained mapping of cores onto NoC architectures", in Proc. Design, Automation and Test in Europe Conf., (2004).

48. S. Murali and G. De Micheli. "SUNMAP: a tool for automatic topology selection and generation for NoCs", in Proc. Design Automation Conf., (2004).

49. L. Bononi, N. Concer, and M. Grammatikakis, "System-level tools for NoC-based multicore design" in Embedded Multicore Architectures. Ed. G. Kornaros, Chapter 6, CRC Press, Taylor and Francis Group, (2009).

50. C. Marcon, N. Calazans, F. Moraes, and A. Susin. "Exploring NoC mapping strategies: an energy and timing aware technique", in Proc. Design, Automation and Test in Europe, (2005).

51. S. Rosinger, K. Schroder, and W. Nebel, "Power management aware low leakage behavioural synthesis", Int. Conf. Digital Syst. Design, pp. 149–156, (2009).

52. ChipVision, "Orinoco: A high-level power estimation and optimization tool suite", see http://www.chipvision.com

53. Synopsys Innovator, Datasheet. Available from http://www.synopsys.com/virtualplatform

54. X. Liu and M.C. Papaefthymiou, "HyPE: hybrid power estimation for ip-based programmable systems", in Proc. Asia and South Pacific Design Automation Conf., pp. 606–609, (2003).

55. A. Sinha and A.Chandrakasan, "JouleTrack – A web-based tool for software energy profiling", in Proc. Design Automation Conf., pp. 220–225, (2001).

56. E. Senn, J. Laurent, N. Julien, and E. Martin, "Softexplorer: estimating and optimizing the power and energy consumption of a C program for DSP applications", EURASIP J. Appl. Signal Proc., Vol 1, pp. 2641–2654, (2005).

57. T. Simunic, L. Benini, and G. D. Micheli, "Cycle-accurate simulation of energy consumption in embedded systems", in Proc. Design Automation Conf., pp. 867–872, (1999).

58. J. Henkel and Y. Li, "Avalanche: an environment for design space exploration and optimization of low-power embedded systems", Transactions on VLSI Systems, 10, pp. 454–468, (2002).

59. T. M. Lajolo, A. Raghunathan, S. Dey, and L. Lavagno, "Efficient power co-estimation techniques for system-on- chip design," in Proc. Design Automation and Test in Europe Conf., (2000).

60. BullDast, Powerchecker: An integrated environment for rtl power estimation and optimization, Version 4.0, available from http://www.bulldast.com

61. PowerChecker by BullDAST, see http://www.bulldast.com/powerchecker.html.

62. Bluespec, see http://bluespec.com

63. F. Klein, G. Araujo, R. Azevedo, R. Leao, et al., "PowerSC: An efficient framework for high-level power exploration", in Proc. Midwest Symp. Circ. and Syst., pp. 1046–1049, (2007)

64. L. Pieralisi, M. Caldari, G.B. Vece, M. Conti, et al., "Power-Kernel: Power analysis methodology and library in SystemC", in Proc. VLSI Circ. and Syst., Vol. II, (2005).

65. M. Caldari, M. Conti, M. Coppola, P. Crippa, et al. "System-level power analysis methodology applied to the AMBA AHB Bus", in Proc. Design Automation and Test in Europe Conf., (2003).

66. S. Xanthos, A. Chatzigeorgiou, and G. Stephanides, "Energy estimation with systemC: A programmer's perspective", in Proc. WSEAS Int. Conf. on Systems, Computational Methods in Circuits and Systems Applications, pp.1–6, (2003).

67. IEEE P1801, available from http://ieeexplore.ieee.org

68. L. Benini, A. Bogliolo, and G. D. Micheli, "A survey of design techniques for system-level dynamic power management", IEEE Trans. VLSI, 8(3), pp. 299–316, (2000).

69. ITRS, 2009, http://www.itrs.net

70. The European Design Automation Roadmap, available from http://www.medeaplus.org

71. P. Hofstee. Power efficient processor architecture and the Cell processor, in Proc. HPCA-11, (2005).

72. P. Kongetira, K. Aingaran, and K. Olukotun, "A 32-way multithreaded SPARC processor, IEEE Micro, 25, pp. 21–29, (2005).

73. W. Dally and B. Towles, "Route packets, not wires: on-chip interconnection networks", in Proc. Design Automation Conf., (2001).

74. R. Ho, K. Mai, and M. Horowitz, "The future of wires", in Proc. IEEE, 89(4), (2001).

75. N. Magen, A. Kolodny, U. Weiser, and N. Shamir, "Interconnect power dissipation in a microprocessor", in Proc. System Level Interconnect Prediction, (2004).

76. Y. Hu, Y. Zhu, H. Chen, R. Graham, and C.-K Cheng, "Communication latency aware low power NoC synthesis", in Proc. Design Automation Conf., pp. 574–579, (2006).

77. V. Soteriou and L.-S. Peh, "Exploring the design space of self-regulating power-aware on/off interconnection networks", IEEE Trans. Parallel Distrib. Syst., 18(3), 393–408, (2007).

78. X. Chen and L.-S. Peh, "Leakage power modeling and optimization in interconnection networks", in Proc. Symp. Low Power Electr. and Design, (2003).

79. P.-P. Sotiriadis and A. Chandrakasan, "Bus energy minimization by transition pattern coding (TPC) in deep submicron technologies", in Proc. Int. Conf., pp. 322–327, (2000).

80. T. Lv, J. Henkel, H. Lekatsas, and W. Wolf, "A dictionary-based en/decoding scheme for low-power data buses", IEEE Trans. VLSI Syst., 11 (5), pp. 943–951, (2003).
81. M.R. Stan and W.P. Burleson, "Bus-invert coding for low power I/O", IEEE Trans. VLSI Syst., 3 (1), pp. 49–58, (1995).
82. V. Wen, M. Whitney, Y. Patel, and J. Kubiatowicz, "Exploiting prediction to reduce power on buses.", in Proc. Symp. High Proc. Comp. Arch., pp. 2–13, (2004).
83. K. Lee, S.-J. Lee, and H.-J. You, "SILENT: serialized low energy transmission coding for on-chip interconnection networks", in Proc. Int. Conf. CAD, pp. 448–451, (2004).
84. G. Kornaros, "Temporal coding schemes for energy efficient data transmission in Systems-on-Chip", in Proc. Workshop Intelligent Solutions in Embedded Systems, pp. 111–118, (2009).
85. D. Ernst, N.S. Kim, S. Das, S. Pant, et al., "A low-power pipeline based on circuit-level timing speculation", in Proc. Int. Symp. Micro-architecture, pp. 7–18, (2003).
86. A. Drake, R. Senger, H. Deogun, G. Carpenter, et al., "A distributed critical-path timing monitor for a 65nm high-performance microprocessor ", in Proc. Solid-State Circuits Conf., (2007).
87. R. McGowen, C. A. Poirier, C. Bostak, J. Ignowski, et al., "Power and Temperature Control on a 90nm Itanium Family Processor", IEEE Journal on Solid State circuits, 41 (1), pp. 229–237, (2006).
88. P. Royannez, et. al., "90nm low leakage SoC design techniques for wireless applications", in Proc. Solid State Circuits Conf., (2005).
89. C. Qikai, M. Meterelliyoz, and K. Roy, "A CMOS thermal sensor and its applications in temperature adaptive design", in Proc. Int. Symp. Quality Electronic Design, (2006).
90. S. Remarsu and S. Kundu, "On process variation tolerant low cost thermal sensor design in 32nm CMOS technology", in Proc. Great Lakes symposium on VLSI, pp. 487–492, (2009).
91. T. Wolf, S. Mao, D. Kumar, B. Datta, W. Burleson, and G. Gogniat, "Collaborative monitors for embedded system security", in Proc. Workshop on Embedded Syst. Security, (2006).
92. C Isci, G Contreras, and M Martonosi, "Live, runtime phase monitoring and prediction on real systems with application to dynamic power management", in Proc. Int. Symposium on Microarchitecture, (2006).
93. L.F. Leung and C.Y. Tsui, "Energy-aware synthesis of networks-on-chip implemented with voltage islands", in Proc. Design Automation Conf., pp. 128–131, (2007).
94. U.Y. Ogras, R. Marculescu, P. Choudhary, and D. Marculescu, "Voltage-frequency island partitioning for gals-based networks-on-chip", in Proc Design Automation Conf., pp. 110–115, (2007).

# 第 4 部分
# 多处理器系统的趋势与挑战

# 第9章 嵌入式多核系统：设计挑战与机遇

Dac Pham、Jim Holt 和 Sanjay Deshpande

**摘要**：嵌入式系统已经演变成处理器核、按需加速和输入/输出（I/O）接口的复杂片上集合。这些系统能够根据系统吞吐量来提高性能，并且总效率比之前都好。然而对于系统设计人员以及系统程序员而言，这种功率起初是以增加复杂性为代价的。本章深入探索了对于嵌入式应用空间多核系统所提供的机遇、多核系统设计相关的挑战以及一些创新的方法来应对这些挑战。

**关键词**：嵌入式多核系统，多核系统设计，多核系统性能，多核互连，多核软件标准

## 9.1 简介

在过去的十年里，技术缩放在 CMOS 电路中大大增加了泄漏功率。随着栅介质和其他设备的功能逐渐接近基本限制，一个持续的趋势是将在未来几年内看到无源功率超越了有效功率。此外在考虑功率的情况下，改进单线程性能的常规技术（如增加频率和深/宽处理器流水线）已经达到收益递减点[1-3]。面对这种功率/性能瓶颈，增加系统的效率已变成必不可少的因素。

每个技术节点的系统设计师有更多的晶体管，这为创新开辟了新的途径，扩大系统集成，实现性能和效率的改善。因此多核 SoC 的出现创造了巨大的机会，它能够在检查时提高系统的整体性能，同时保持功率不变。如图 9.1 所示，通过技术的不断进步，设计师继续利用系统集成并且正在开始采取性能"扩展"而不是频率"放大"这一种正确的手段。

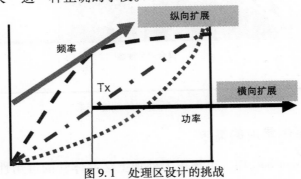

图 9.1 处理区设计的挑战

虽然这种高度的系统集成（如利用多个处理器内核、专门的硬件加速单元和众多的I/O接口）持续提供着性能改进的机会，但是它也带来了必须克服的新的设计挑战。所探索"真实世界"的要求，是推动当前和未来的多核SoC并讨论使用这些多核SoC设计相关的挑战和机遇。

## 9.2 "真实世界"的要求

多核SoC芯片有一些固有的特点，同时区别于前一代的芯片，并且它们能够提供新的系统效率水平。这些特征的出现是由于一个迅速变化的世界所需要的。快速变化的核心是两个跨应用领域的重要技术趋势：①恒功率对高性能的需求和②对系统集成的高层次的需求。结合这些技术趋势，一些重要的历史和未来的市场趋势助长了大规模的工业增长。下面会详细介绍作者主要的研究成果。

### 9.2.1 恒功率持续的高性能要求

在高功率成本下，每两年倍增性能的挑战运用多个功能单元驱动超标量处理器的设计，同时运行并实现最高可能的频率。同时，如果不利用多核和按需加速，那么不断增加的应用程序性能要求也可以不再持续（见图9.2）。例如对于更丰富、更高的定义、更高的保真度来说，不断扩大的需求将需要更敏感、更互动、更低成本的网络[4]。此外随时随地连通性的要求与严格的安全，在基础设施和接入系统中将创造巨大的性能需求。多核处理方法可以解决这些不断增长的性能需求。

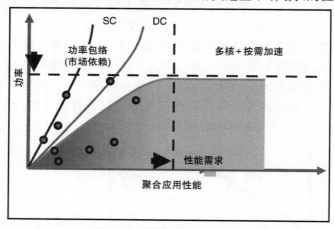

图9.2　不断增加的性能需求

### 9.2.2 高级系统集成的需求

在如今的45nm SoC中，市场压力外加上亿晶体管的可用性正在驱动多核

SoC，已呈现出与较大系统相关联的多种功能[5-8]。这些压力跨越一系列应用，从高性能到深处嵌入。

网络基础设施供应商，比如这些供应商受利益的驱使来降低运营成本，通过整合功能从几个机架叶片变成一个单一的叶片。这反过来又驱动硅供应商，以实现更高层次的系统集成在一个单一的叶片。这反过来又驱使硅供应商，在一个单一的叶片中以实现更高层次的系统集成。在网络领域的一个典型的 SoC 现在包括管理处理器功能、控制平面处理器、数据平面处理器、卸载和加速。

同样，今天的自动多核 SoC 结合自适应发动机控制满足排放和燃油经济性标准、为修复先进的诊断、新的安全特性和舒适和方便的特点。这种更高的系统集成不仅提高了系统的性能和吞吐量，而且还降低了系统的总成本。

## 9.3　产业增长的驱动力和可持续发展的大趋势

纵观这个产业，多核被不断增长的计算功率需求所驱使；这些计算需求来自于新兴的应用领域，通过增加能力来管理复杂的快节奏的环境：①利用交互性和连通性；②让世界变得更安全。这些趋势很不幸地暴露了终端用户的安全和隐私风险、最终需要额外的带宽和计算能力的曝光。因此，未来的多核 SoC 的外形不仅要通过历史趋势确定（见图 9.3），而且还通过一些可持续的大趋势，包括许多新兴应用领域。在下面的内容中，讨论了重要的历史趋势并且还确立了 3 个重

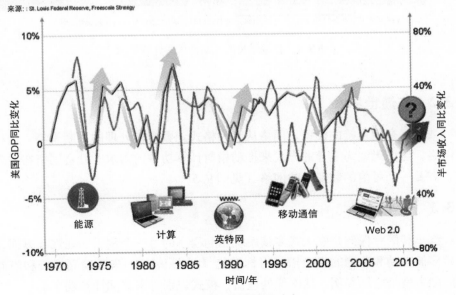

图 9.3　历史发展的驱动力

要趋势：互动世界、连通世界和安全世界。

### 9.3.1 互动世界

随着变得更加互动，通过感官计算能够创造"虚拟沉浸"系统的需求也不断增加，用户也逐渐成为这个虚拟世界的一部分。玩家和电影人是这方面的先驱，如图9.4所示。

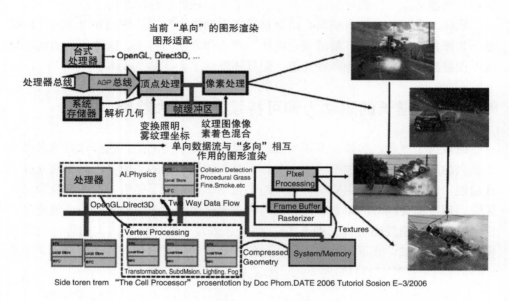

图9.4 日益增长的互动世界的计算需求

### 9.3.2 连通世界

数十亿智能连接的设备，网络从多种格式到数据包处理的不断聚集。这种统一网络，运用无线为主导的方式来推动指数计算功率的需求。社会网络在线商家等，需要一个可信的和安全的网络（见图9.5）。

### 9.3.3 安全世界

汽车和医疗保健是嵌入式多核系统驱动程序的另一个例子。在汽车方面，越来越多的主动和预测的安全措施将标准化（见图9.6）。车道检测报警和障碍检测的能力就是应用实例，从图像处理器、模式识别等来驱动计算功率。

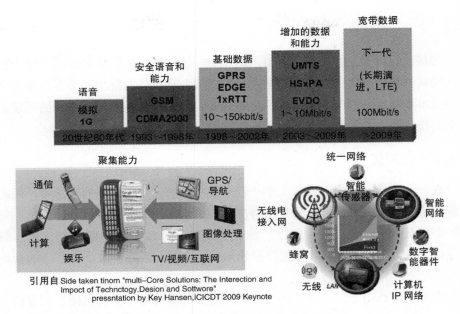

图 9.5　日益增长的连通世界的计算需求

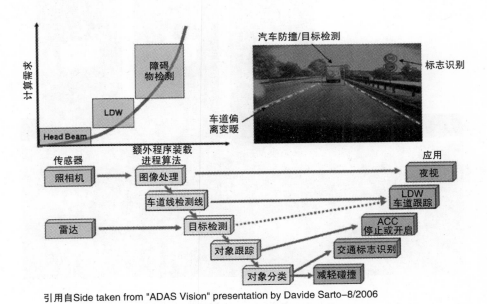

引用自 Side taken from "ADAS Vision" presentation by Davide Sarto–8/2006

图 9.6　日益增长的安全世界的计算需求

## 9.4 区分多核 SoC 特性

多核系统的演变是受到两股力量的压力：①CMOS 技术缩放提供了生产更高层次的核心集成、硬件加速器和单一成本效益 I/O 设备的能力；②客户希望节省组件成本和功耗，同时实现系统性能的提高。为满足这些需求而设计的系统的两个重要特性是支持虚拟化和异构系统。

### 9.4.1 虚拟化

在一个多核 SoC 中，当不是单一的操作系统映像控制所有的资源时，问题就可能发生。这个可以用虚拟简介来解决。虚拟化多核 SoC 被分成了分区集，每个分区都可看作一个虚拟机（VM）。每个虚拟机内运行的软件都是在它自己的硬件设备上运行的。一个 VM 可能没有感知到，这里有在同一设备上运行的其他虚拟机。

虚拟化是利用了一个额外的软件层称为系统管理程序，它在硬件和虚拟机之间被嵌入（见图9.7）。管理程序软件有责任确保每个虚拟机都能访问所需资源而没有任何争议或其他虚拟机的安全问题。成功地实现虚拟化需要处理器核的支

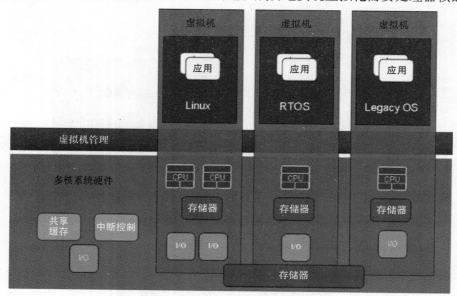

图 9.7　虚拟化——底层硬件的抽象

持以及系统级支持。处理器核必须有额外的特权状态（虚拟机管理程序状态），它取代了运行操作系统。中断和定时器还必须被虚拟化，以交付给正确的虚拟机。在系统级中，虚拟化内存保护机制必须添加，以确保从 I/O 设备的内存访问服从分区的内存。

　　虚拟化的加入不仅解决了允许多个操作系统有效地共享资源的问题，它还可以使用其他先进的功能，如滚动升级的软件（通过允许一个旧版本的操作系统运行在一个较新的版本）或分区的系统，用于高安全性、可用性或服务质量。这样的性能将成为未来嵌入式多核 SoC 的主体。

## 9.4.2　异构多核系统

　　如今的多核 SoC 是高度集成的芯片，它包括集成处理器核、内存控制器、I/O 设备和按需加速引擎（见图 9.8）。这些特性运用虚拟化技术而被实现，对于系统的软件配置选择允许有更多的灵活性。集成的组件的选择是一个复杂的系统工程任务，需要许多硬件协议、电路板应用知识、性能工程方法、精密验证和验证方法这些专业知识。每一代的多核 SoC 将致力于更多的功能、提高性能并保持功率包络。在现代系统的应用中，为了应对快速增长的计算功率和带宽需求这都是必需的。技术缩放如图 9.9 所示。

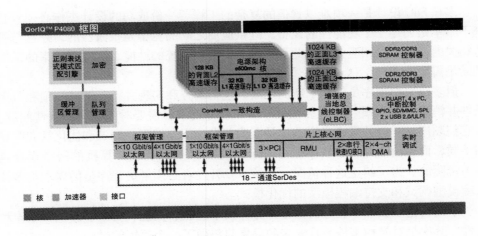

图 9.8　一个高度集成的多核通信平台

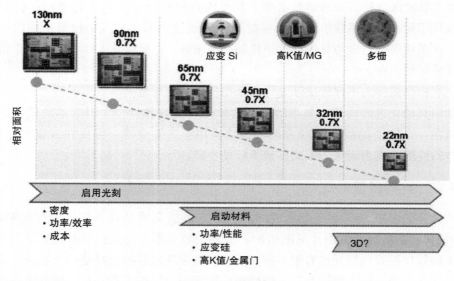

图 9.9　技术缩放

## 9.5　多核设计：关键因素

多核 SoC 设计是一项难以置信的复杂的工程。一份成功的设计杰作必须看起来不单单是创建一个功能性的设备。硅供应商之间的竞争是很激烈的，并且与制造相关的成本也是相当大。因此设计师必须确保系统的性能、区域和功率的标准是满足需要的。

但多核也给程序员带来了新的挑战，包括调查和实现并行、调试死锁和争用条件并消除性能瓶颈[9]。大多数程序员和软件技术都需要时间去解决这些问题。从它们顺序相对应的概念来说，这是因为并发分析、编程、调试和优化都有明显的不同，而且由于异构多核编程使用标准定义 SMP 系统或计算机的网络集合是不切实际的。为了纠正这种情况，多核 SoC 开发者必须解决程序员的需求与多核编程模型调试和支持编程模型的优化模式。

下面讨论多核 SoC 设计的关键部分：技术缩放、性能、功率、面积、互连和软件。其次是对异构多核 SoC 未来的发展趋势做了一个简短的讨论，以及在多核设计中如何影响这些关键因素。

## 9.6　性能

同样是在多核 SoC 中的处理器核心问题。例如一个高单线程性能的核心非常适合于混合控制和数据平面处理器。这是因为在按需加速模块、开放控制平面的加工周期或为新的服务和应用净空中，处理器能够重复卸载和计算密集型数据平面操作。如图 9.10 所示，另一个关键因素是高速运转的存储器逐渐接近处理核的持续趋势。鉴于这种趋势，在仔细考虑应用程序的存储需求后，在 MCP 中引入了一个新的三级存储器层次结构：在处理器核包括 32KB 的 L1 指令和高速缓存，而在背面执行的被保护的 L2 缓存被连接到核。L2 直接连接到 CPU，它对于大多数工作负载来说拥有极高的应用性能。这种技术允许高速缓存与 CPU 全速匹配，以至于它与一个典型的 L2 高速缓存相比能显著地改善延迟。

这些任务的其中一个共享缓存是可取的，如处理器之间的通信和共享数据结构的操作。对于那些实例，L3 使用于多方式共享前端缓存。此共享缓存最大限度地提高命中率，同时为 I/O 和加速器块提供低延迟记忆。

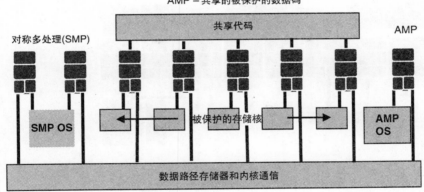

图 9.10　内存共享/访问控制实例

## 9.7　系统带宽

下一代 MCP 需要一个高度可扩展的和模块化的一致结构，而不是一个总线之间的核、存储器和片上外设的互连介质（见图 9.8）。这种结构消除了总线争用的问题，而其他多核架构面临着更多的流量引入到系统这一问题。拥有固有的可扩展性的相关构造如图 9.8 中的核心网所示，它在核中能够相干、并发、低延迟连接，更易于扩展以适应更多的内核。核网（Core Net）当然也提供了异构集群的选择。因此为了拓展丰富的可扩展性和灵活性，通过一个高度可扩展的低延迟实现功能，核网构造与缓存层次结构同时提供相干的并发访问。

## 9.8　软件复杂性

虽然多核架构履行了新性能水平的承诺，但是多核的应用软件和支持发展仍处于初期阶段。很显然，多核系统将利用并发性只作为有效的软件的能力并且目前多核平台的纯加工潜力尚未充分挖掘。另一个重大挑战就是大部分的安装基础仍然是利用单核系统传统软件的操作。软件开发人员有个巨大的挑战，是将这个庞大的软件代码移植到多核架构上，利用一个真正的并发系统可以提供的所有好处。如图9.11所示，SMP的任意组合和AMP拥有操作系统的灵活选择，它在MCP中可支持。

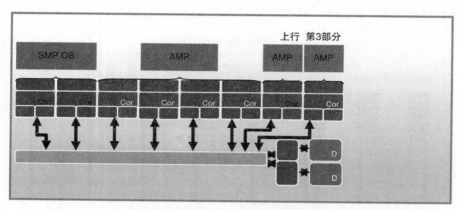

图 9.11　灵活的多核 OS 模型——SMP/AMP 的任何组合

## 9.9　SoC 集成

集成大型多核 SoC 的一个重要挑战是控制核的时间和功率之间的变化，这是由于器件临界尺寸、阈值电压、掺杂波动、应变硅的布局匹配等之间的变化。为了减少这些片内的变化设计师需要有合适的空间设计，使用模具的传感器来监测变化并采用异步接口来减少对最慢核心的依赖。

下一步要设计这样一个复杂的系统、收敛功能、功率和时序方面的设计所需的一个并行分析和优化设计方法。一个通用的数据库，其中所有的工具可以集成在一个单一的平台可以同时进行优化，为了提高设计质量、减少整体的努力、提高时间表的可预测性这是必不可少的。

其他的关键技术挑战分别对阵列天线阵列的供应、阵列维修、纠错码（ECC）等进行了改进。按照所需的性能并且同时控制电源可以实现 DVFS。在某些应用中，当系统不在运行时关闭泄漏是至关重要的。多电压域、睡眠设备等可以用来管理这个。最后，整个 PFLY 可以通过 VID 使用个性化每个器件的工作电压来完成。

## 9.9.1　面积和功率

围绕在这些芯片周围，大多数的嵌入式 SoC 应用机会都伴随着严格的功耗限制。随着处理功率需求的增加，核心和其他硬件设备的数量进行混合，这在 SoC 中已经满足了需求。这不仅导致了晶体管数量的稳定增长，还导致了芯片的功耗更高。芯片设计人员采用多种技术来克服从建筑到硅器件设计中不断增长的功率范围的挑战。正如前面所讨论的，性能是通过添加多个内核的并行来实现的而不是在更高的频率中运行较少的核。这些大量的核可以在较低的频率中运行来实现相同的性能。晶体管的最大开关速度与阈值电压（$V_T$）成反比。因此可以运行在一个较低频率的核在时间不重要的情况下，可以建立使用更多的晶体管。然而晶体管的阈值电压越高其静态漏电流越低，所以较慢的核使用较高比例的高 $V_T$ 晶体管可以散尽低静态漏电功率。

在系统中通过触发器，动态功率与时钟的切换是动态功率耗散的很大一部分。如果这个开关可以被关闭，它可以导致显著减少在 SoC 中的功耗。时钟边是必要的，用来改变一个触发器的值。如果触发器的值不会改变，则时钟边缘是没有必要的。逻辑技术是用来检测触发器的值是否会改变。如果不在设计中经常使用并限制一个 SoC 的功率谱，门将关闭时钟。

所提供电路的功耗，至少是静态功耗，由于设备的几何形状变小，整体功耗的这部分已稳步增长。为了处理这个问题，SoC 也设计了多个电源域或功率岛，每个支持自身的一套电源引脚与其他电源引脚隔离，或由一个片上的功率调节器控制。对于 SoC 这种设计有多重方法，芯片的残缺部分也可以悬空电源的供应。这样可以帮助保存静态的功率，否则在芯片的那些部分将被消耗。功率域有自己的功率监管机构，同样可以提供动力，它通过控制调节器、通过熔断器或通过其他片上装置的配置，这种技术被称为片上功率门控。

功率域的控制是通过开启或关闭芯片的电源调节器，当然也可以在软件控制下进行。因此当一个核心芯片的一部分不使用时，它可以动态供电从而会有大量的功率节省。这种节能技术对于动态功耗的降低是非常有用的，在低需求时，许多内核在芯片中可能是空闲的。随着需求的变化，该软件可以动态地适应性能和 SoC 的功率分布。

晶体管的最大开关速度与电源电压（$V_{DD}$）成正比。但这种电压越高，则会有更高的静态泄漏损耗和在晶体管状态中更高的动态功率损耗。因此 $V_{DD}$ 对芯片的整体功耗有很大的影响，特别是在一个核中。许多 SoC 因此指定不同 $V_{DD}$ 的不同电压岛，是为了优化一个给定性能水平的功率。

一个更精细的粒度在某些应用程序中的动态变化可以被实现，该技术被称为DVFS，根据当前的加工需求，该软件调整核心的频率以配合该系统的性能。这样虽然导致了动态功率的节省，但随着频率的降低，核心的电源电压也可以调整，来节省静态功率。

### 9.9.2 互连的关键作用

多核系统具有多源高流量的特点，包括处理器内核和其他硬件资产。因此，系统互连的鲁棒性往往是系统整体性能的关键。

在选择一个多核系统的互连时，有很多的注意事项。本节将探讨一些更重要的事项。

多核系统互连的选择主要取决于在系统中运行的应用程序的通信需求。

在多核系统中运行的进程可以通过共享内存或通过消息传递的方式进行通信。

在一个交互共享存储模型中，通信设备可以访问公共系统地址区域。处理器之间的通信是通过基本的读写运算来实现的，因此共享内存通常是通信首选的方法。对于读写运算，共享内存系统的关键性能参数是读运算、峰值的延迟以及持续可用带宽。

在信息传递模型中，不同的通信核不会只共享一个共同的地址空间。由于目前最流行的处理器指令集架构缺乏本地扩展，旨在指令级提供原始的信息传递，信息传递的普通用途通常涉及相当大的软件开销。由于这些高开销，消息传递通常是有限的，不经常的活动或作为门铃之间大容量数据通信的处理器仍然可以通过共享内存来进行。

一个多核系统可以构造一个集中的内存机构或者它可以是分布式的。在这个集中机构中，所有的存储到核心的距离都是相等的并且所有的数据访问名义上都有相等的延迟。这样一个存储机构叫做统一存储结构（UMA）。UMA 模型大大简化了软件的任务，不必担心数据布局而实现效率和性能目标。在一个分布式机构中，不是所有的存储到一个处理器的距离都是相等的，这个被称为 UNMA。在UNMA 系统中，应用程序的性能对数据的放置非常敏感，这反过来又增加了软件的复杂性。UMA 模型，大型系统的处理器由于在物理上不切实际，因此通常是小型到中型系统。

生产者—消费者是并发进程之间合作的一个基本模型。对于一对生产者和消费者之间的过程一起正常工作，存储操作顺序是必不可少的。执行这些语义互连的支撑对于多核之间相互配合是必不可少的。一致性是在系统中实现的协议，在观察到的各种实体中，关于值的明显次序已被存储在一个给定的位置。在高速缓存的存在下，硬件维护一致性缓解冲洗缓存软件，将更新的数据驱动到其他实体的存储器中查看。因此，操作顺序和一致性的相关支持是现代多核系统互连网络的一个重要方面。

### 9.9.3　互连拓扑的选择

现在有一个广泛的拓扑的可行选择，可根据不同的成本、功能和性能来选择[10,11]。有些更适合于在一个单独的芯片上实现，因此更实用。下面讨论了一些面向这些构造的选择和它们的能力和性能。

一个标准的广播总线的主要问题是频率可以运行，随着设备数量的增加而减少。因此随着带宽需求的增加，可用带宽减小。随着系统扩展的大小，这对系统的性能有不利的影响[12]。

通过流水线总线可以缓解这个问题，因此电台播信号在一个周期内不需要太长。流水线总线增加了处理过程的延迟，但是它的增加通常是通过增加在互连的带宽。

代替了一个单一的总线后，多总线中可以使用分布在其中的处理过程。多核总线允许流量被分段。如果总线的数量是 $B$，每个设备的多路复用器成本将是 $\log B$。如果这些多核总线是流水线，那么互连的成本将增加为 $BN\log N$，这里的 $N$ 是连接到总线设备的数量。

在环形拓扑中，节点和连接的设备的形式是以环的形式点对点的相邻设备之间的电线连接。例如环形拓扑在 IBM 公司的处理器中已经得到了应用[8]。在环形拓扑中，处理流程从这个设备到那个设备时，一直围绕着环。由于信号的传播是有限的，因此在相邻的设备之间该环可以在一个高频率中操作。当然对所有设备的延迟是不统一的，有些设备比其他的更长，平均为 $N/2$，这里的 $N$ 表示连接到环的设备的数量。环互连的成本与 $N$ 成正比。

在一个闩（Crossbar）拓扑中，在任何一个周期中可以同时进行 $N$ 成对连接的活动，从任何一个装置到其他 $N$ 设备。这使高通量贯穿整个互连。根据不同的结构，互连也可以支持广播或多播功能。一个闩最大的缺点是它的成本，它与 $N_2$ 成正比，这里的 $N$ 表示设备的数量。当然对于 $N$ 的成本是可以接受的。根据性能，闩可以适当划分，闩支持 UMA 模型。

在网格拓扑中，每一个网格点有一个设备站点。一个网格是一个二维的拓扑，非常适合于在一个芯片上实现。一个网格的成本是与 $N$ 成正比的，这里的 $N$ 表示系统中设备的数量。跟环形相似，延迟不稳定，平均比例为 $\sqrt{N}$。由于较高的延迟，网格是一种比较适合与核在每个网格点进行自己的本地存储器单元的

NUMA 模型。一个网格也能表现出较高的吞吐量能力。由于它的性能，对于一种可伸缩的互连，以支持大量的核系统，网格是一个吸引人的选择。

### 9.9.4 软件

高度集成的系统需要生产新的软件，利用系统资源的优势。通常遗留软件将无法运行，因为它不会被写入新的按需加速功能优势。而虚拟化的多核软件系统的关键，它本身并不能减轻程序员利用系统的功能创建软件的负担。

多核系统程序员必须牢记的是，$N$ 核的工作不一定等于一个单一核工作的 $N$ 次，特别是对未编写的软件。必须采取措施以达到最大的软件可扩展性，使用这样的技术最大限度地减少软件的同步和序列化，同时避免死锁和争用条件。为了帮助程序员，这个任务至关重要，SoC 的创造者考虑程序员创建软件，他们如何想和如何调试它、优化它。多核 SoC 系统必须提供硬件挂钩，利用这些能力。优化系统软件必须提供给客户时间到市场的速度。

### 9.9.5 异构多核

在多核系统上集成这么多东西的能力是必然的，这些系统将在多个维度中是异构的，包括操作系统、指令集和内存的均匀性（见图 9.12）。这带来了一个机会，在专门的应用程序域系统设计人员工作，同时提出了额外的挑战，即多核设计和系统编程。设计和编程的挑战将在下面的内容中探讨。

如果挑战可以被克服，异构系统有可能为一个给定的应用程序域提供近乎理想的一组功能。通常集成在一个单芯片上的例子包括通用内核、DSP 核和 GPU。这可能是一个专门的内存层次，支持部分并发的补充（例如共享与私有存储区域）。对于空间和大小的存储分配，这是适当给定的应用。功能丰富的组合可以有很多不同的应用空间。缩放的成本如图 9.13 所示。

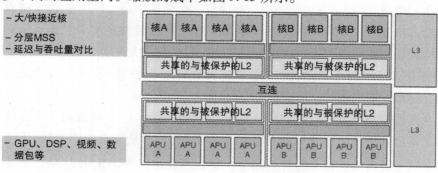

图 9.12　异构多核

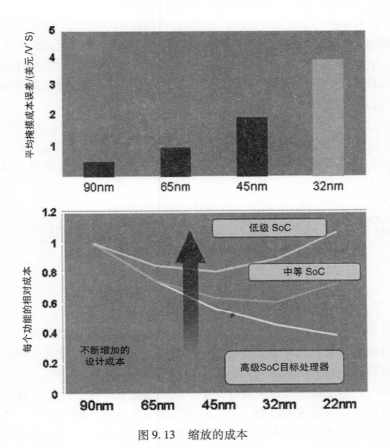

图 9.13　缩放的成本

## 9.10　多核设计：挑战与机遇

多核设计提出了一些重大的挑战与相关的机会。下面讨论的重要例子，包括汇合点性能目标的方法、基于标准的多核编程模型、高级调试和优化技术。

### 9.10.1　汇合点性能目标

由于异构多核 SoC 设计的复杂性和屏蔽套与制造成本，性能核实之前最后的流片是关键[13]。预硅性能核实专注于确保系统符合性能标准的复杂、现实环境的应用。对比验证该系统的模型，可以准确地预测性能、或该子系统的设计满足延迟或时间要求、或者说制造零件符合性能标准。此外，正式的技术还没有准备好工业的有效利用。因为这些原因，专注于使用完整的系统应用、合理的模型客户使用的工作负载的性能验证，同时满足预硅环境约束。

3个因素影响一个成功的结果：指标、基础设施和方法。指标设定工作目标并且引导基础设施和工作负载的发展。基础设施有助于管理复杂的工作负载、收集指标，并分析结果。方法必须支持分离关注点，导致问题的结构性破裂在产生数据的空间里被产生，虽然这些都是重要的功能验证、性能验证的关键差异。仔细协调可以提高效率。

这里已经成功地使用了一种性能方法，分为自下而上和自上而下的阶段（见图9.14）。自下而上的阶段由微基准测试组成，使用硬件定义语言模拟器，首先执行的是提供早期曝光的负性能指标。这验证了可以接受的最佳情况、各种系统级事务类型的性能。

图9.14　高层次方法

a）自下而上　b）自上而下

自上而下的体系采用宏观基准使用硬件仿真。本阶段探讨资源争用是否会降低系统级性能，测量和调整具有代表性的应用程序。仿真被要求合理地提供所需工作负载的周期数，从而达到性能测量的稳定状态。

自下而上的工作负载目标是存储子系统的延迟和带宽。因此，通过使用非重叠的步幅，多个方案被执行到一个至多个核读取数据的小缓冲区中。每个核分配不同的存储区域（例如，核0：0~8K，核1：8~16K等）、核和片外存储器，然后配置使用一组预定义的频率、比例等。这允许工程师执行多个性能方案，例如，1个处理器的L3hit，1个处理器的L3miss、8个处理器的L3hit、8个处理器的L3miss等。3个性能类的目标：卸载延迟、单设备吞吐量、多设备吞吐量。

卸载延迟刺激涉及单一的请求、一个单一的目标和一个显著的交易。方案可能包括各种组合①请求者（例如，核、各种硬件加速器、各种I/O设备等）；②目标（核、缓存、存储、硬件加速器等）；③目标hit/miss类型（存储页打开、存储页关闭、缓存和目录hit/miss、缓存冲突等）；④相干属性；⑤操作类型（读、写等）。组合的参数被执行，与预期的结果提供了逻辑组的时序图。

单个设备的吞吐量刺激包括从一个请求到一个单一的或交错的目标的交易。交易包括读取不同的缓冲区大小，有不同的进展和不同的寻呼/交错。视觉上检查波线，建立一个基线。这验证了周转时间，揭示了不必要的总线利用率差距，并暴露了不必要延迟的额外周期。

多设备吞吐量刺激被应用于特定类型的所有端口（例如，所有的 N 核）。地址的变化产生干扰的情况下，如存储耙平和各种仲裁算法。目标是找出瓶颈，验证资源的公平性，以达到饱和。

执行自上而下的方法是具有挑战性的，因为系统级的性能验证工作通常必须同时进行功能验证活动。此外，用于 SoC 的功能验证方法可能无法满足关键性能验证的需求，比如如何划分和调试的工作量和如何测量系统的响应。

自上而下的工作负载通常包括核心存储延迟/带宽以及特定于域的应用，如网络数据包转发。必须划分为结构化的工作负载，因为它们比自下而上的情况更加复杂。所采用的方法是先运行刺激，只涉及核和存储器，然后测试驱动代码，之后单核全系统方案，最后多个核系统方案。

自上而下的阶段需要更复杂的测试平台、较长的模拟时间，以及另外两个非常具有挑战性的原因。首先重要的是要确保自上而下的工作负载在运行之前功能上是正确的；第二，工作负载必须是"友好型仿真器"。

精确的工作负载是很有必要的，因为在仿真调试阶段是比较困难的。通过使用功能模拟器，这样可以减轻工作负载的进程。即使这不能完全阻止在工作负载中潜在的时间和一致性问题。

仿真友好型工作负载必须避免文件输入/输出，不需要操作系统并且必须是可扩展的，以便有秩序地提出和调试。可缩放的版本必须被创建到：①旁路或利用硬件加速；②运行在 1 个、3 个、…，最多至 N 核；③允许配置使用功能的设计或在软件中工作（为了更容易去除那些没有完全功能验证的组件）；④各种内存大小和位置约束的工作。

多核 SoC 预硅性能验证需要广泛的知识、复杂的集成组件和现实环境的工作负载。然而这一努力是很好的，因为每个团队看起来他们都会发现潜在的性能缺陷。通过这样的努力，通常确定未来设计的不断增强、获得宝贵的经验和洞察力，为调试后硅的客户优化性能。不过幸运的是，一路上发现了许多功能缺陷。

还有许多其他预硅性能验证的好处。例如，衡量系统性能的能力，保证客户基准进行运行预硅时具有较高的信心，它允许在设计调整的最后一份信心使得系统定时关闭。

## 9.10.2　基于标准的编程模型

一种编程模型包括一组软件技术，使程序员可以表达算法和地图应用程序到基础计算系统。在一个严格的顺序中产生串行编程的步骤，这样的顺序编程模型没有并发的概念。几十年来，大学已经教了这个编程模型。外部的一些专门领域，如分布式系统、科学应用程序和信号处理应用程序，顺序规划模型渗透设计和软件的实现[14-16]。

但是除了没有被广泛接受的多核编程模型外，被定义为对称的共享内存架构的可能性，展出的工作站和个人电脑，或那些被设计为非常特定的嵌入式应用程序域，如媒体处理[17,18]。而这些编程模型适用于某类应用，多核应用程序不能利用它们。要求一致的共享内存的标准并不总是合适的，因为多核系统显示各种各样不均匀的架构，包含了通用核、DSP 和硬件加速器的组合。特定领域的标准不包括围绕多核的应用领域。

灵活度的缺乏，导致通用多核编程模型限制了程序员从顺序编程到多核编程的能力。它迫使公司为他们的芯片制造自定义软件。它可以防止工具供应商最大限度地利用他们的工程技术，迫使他们反复生产定制的解决方案。它要求最终用户定制基础设施以支持他们的编程需求。此外，上市时间的压力往往迫使多核解决方案会以有限的垂直市场为目标，以较少的应用程序域限制了可行的市场，也可以防止软件的有效重用。

在多核 SMP，程序员可以使用现有的标准，如 POSIX® 线程（Pthreads）或 OpenMP 为他们提供需要[18,19]。在其他情况下，程序员可以使用分布式或并行计算的现有标准的选项，如套接口、CORBA 或 MPI[20,21]。然而主要是由于这两个因素，有许多背景中这些标准是不合适的：①硬件和软件的异构性；②代码大小限制和执行时间花费。

异构多核环境下，使用任何标准都是不切实际的，这存在一个关于潜在均一的隐含假设。例如，Pthreads 与卸载引擎的相互作用是不够的，不共享存储域的核心或与内核运行不共享 SMPOC。此外，其他标准如 OpenMP 使用 Pthreads 的定制是一个潜在的应用程序编程接口（API）。直到更合适和广泛适用的多核 API 成为可能，这些分层标准也将会有有限的适用性。

异核系统、ISA 和内存架构的编程特点类似于那些分布或科学计算。各种标准的系统环境包括套接口、CORBA 技术的存在和 MPI。然而互连的计算机（分布式和科学计算中常见的）和多核计算机之间有根本的区别。在嵌入式系统中限制了这些标准的可扩展性，问题是在多核系统环境中不需要支持功能的开销。例如，以支持有损数据包传输套接口的设计，不需要可靠的互连。CORBA 需要数据编组，这可能不是任何特定交际者之间的最优选择，MPI 定义一个过程/组模型并不适合异构系统。

这些关注证明了一组互补的多核标准：①包含均匀的和异构多核硬件和软件；②提供一个适用于应用级编程的广泛适用的 API，以及适用于更高层次的工具；③允许在嵌入式系统环境中有效地扩展；④不排除在多核系统中使用其他标准。

一个广义的多核编程模型的发展路线已经被在 MCA 一起工作的某个公司发表[22]。因为它是多核编程的一个基本能力，内核通信被认为是这个路线的一个重中之重。该组合的工作在 2008 年 3 月已经完成了 MCAPI 的说明书[23]。

MCAPI 的说明书定义了 3 种通信类型（见图 9.15）：

1）信息：无连接的数据报。
2）数据：面向连接的、任意大小的、单向的 FIFO 流。
3）标量：面向连接的、固定尺寸的、单向的 FIFO 流。

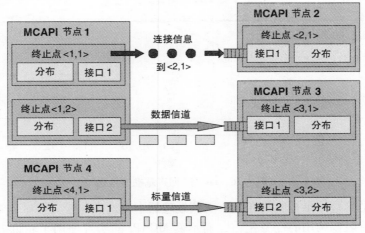

图 9.15　3 种 MCAPI 通信类型

信息支持灵活的有效载荷以及还支持动态变化的接收机和优先级，导致这些功能只返回一个性能损耗。数据包还支持灵活的有效载荷，在费用稍多的设置代码中，利用连接通道提供更高的性能。标量是指最高的性能，利用连接通道和一组弯曲载荷的大小。对于编程的灵活性和性能条件，MCAPI 信息和数据包同样支持非阻塞发送并接收到允许通信和计算的重叠。

在 MCAPI 中节点间的通信可映射到多个实体，包括但不限于一个进程、一个线程、一个 OS 的实例、一个硬件加速器或者是一个处理器。一个给定的MCAPI 将指定一个节点的定义。

MCAPI 节点通过被叫做端点的通信终结点来进行通信。这些都是由一个拓扑的全局唯一标识来进行确认（<节点，端口>的元组）。一个 MCAPI 节点可以有多个端点。MCAPI 通道提供了在一对端点之间的点到点 FIFO 连接。

额外的功能包括测试或等待一个非阻塞通信操作完成的能力，在进行过程中取消的能力，并支持缓冲管理、优先级和背压机制来控制生产者和消费者之间的数据管理。

可伸缩性是任何多核编程模型的一个重要特征。如图 9.16 阐述了一个 MCA-PI 的 64B 数据大小的回声基准性能。这个数据是从一个双核心 Freescale 评价系统收集的，结果被归到一个基于 Berkeley 套接版本的回声性能。图 9.16 中的其他数据系列比较了套接基线到一种回声 Unix 的管道版以及一个 MCAPI 基于信息回声版。对于 8 个或更少的弹跳距离，MCAPI 性能优于管道和套接口。需要重

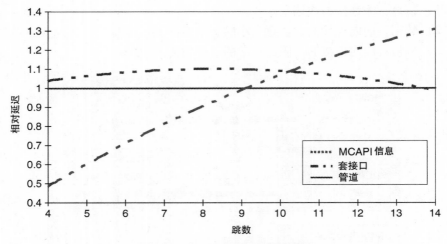

图 9.16　MCAPI 回声基准的延迟

点强调的是这些结果被收集在一个双核处理器中。这意味着套接口和管道的核心优点是支持阻塞调用的任务抢占，而示例 MCAPI 的实现使用了轮询。尽管有这些缺点，但实例 MCAPI 的实现性能还是不错的。人们期待优化的版本，从而表现出更好的性能特点。

　　MCAPI 说明书虽然没有完整的多核编程模型，但是它提供了其中很重要的一部分。程序员在 MCAPI 中可以找到足够的能力来实现强大的多核应用。在写本章的同时，作者也知道了 MCAPI 第 4 阶段的实现，这应该有助于促进采纳标准。

　　MCA 路线图继续受到额外活动工作组的追求，值得注意的是 MPAPI 和虚拟工作组。

　　MRAPI 将是一个标准的同步原语、存储管理和元数据。对于 MRAPI 来说，在形式上要求是互补的，并且目标是 MCAPI。虽然有针对性的功能通常是由 OS 来提供，这里需要一个标准。在更广泛的各种多核系统环境中，可以提供一个联合 API 的能力。

　　虚拟机管理程序工作组正在寻求一个联合的半虚拟化 OS 软件界面。这样的标准可以让 OS 厂商更好地支持多个虚拟机管理程序，从而使更多的多核芯片具有更快时间去上市。

　　可以认为多核编程模型的标准可以提供一个更高的功能层次基础。举个例子：可以想象居住在广义多核编程模型 OpenMP 中，C/C++语言扩展来表示并发，以及以多核为目标的编译器来实现并发。相比于今天，另一种自然演化到编程模型、语言和编译器将调试和提供更高层次抽象的优化工具。对于 MCAPI，这可能是创作者的调试和优化工具，开始考虑如何开发标准的一种工具。

### 9.10.3　高级调试与优化

对于多核编程模型，没有高级别多核调试标准的存在。有标准的"管道"所需要的硬件使用多核调试工作，对于多核工作站和个人计算机，存在调试和优化工具。工具链提供了多核调试和优化的软件工具，但这些都是对每个特定芯片量身定制的。这种情况使得许多程序员缺乏工具支持。

几十年前人们就学会了源代码级的调试与编程语言给程序员提供了高效的调试技术，如复杂数据结构的肉眼检查和一步一步通过堆栈回溯跟踪。提高多核调试的抽象概念是另一种自然演化的手段。在一个多核系统环境中，程序员创建一组软件任务，然后分配给系统中的各个处理器内核。监测任务的周期以及考虑任务如何通过通信和资源共享，程序员将会从中受益。当然，标准的缺乏意味着大多数多核芯片的调试和优化是一门艺术，而不是一门科学。这是一个特别令人不安的麻烦，因为并行编程引入了新的功能和性能的缺陷，包括死锁、竞态条件、伪共享、不平衡的任务计划以及更多。

## 9.11　小结

"网络的每个链接都很重要"的想象是下一代 MCP 的驱动力，利用并行性制定新的性能标准。通过多个序的超标量架构的核心动力管理程序支持，多个程序对特定应用的加速器、创新的存储层次以及通过核心网的相干结构的先进互联。在本章，对设计中的几个关键问题以及 MPSoC 提供的机遇进行了讨论。这个 MCP 是根据可靠性、安全性、可扩展性以及虚拟化的资源支持并行活动广泛的带宽来设计的。

多核是通过电源墙和不断增长的计算功率的要求来驱动的，这些计算需求来自新兴的应用领域：①利用交互性和连通性；②通过增加在快节奏的环境中管理复杂性的能力使得世界变得更安全。不幸的是，这一趋势将泄露用户的安全隐私，因此需要额外的带宽和计算能力来减轻它们的泄露。

一个成功的 MPSoC 芯片必须允许终端用户通过增加并发性和带宽来利用性能缩放的这一好处，但这不应该是以牺牲功率为代价的。因此，设计者必须注意适当的功率/性能权衡的系统设计；额外的技术：必须利用适当的技术拓展、专业硬件加速装置的高系统集成度以及大量的 I/O 接口。这引入了管理共享系统资源的复杂性，用虚拟化技术减轻了这个问题。简而言之，MPSoC 具有内在特征，这使得它们与前几代的芯片有一些区别，并且它们能够提供新的系统性能水平。

最后，随着集成和并行计算的 MPSoC 功率的增加，更加需要工具来帮助编程、调试、优化软件。可以相信新起的多核软件的标准将减轻一些这方面的需求。

# 参 考 文 献

1. Creeger, M., *Multicore CPUs for the Masses*. ACM Queue, 2005. **3**(7): p. 63–64
2. Donald, J., Martonosi, M., *Techniques for Multicore Thermal Management: Classification and New Exploration*. In *33rd International Symposium on Computer Architecture*. 2006
3. Geer, D., *Chip Makers Turn to Multicore Processors*. IEEE Computer, 2005. **38**(5): p. 11–13
4. Cisco. *Hyperconnectivity and the Approaching Zetabyte Era*. 2009 Available from: http://www.mycisco.biz/en/US/solutions/collateral/ns341/ns525/ns537/ns705/ns827/VNI_-Hyperconnectivity_WP.html
5. Bell, S., et al. *TILE64 Processor: A 64-Core SoC with Mesh Interconnect*. in *International Solid-State Circuits Conference*. 2008
6. Freescale Semiconductor, I. *P4080 Product Summary Page*. 2008 Available from: www.freescale.com/files/netcomm/doc/fact_sheet/QorIQ_P4080.pdf
7. Intel. *Next Generation Intel Architecture - Nehalem*. 2008 Available from: http://www.intel.com/technology/architecture-silicon/next-gen/index.htm
8. Pham, D.C., et al., *Overview of the Architecture, Circuit Design, and Physical Implementation of a First-Generation Cell Processor*. IEEE Journal of Solid-State Circuits, 2006. **41**(1): p. 179–196
9. Holt, J., et al., *Software Standards for the Multicore Era*. IEEE Micro, 2009a. **29**(3): p. 40–51
10. Dally, W., Towels, B., Principles and Practices of Interconnection Networks, Morgan Kaufman, CA. 2004
11. Diato, J., Yalamanchili, S., Ni, L., Interconnection Networks, Morgan Kaufmann, CA. 1993
12. Deshpande, S.R., Interconnections for Multi-core Systems; Embedded Systems Conference, April 2008
13. Holt, J., et al. *System-level Performance Verification of Multicore Systems-on-Chip*. in *IEEE Workshop on Microprocessor Test and Verification*. 2009b
14. Bridges, M.J., et al., *Revisiting the Sequential Programming Model for Multi-core*. IEEE Micro, 2008. **28**(1): p. 12–20
15. Hwu, W.-m.W., Keutzer, K., Mattson, T.G., *The Concurrency Challenge*. IEEE Design and Test of Computers, 2008. **25**(4): p. 312–320
16. McCool, M.D., *Scalable Programming Models for Massively Multicore Models*. Proceedings of the IEEE, 2008. **96**(5): p. 816–831
17. The Khronos Group. *Open Standards for Media Authoring and Acceleration*. 2008 Available from: http://www.khronos.org/
18. The Open Group. *The Open Group Base Specifications Issue 6*. 2008 Available from: http://www.opengroup.org/onlinepubs/009695399/
19. OpenMP.org. *The OpenMP API specification for parallel programming* 2008 Available from: http://openmp.org/wp/
20. The MPI Forum. *MPI v2.1*. 2008 Available from: http://www.mpi-forum.org/
21. The Object Management Group. *CORBA 3.1 Specification*. 2008 Available from: http://www.omg.org/spec/CORBA/3.1/
22. The Multicore Association. *The Multicore Association Roadmap*. 2008a Available from: http://www.multicore-association.org/home.php
23. The Multicore Association. *Multicore Communications API Specification V1.065*. 2008b Available from: http://www.multicore-association.org/workgroup/comapi.php

# 第10章　高性能多处理器片上系统：面向大规模市场的芯片架构

Rob Aitken、Krisztian Flautner 和 John Goodacre

## 10.1　简介

### 10.1.1　大规模市场与高性能

近些年，嵌入式处理器的不断增长是惊人的。其中最明显的例子就是手机，每年的销量超过十亿。这样的规模很明显形成了一个"大规模市场"，但其他行业也都卷入了巨大的单位处理器的规模中。这些包括微控制器、企业（例如磁盘驱动控制器）、家用娱乐设备［高清电视（HDTV）］、汽车等。从历史上来看，这些中的大部分都是单处理器系统，或者是单处理器子系统的堆砌，而不是真正的多处理器系统。这些其实和本书的主题并没有多少直接的联系，但是相同的趋势却正在促使多处理器技术在其他领域也很起作用，形成大规模市场。为了考察其原因，以一个手机的例子进行详细研究。

古典的传统来讲，手机有3大功能：无线通信、用户界面以及数字处理。数字处理部分通常限定为单芯片，而外围存储器环布于其周围。成本、尺寸和可靠性均决定了单芯片数字处理的解决方案。然而一旦电路密度增大，单芯片的可实现功能数量也增大了。所以，当1998年老式的手机（见图10.1）被限定用其数字芯片进行简单数字查询和文本信息编辑后，在2008年一款智能手机可以完成其他更多的功能，包括具有收发邮件、网上冲浪、播放视频、相机拍照、音乐播放、数字相机、电子游戏、电子地图/GPS定位等功能。

传统来讲，添加的这些功能在3个方面获得成功：①硅的比例；②通过不断增长的微架构复杂性来提取指令层并行计算（ILP）；③增加更多的闪存来减少片下效应的增长。CMOS的比例在历史上提供了低功耗和频率的增长，提高了系统的性能，同时也减小了面积。因为一个单数字处理SoC的目标业已达成，缩放比例也被用来提供增长的性能，同时也维持芯片面积和功耗。这样一来就导致了更加复杂的SoC，例如使用嵌入图像和视频。近来，比例调节也遇到了麻烦，然而这个问题通过提高频率设计优化点而在功率上获得了指数式效应，从而得到了

图 10.1 从 1998 年的手机（上图）到 2008 年的手机（下图）（来源：诺基亚）

解决。此外，微架构复杂性的提高并没有提取更多的指令层并行计算（ILP），也没有带来功率和面积的指数式的变化。典型的嵌入式软件工作模式可以适应片上缓存，并且最终处理几何式的降低并没有提供理想的电源优化。

正如功率的流出驱动了高性能有线 CPU 解决方案发展到多核解决方案一样，明智地使用能源的需求正在驱动高性能移动处理向多核发展。当前手机应用处理器的快速浏览显示了包括很多多处理器，包括：TI OMAP 44x、Qualcomm Snaodragon、nVidia Tegra 以及 Samsung S3C6400。图 10.2 给出了一个例子，这样的设计方式很有可能在未来实现，而诸如 3D – IC 的新技术也会支持多核方法。

实际上，将一个完全的 SoC 看作异构多核处理系统是可能的。图像和视频处理单元补充应用处理器，同样的，声音编/解码器是电源管理单元，也是一种特殊处理器的形式（见图 10.3）。

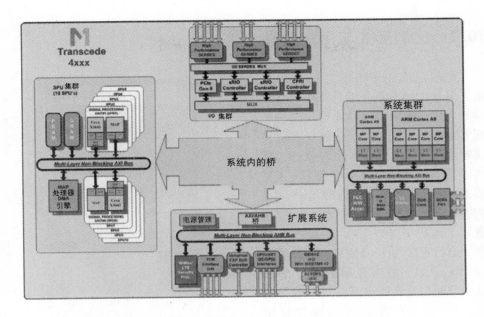

图 10.2　多核基带系统的例子（来源：Mindspeed）

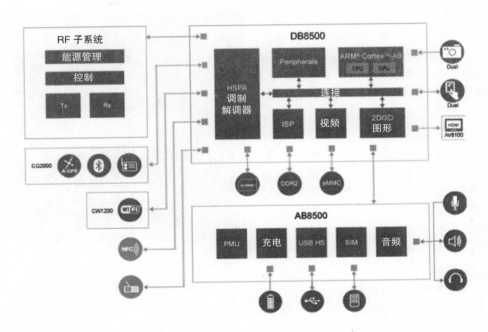

图 10.3　多核移动系统的例子（来源：ST Ericsson）

## 10.2 比例形式与用户期望

摩尔定律由 CMOS 定标衍生而来，但是这种现象并不是严格的技术性的。用户的期望已经变得与比例形式紧密相连，正如每个新设备要比其预处理器要多一样。考虑两款任天堂的手持游戏机：Gameboy 和 DSi（见图 10.4）。Gameboy 在 1989 年进入市场的时候，当时还是一款创新性的玩意儿。其基于 Z80 CPU 及其外围电路，运行主频为 1.05MHz。外观像素为 160×144、黑白显示 LCD 屏，通过串行通信允许最多思维玩家进行游戏。另一款 DSi 在 20 年后的 2009 年进入市场，特点为双 CPU 运行：CPU一个为 ARM9、主频 133MHz；另一个为 ARM7、主频 33MHz。其双屏显示，均为 256×192 像素彩色显示LCD 屏，同时兼具 AAC 声音设备、两个 VGA 摄像头、256MB 闪存以及含有浏览器的 WiFi 连接。

明显地，DSi 是一种本质上更为强大的设备，具有比原始 Gameboy 至少 1000 倍的计算能力。DSi 的价格为 169 美元。Gameboy 在 2009 年的美元汇率中也差不多是这样的价格，这种趋势在技术上是稀松平常的事。近年来，个人计算机（PC）的美元比价已经下降，与之相应的是其性能提高了。同样的，在便携式音乐播放器上

图 10.4 上：最初的 Gameboy（1989）
下：Gameboy DSi（2009）（来源：任天堂）

这种趋势也体现了出来，具体表现是当保持固定的价格时，其存储容量提高了。

总的来说，这些观察都反映了一个真实情况。用户开始希望在性能和容量上有一个持续的技术进步，但却不愿意为此付出额外的代价。如果进步没那么快，他们甚至要求降低价格。在电子行业中，竞争的压力明显地导致了这种状态，但

是消费者的期望却已经根深蒂固、变得不可撼动了。

## 10.2.1　比例的限制

CMOS 的基础比例，正如 IBM 公司的 Bob Dennard 的经典论文中已经大致给出的那样，如下表所示：

| 参数（缩放比例系数 = $\alpha$） | Dennard 缩放比例 | 当前缩放比例 |
| --- | --- | --- |
| 维度 | $1/\alpha$ | $\sim 1/\alpha$ |
| 氧化厚度 | $1/\alpha$ | 1 |
| 电压 | $1/\alpha$ | 1 |
| 驱动电流 | $1/\alpha$ | $1/\alpha$ |
| 电容 | $1/\alpha$ | $1/\alpha < C < 1$ |
| 功率/电路 | $1/\alpha^2$ | $1/\alpha$ |
| 功率密度 | 1 | $\alpha$ |
| 延迟/电路 | $1/\alpha$ | $\sim 1$ |

这种调整比例在半导体业界已经服务了近 30 年了，但是物理性限制显示了传统的比例。首先，电压调整比例显示和停止在 1V 左右。正如表中所示，没有调整的电压停止延迟调整。这也降低了在每个电路上的电源耗散，从而导致了功率密度的增加而不是原地不动。氧化厚度随之下降，正如氧化缩到了原子厚度的单数量级一样，而额外的收缩是不可能的。然而对于持续调节的经济上的压力却并没有减少，而且也要求有其他的可替代方法。

这些东西有的是新技术。例如，当氧化不能被比例调节时，高 $K$ 值金属门（HKMG）晶体管提供了先前的优势由比例调节门扁平氧化。其他的类似技术包括：在硅芯片中提供多种掺杂浓度和张紧工程。这些可以在文献［Bohr 2009］中获得更多信息。

此外，尽管设备的维数还在继续调整，这样做的机制已经变得更为复杂。使用照相平板技术的光的波长停滞在 193nm，甚至其特性尺寸继续缩减也不再进行调整。在次波长维印制电路是复杂的（这可以通过尽力将线刻画得窄一些，小于所用到的笔芯的宽度）也是昂贵的。分辨率加强技术（RET）现在包括掩模调整、光源调整、曝光调整以及光传播媒介（从空气到水中光的增强能力也已发生改变）。照相平板技术复杂程度的添加和掩模制作过程导致了更为复杂的设计规则，这意味着由 Dennard 设想的简单模式收缩已经是不可能的了，这是从 90nm 硅时代开始的（2002 年之前）。

甚而至于，使用所有的技术进行固化，然后应用在电路制造的过程中。如果没有设计的改变，用户的调整要求不会达成。显著标准电池和存储架构的变化在每个过程节点上被制造出来，然后压制到额外的性能、区域或设备以外的电源上去，以便能够提高那些难处理的问题的处理效率。额外的复杂性反映到了为开发每个节点，而不断增长的成本上去。

最终，收缩维数、设备数量的增长以及处理过程快速发展所遇到的物理瓶颈已经引起了业界对于这种变化的关注。一旦仅仅涉及一个模拟芯片的设计者，设备的变化也会触及主流数字设计。感兴趣的读者可以参考文献［Bernstein 2006］获取更多细节性的内容。但是当今的变化无所不在：单个的晶体管在其维度和性能上变化，芯片在芯片的级别上变化，在维度上变化了10%，而在性能上变化了50%。有线电容和电阻可以在芯片和相邻的金属层之间轻松改变30%或更多。在芯片上，电压和温度的改变会更加恶化这些问题。对于这种改变，标准的解决方案是在进行设计时将裕度考虑在内，这样就可以限制其对于规模的调整能力。高性能设计团队需要限定和说明这些裕度以便获利，这样一来，这些设计团队在15年以后可仅仅依靠切换一个新的过程而获得成功。

## 10.3 CPU 的趋势

直到非常新近的时代，在台式机处理器设计中微分因子才变得简单和迅速。在这之前，像 Inter 和 AMD 这些公司是践行简约设计的，在其处理器设计方法上，他们使用了既能够开发又能够推出高频处理器。

推出世界上第一款 GHz 处理器的竞争非常激烈，AMD 公司处理器的出现成为了最终的赢家。在这段时间中，所有的组织者均致力于其探究，同时缓慢地产业化进程使他们变得意识到硬件的复杂性与更高的 MHz 级处理器是密切相关的。产业方面也意识到仅有的 MHz 级路由也不能够无限持续增长，其他的方法也是需要的。除了在处理器效率方面的进展以外，通过支持线层并行计算自身，以及多处理器（MP）和多线程（MT）技术也可以提高整体性能。

Inter 公司介绍了一种名为"超线程"的 MT 技术，而 AMD 公司将其自身定位在双核竞争的层面上。这两种技术都是意在寻求第一个真正的 MP 家用计算机的解决方案以便获得市场。是什么引起两个著名的半导体公司倒向 MP 技术这样的范式变革呢？

更近的一些时候，这种倒向多处理器的变革正在迫使更多的软件也进行范式变革—从台式机走向嵌入式设计。很多年来，嵌入式系统的设计师们不惜举债使其获得支配地位，这些措施包括在设计中采用多处理器系统。在有限能耗的预算中，他们可以提供满足更高计算性能要求的性能。当前，真正影响嵌入式系统市场变革的是应用软件也被要求使用多处理器范式，同时具有通用意义处理器的元素。这样一来，也可以保证这个处理器获得高性能和低功耗。虽然 MP 和 MT 对于软件开发者都声明了这种多处理器的复杂性，但是当在成本和复杂性之间权衡时，所有的这些并不等同。作为结果，MP 系统就大大发展起来[Goodacre 2006]。

## 10.3.1　功率

当为一个高端市场设计一个高性能 SoC 时，功率是不可或缺的重要考虑因素。对于电源供电应用来讲，这是一个显而易见的例子。但是在线缆产品的应用上，也是一样的：超功率消耗造成了额外的发热，同时与之相应也要求昂贵的冷却解决方案。毕竟来讲，在 29 美元的打印机中加入风扇也是一个昂贵的主张。

再来考虑一个具体的例子：相隔十年的两款诺基亚手机（见图 10.6）。在 1998 年，诺基亚 5110 是一款相当高级的手机。特性参数为 47×84 黑白显示屏、64KB RAM、1MB 闪存、16 按键、自带诸如"贪吃蛇"的游戏。所有这些能耗均由一块 900mAh 的电池提供。十年后，诺基亚 N96 智能手机就变得非常强大，其具体参数为 240×320 24 位彩色显示屏、256MB RAM、16GB 闪存、触摸屏输入、自带 3D 声卡及"贪吃蛇"更加高端的游戏。然而所有的这些配置只使用一块 950mAh 的电池供电，仅仅比十年前的配置多出了 5%，但是却比十年前的功能提高了很多。

这又显示了一个通常的趋势。电池技术的进步并不是与性能和存储容量的发展一样快的——对于电池技术，摩尔定律并不适用。作为结果，对于高性能移动设备来说，功率（或者更精细一点说是能量）管理保持了实质性的驱动，而且反过来这又导致对于多处理器解决方案的需求。

台式机处理器的比例缩放切换从单处理器到多处理器大约开始于 2005 年，这是由于能量消耗的趋势不再维持的原因（见图 10.5）。其原因可见如下所示的公式

$$E = CV_{dd}f_{dt} + V_{dd}i_{leak}$$

不断提高的频率直接提升了能量的消耗。此外，晶体管需要制造额外的频率也接近了指数关系，从而导致了电容的提高和泄露。加入处理器允许更多的掩模工艺，从而具有一个低频率。这样就避免了晶体管数量的指数上升，同时也导致了电容的减少和泄露，甚至考虑额外的处理器。

## 10.3.2　暗硅

挑战的相互结合，而不是在面积上可行的比例调整及性能，再加上电源调整的匮乏导致了未开发硅面上的有趣情况，这也就是所谓的"暗硅"。其工作原理可参看随后的例子（见图 10.7）。

考虑这样一个设计，其实施在面积为 $A_{45}$、频率为 $F_{45}$ 和功率为 $P_{45}$ 的 45nm 节点上。介于处理过程时代的比例调节因子是开放的、允许讨论的，但是将从 ITRS 路线图中提取使用其中之一为目的来进行讨论。通过两个时代对于 22nm 节点的调整设计导致了对于面积和一些频率提升的、实质性的 Dennard 调整，如下：

$$A_{22} = 0.25 \times A_{45}$$

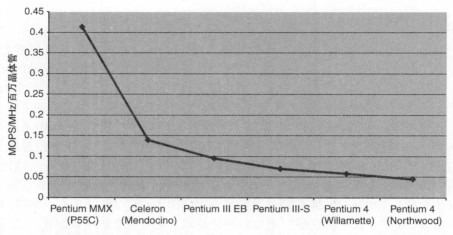

图 10.5 处理器的计算密度（来源：Wawrzynek 等人，BWRC Retreat，2004 年 1 月）

1998年诺基亚5110

- 电池900mAh
- 屏幕47×84黑白显示
- 64KB RAM、1MB闪存
- 16位按键
- 娱乐—"贪吃蛇"

2008年诺基亚N96

- 电池950mAh
- 240×320 24位彩色显示屏
- 256MB RAM、16GB闪存
- 触摸屏输入
- 5百万像素摄像头(480p 编码)
- 2D/3D图像增强卡
- 3D声卡的立体声扬声器

图 10.6 1998 年与 2008 年的手机对比

$$F_{22} = 1.6 \times F_{45}$$

对于功率来讲，有两种可能性。如果频率是固定的，那么有

$$P_{22,\text{fixed}} = 0.6 \times P_{45}$$

另一方面，如果使用调整频率，则将导致

$$P_{22,\text{fast}} = P_{45}$$

正如已经讨论过的，对于一个给定的设计来讲，功率经常是一个重要的限制。另一方面，在以前的时代，常常渴望保持全体、牺牲面积，同时使用缩放调整技术用"附加"硅来提供扩展功能。当设计调整到 45nm 以外时，这就变成了

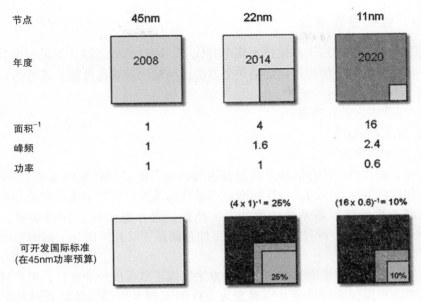

图 10.7　暗硅

一个挑战——如果对于 22nm 设计的功率意味着和 45nm 相同，可开发芯片面积会大大小于其原来的面积。在"快速"例子中，当对频率进行调整时，45nm 面积只有 25% 是可以利用的（无功能性改变）。在恒定频率的例子中，这种情况会有些提升，但也仍然只有 42% 的面积可以利用（另外，还可以加入 67% 的额外功能）。

这种情况估计会随着时间的流逝变得更加恶化。正如当调整比例持续到 11nm 节点时，公式就变为

$$A_{11} = 0.07 \times A_{45}$$
$$F_{11} = 2.4 \times A_{45}$$

这样，会导致另外两个功率条件：

$$P_{11,\text{fixed}} = 0.3 \times P_{45}$$
$$P_{11,\text{fast}} = 0.6 \times P_{45}$$

在此例中，对于固定频率例子，最终可用面积为 23%；而对于调整频率例子，最终可用面积仅有 11%。功能的提升是很显著的（230% 和 67%），但是仍然留下了很多没有用到的区域。

这种效用挑战意味着：在一个固定面积设计上，仍然有很大的空间可用来添加功能，但是却没有什么方法来提升功率，因此使用了"暗硅"这个词。用什么来进行设计以及关于暗硅的问题是高性能的讨论关键，也是高性能多处理器系统的关键。

### 10.3.3 如何处理暗硅

功率调整已经落后于其他技术几个时代了，因此暗硅问题并不是一个全新的问题。过去，通常应用额外硅面的 3 个方法已经被用来提高性能，降低 SoC 的功率。这 3 个方法如下：

1）添加更多的存储器；

2）收缩硬模；

3）改换功率方程。

首先，添加更多的存储器是最为普遍的做法。提高闪存规模是最为普通的，但是正如以前就注意到的，一旦标准应用运行设备可以被完全定位在闪存中，这种方法就不再能够提高系统的性能了。此外，当考虑全局芯片功率时，忽略 SRAM 泄漏就不再是可行的了。因此，添加存储器并没有提供一个前瞻性的功率解决方案。

收缩硬模也是很常用的方法。这种方法提供了节省代价的途径，但是这种方法必须考虑到保证这种设计并没有变为 I/O 的限制（当晶体管数量增长呈现二次增长时，可用的 I/O 数量的增长与调节率仅呈线性关系）。同时，用户总是期望要求在性能上不断的提升，而根本不去理会这样会导致一些失败的产品，抑或是那些必须在通用市场中完成的和不能用低价格吸引的商品种类。

从概念上来讲，第三种方法是最好的。通过改换设计规则，改变全局功率消耗才成为可能。一个简单的例子就是时钟门。通过限制时钟到一个激活设计的那些部分就包含了一种操作，动态功率可以被显著地降低下来。同样的，通过使用较高 $V_T$ 晶体管或较长的门长是另外一个普通的"改变规则"的方法，这种方法可以降低非关键门的泄漏。同时，这种方法在除了比例调节以外，添加了额外的功率降低措施。电压调节、频率调节以及这两种办法的结合也可以降低功率。将来，降低功率的办法可以是静态的、动态的、抑或是自然适应的。另外，功率门也可以用来切断空闲电路的大阻塞。这些技术的更多细节，读者可以参看 Keating 等人的文献 ［Keating 2007］。

正如继续讨论的，重要的是要记住对于 SoC 比处理器需要更多的技术，但是处理元素倾向于那些性能和功率限制最大的地方。在现代 SoC 的设计上不会缺少挑战，但还是重点讨论功率问题。

所有的 SoC 都是不同的，然而总有一些普通的组成部分可以认为是"典型"的 SoC。这包括 CPU 子系统、包含一个或多个处理器以及局部闪存。这些是通过一个总线与其他模块连接起来的，例如一个图像单元、一个视频系统、附加的系统存储器、混合信号组成部分、片下 DRAM 接口、闪存等。而其他的组成部分也合并起来成为"随机逻辑"。一个典型的例子如图 10.8 所示。

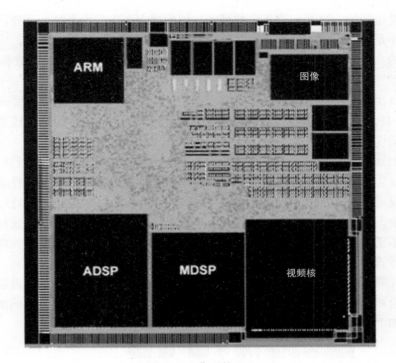

图 10.8　典型的 SoC

　　前面讨论过的趋势也应用于这些其他的 SoC 的组成部分。例如，就处理性能和能耗的情况而言，所有的处理要素，不管是 CPU、GPU 或者是具体化的处理器均面临比例调节的挑战。同样的，基于 SRAM 的存储器必须面对泄漏的问题以及最小操作电压的困难。较低性能的逻辑必须平衡面积和泄漏之间的关系，而同时也不能忽略性能目标。

　　扩展这样一个系统成为多处理器加入了新的挑战。

　　多处理器处理实质上使用了一个"分而治之"的方法：使用模块化设计原则。一个单（多）处理器由每个使能的、运行同时分散的线程带入多处理单元共同创建。理想情况下，一个多处理架构应该使能一个"即插即用"的解决方案。如有需要，系统的设计者可以简单插入附加的处理器，而不是使用一个复杂的多线程方法。

　　除了基于硬件的讨论以外，软件和操作系统的交互性也是需要考虑的。这些讨论可以参看文献［Adve 1996，Patterson 2009］。

　　经常用来反对多处理器系统和通过处理器相互交越复制 L1 的一种挑战是，通过其他处理器之一来对数据持有进行共享。软件需要激活补偿、监控附加的进入延迟以及进行惩罚。在传统的 SMP 多芯片设计中，芯片间的数据共享相互交叉是非常缓慢的，这是一个不争的事实。然而当 MP 在芯片上时，这些代价立刻变得微不足道了。例如，基于 ARM 的 SoC 可以决定一个闪存的丢失，或者进入对数据的共享。这些大约比一个处理器从一个共享双层闪存中处理数据快 60% 左右[Goodacre 2006]。

一旦决定启用多处理器系统，就会产生这样一个问题："到底需要多少个处理器"？目前，双核系统在台式机系统中已经成为制式装备，四核系统及多核系统也逐渐变得普通了。

比例调节与选择一个多处理器架构的复杂性意味着：摩尔定律的目标变成了一个在给定成本条件下，用有限功率来获得最高性能的问题。在某些性能层面之外，这仅可以由一个多处理器达成，如图 10.5 所示，图中是在一个处理器上的计算密度。在合理的功率消耗下提升性能，但是却不增加核的数量，这样的做法是明显不切实际的。串行指令流限制了并行处理，而功率消耗限制了性能。在大量移动计算空间的结果是如图 10.9 所示的多处理器系统。

因此问题变化了，这将导向何方？一个问题在回答另一个问题。看起来事物之间总是相互依存的。正如一个例子，考虑降低泄漏功率的挑战。影响泄漏的部分因素如下：

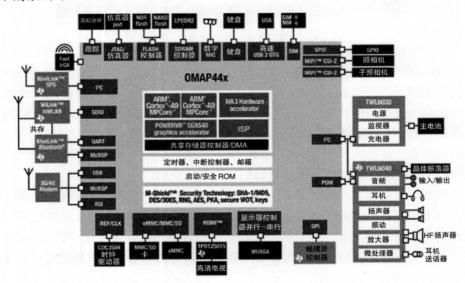

图 10.9　当前的多核系统（引自德州仪器公司）

- 带有软件策略的操作系统：
— 管理系统唤醒或进入休眠状态。
- 电源供电管理：

—外部电源供电控制、电源供电限度等。
- 系统层控制 IP：

—架构设计隔离，硬件控制；

—休眠过渡协议管理。
- 库层面的支持：

—低功耗电池（例如层移相器、门控电池、保留触发器）；

—低功耗存储器（架构、休眠状态）。
- EDA 软件：

— 支持技术选择。
- 处理技术：

— 高性能与低泄漏处理节点之间的权衡

那么这样一来，应该怎样去做呢？很明显，这需要一个系统性的方法。例如，一个低功耗过程与一个多电压过程的结合就是一个解决方案。此处多电压过程的建立包含了这样一种效应：惰性电路的运行总是在降低电压。在另外一种方法中，也许希望能包括操作系统的一些特性。这些特性有：使能睡眠状态、在模块周围周密布置电源门以及支持已知切换休眠状态的架构特点。其他途径的方法数量是可以采用的，但是其必须被看作整个系统的一个部分来纳入考虑，而不是仅仅采用一些技术碎片。

这种相同的方法扩展到了 MPSoC 的其他方面。正如附加性能是系统所需要的一样，由于单 CPU 用完了能量/性能原因，仅有更强大的"智能"处理器是不够的。同样的，添加更多的 CPU 也不是一个自身的解决方式。所添加的核的代价需要用由此所带来的优势来进行评价，而且这要求考虑到存储系统、相互之间的连接、功率传输系统以及所有软件层的诸多问题。作为一个结果，对整个系统设计来讲，整合是一个非常重要的因素。由于并不是所有的整合方法都一样，架构就变成了一个用正确的方法来整合正确的资源的问题。

作为一个例子，考虑一个显示系统的存储带宽。可以在图 10.10 中看到，正如在 SoC 的其他方面一样，摩尔定律的调整趋势影响了显示带宽。为了开发一个架构，首先需要的是分析通信模式，这包括了从主机中识别带宽。这样就反过来驱动了对于 SRAM 技术、架构的选择，同时也决定了在系统中的平均延迟。由此后的下一步是识别主机的延迟限度属性，这就驱动了仲裁策略——包括"时间终值"属性。接下来，决定互连结构就是必要的了。一个层级式的结构是具有优势的，这种优势是可以对每个接口的速度进行选择，以便支持主机或从机的峰值带宽，这是考虑了延迟和吞吐量因素的。更进一步，层级式互连使用通信联合的方式以使得连接规模最小化，这可以使复杂性的调节容易进行（例如，功率与规模）。这样做的结果是一个允许使用合成频率的管道延迟与门计数之间相互平衡的系统。同时，也可能考虑了形成一个 NoC 的模式，而这些是独立于接口协议的。

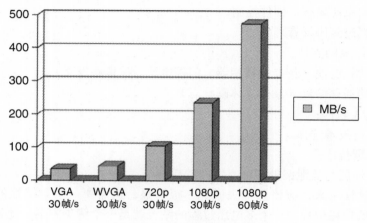

图 10.10　显示的带宽要求

相同的方法可能用在 SoC 的剩余部分，这又将人们重新带回了那种趋势。那么，关于比例调整又会发生什么呢？

当总是存在对于一个对比例调整路线图将无法克服的发展的考虑时，希望在20nm 以下的节点中，设备的调整可以继续不中断就是合理的了。这正如半导体工业是为满足用户对于产品越来越多的要求而进行工作一样。

不但这样，SoC 设计将要在不断提升的环境限制中展开。这些限制包括：功率的限制要求智能方法（例如功率门、电压自适应调整等），接口的标准化、子模块以及微架构的不断发展需要限制功耗，以及广泛的扩散解决方案。与此同时，可见性与标示也需要进行分化。在每个例子中，高产量也需要用来解释个性化定制和在 SoC 高固化能耗的发展方面的问题。

对于 IP 提供者来说，服务市场的关键在于灵活性、创新性和创建共同体。对于被比例调整限制的设计者来讲，通向解决问题的大道在于通过改变规则来推进调整。例如，如果规则对每片芯片要求一个恒定的电压，就需要选择一个具有自适应性的方法（对于环境感知的功率）。在此处，每片芯片都对电压进行设置，并根据环境和工作负载的变化进行调整。反过来，如果规则规定计算不能够有任何错误，那么就需要选择一个容错方法（例如，允许很多微不足道的错误[Breuer 2008]）或者冒险执行方式（例如剃刀原则[Das 2006]）。在这个地方，错误可能发生，但是设计过程是自我进行监控的，而且也能自修复，同时也能在无错模式下重新进行计算。除此之外，如果规则要求采用可变存储的 DRAM 和非可变的闪存，那么就采用新型存储器（例如，那些诸如 STT – MRAM 高性能非可变存储器[Huai 2008]）。

　　来看一下其中的一个例子：剃刀方法。如图 10.11 所示，传统的压频调节由多种裕度所局限，这些裕度是在设计时确保系统不产生错误的。然而电源效率（每个操作系统的能量）继续增长超过了那个错误发生点，而且那个限制无错误高频操作的条件并没有在每次操作中起作用。当错误发生时，如果设计是充分自觉识别的，而且能够快速重新配置自身到一个安全操作模式，电压和频率可以被推送到裕度范围以外的区域。这样，提高每次操作的能量就可以不用再牺牲无错误操作了。这样的结果是，当存在快速变化问题时（瞬发 IR 降落、时钟振颤等），就有一个能适应自身到缓变条件（温度、全局工作负载）的设计。更多的细节可以参见文献［Bull 2010］。

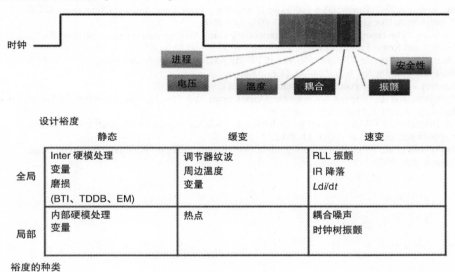

| 设计裕度 | | | |
| --- | --- | --- | --- |
| | 静态 | 缓变 | 速变 |
| 全局 | Inter 硬模处理<br>变量<br>磨损<br>(BTI、TDDB、EM) | 调节器纹波<br>周边温度<br>变量 | RLL 振颤<br>IR 降落<br>$Ldi/dt$ |
| 局部 | 内部硬模处理<br>变量 | 热点 | 耦合噪声<br>时钟树振颤 |

裕度的种类

图 10.11　裕度的种类

## 10.4　小结

　　正如看到的趋势，很明显，在将来会有更多的多核系统。对于现在来说，这些是限定为高级性能的移动和静止的系统，但是如果历史是有导向的，未来的低功耗系统就像目前的高性能版本一样。这些系统将包含些什么呢？如果他们追随当前的趋势，他们将会用性能优化连接组织来发展闪存架构。这些芯片将包括异构处理元素（CPU、GPU、视频等），同时也包含包内 DRAM 和闪存，可能还要使用 3D－IC 技术。然而也有可能获胜的解决方案会改变这种规则，包含投机性的执行行为（例如剃刀）、容错或者其他的，让性能/功率/产量公式发生改变创新性的方法。

# 参 考 文 献

S. Adve and K. Gharachorloo, "Shared Memory Consistency Models, A Tutorial". IEEE Computer, Vol. 29, No. 12, pp. 66–76, Dec. 1996.

K. Bernstein et al., "High-performance CMOS variability in the 65-nm regime and beyond", IBM Journal of Research and Development, Vol. 50, pp. 433–449, July 2006.

M. Bohr, "The New Era of Scaling in an SoC World", Proc. Int. Solid State Circuits Conf., pp. 22–28, Feb. 2009.

M. Breuer and H. Zhu, "An Illustrated Methodology for Analysis of Error Tolerance", IEEE Design and Test of Computers, Vol. 25, No. 2, pp. 168–177, March-April 2008.

D. Bull et al., "A Power-Efficient 32b ARM ISA Processor Using Timing-Error Detection and Correction for Transient-Error Tolerance and Adaptation to PVT Variation", Proc. Int. Solid State Circuits Conf., pp. 284–286, Feb. 2010.

S. Das, et al., "A Self-Tuning DVS Processor Using Delay-Error Detection and Correction", IEEE J. Solid-State Circuits, Vol. 41, pp. 792–804, Apr. 2006.

J. Goodacre, "The Design Dilemma: Multiprocessing using Multiprocessors and Multithreading", Design and Reuse Forum, 2006.

Y. Huai, "Spin-Transfer Torque MRAM (STT-MRAM): Challenges and Prospects", AAPPS Bulletin, Vol. 18, No. 6, pp. 34–40, Dec. 2008.

M. Keating et al., "Low Power Methodology Manual", Springer 2007.

D. Patterson and J. Hennesy, "Computer Organization and Design, The Hardware/Software Interface, Fourth Edition", Elsevier 2009.

Texas Instruments, OMAP 4 mobile applications platform, http://focus.ti.com/lit/ml/swpt034/swpt034.pdf, downloaded Oct. 11 2010.

J. Wawrzynek et al., "High-End Reconfigurable Computing", Berkeley Wireless Reseasrch Center Retreat, Jan. 2004.

# 第 11 章　侵入计算：概述

Jürgen Teich、Jörg Henkel、Andreas Herkersdorf、Doris Schmitt – Landsiedel、
Wolfgang Schrödev – Preikschat 和 Gregor Snelting

　　**摘要**：一种新型的模式建议用于未来设计以及编程的并行计算系统称为侵入式计算机。侵入试计算机的主要思想和新颖的地方是引入资源可识别编程支持一个给定的程序得到探索和在一个阶段其计算动态扩大到相邻处理器叫做入侵，那么执行高代码部分的能力根据现有的不可见区域平行的并行度来给定的多处理器体系结构。之后，一旦该程序终止，或者如果并行程度会更低一次，例如连续在单个处理器上。为了支持这一想法的自适应和资源感知程序，不仅是新的编程概念，语言、编译器和操作系统是必要的，还必须提供在多处理器上系统级芯片的设计、革命性的体系结构更改。因此要有效地支持侵入、传感和涉及的概念进行动态的主要思路，潜力和挑战在未来的架构、规划和编译器级别的支持侵入计算机撤退操作。其作用是给所需要的研究主题概述，而不是能够提出成熟的解决方案。

　　**关键词**，B（硬件），B.7（硬件：集成电路），C（计算机系统组成），C.1（计算机系统组成；处理器架构），C.3（计算机系统组成；特殊目的与基于应用的系统）

## 11.1　简介

　　递减特征尺寸导致了设计多种晶体管系统级单芯片架构设想临时和永久性故障的特征变化率显著增加而引起重新思考。因此，主要的问题将是如何处理这个不完善的空间中，部件将变得越来越不可靠。正如在 2020 年预见的 SoC 有 1000 或更多个处理器在一个芯片上，静态和中央管理的概念很久之前来控制所有资源的执行可能遇到其局限性，因此不恰当。侵入可能提供所需的自组织行为以常规程序不仅用于能够提供可扩展性、更高的资源利用率的数字，并同时希望性能通过调节分配资源用量运行的应用程序时间的需求增长。这种想法可能会打开一个新的方法考虑并行算法设计。基于算法利用侵入并与他人谈判的资源，可以想象，相应的程序变成个人化的对象，对多处理器同时运行的系统级单芯片的其他应用程序竞争。

### 11.1.1 并行处理已经成为主流

微型化在纳米时代使得现在可能已经实施 10 亿个晶体管，从而处理典型器件的 100s 在单芯片上的大规模并行计算。而若干年前并行计算往往是只能在巨大的高性能计算中心，现在看到的并行处理器技术已经用在家用 PC，但有趣的也是在特定领域的产品，如计算机图形和游戏设备等。在下面的描述中，挑选了 4 个使用 MPSoC 技术有代表性的实例，已经找到了它们进入我们的家园大规模并行计算设备方式的许多特定领域的例子：

• 视觉计算和计算机图形学：作为一个例子，费米 CUDA 架构[2]，因为是在 Nvidia 公司图形处理单元实现配备，在理论上高达 512 线程处理器其提供比 1 GFLOPS 以及 6 GB GDDR5 RAM 更多的计算功率。为了实现灵活、可编程的图形和高性能计算，Nvidia 公司开发了 CUDA 可扩展的统一图形和并行计算架构[3]。处理器及其可扩展并行阵列是大规模多线程编程的 C 或通过图形 API。原本针对视觉计算的另一个平台是 Intel 公司的 Larrabee[4]。尽管 Intel 公司不会运送 Larrabee 的芯片，其新的集成众核（MIC）架构基于 Larrabee 的架构，并专注于高性能计算。Intel 公司首款 MIC 芯片代号为骑士角（Knights Corner）计划，于 2011 年发布，并带来了使用多种新的核心编程模型，以便通过广泛的矢量处理器单元增强 x86 处理器内核，以及若干固定功能逻辑块。这提供了高得惊人的并行工作负载，同时也极大地比标准的 GPU 增加了体系结构的灵活性和可编程性。一个连贯片上二级高速缓存可实现高效处理器间通信和 CPU 内核的高带宽的本地数据访问。

任务调度是骑士角中完全执行的软件，而不是固定逻辑功能。

• 游戏：单元处理器[5]，如索尼公司的 PlayStation3 的部分包含结合多个协处理器、灵活的 I/O 接口、支持多种操作系统的内存接口控制器和 64 位 Power 架构的处理器。这种多内核 SoC 采用 65nm 绝缘硅技术实现，实现了较高的时钟频率。通过最大程度地定制电路设计，同时保持到设计模块化和重用合理的复杂性。

• 信号处理：应用特定紧密耦合的处理器阵列。对于应用如一维或二维信号处理、线性代数和图像处理任务，图 11.1 示出了 MPSoC 整合设计在 Erlangen 与多于一亿晶体管 2mm² 左右大小的单个芯片上 24VLIW 处理器的一个示例。与以前的架构相比，这种架构可相对于指令集自定义处理器类型以及互连[6,7]。对于这样的应用功能，开销和程序的瓶颈以及数据存储器，包括高速缓存通常可以避免。由于这样的事实，该指令集、字精度、功能单元和体系结构的许多其他参数数目可被定制为一组以运行专用的应用程序，称这种架构为弱可编程的。它是唯一的，该处理器间互连拓扑可以在运行时间通过硬件重配置手段配置在几个时钟周期的时间内。此外，当在 200MHz 时，芯片具有约 130mW 的超低功耗。

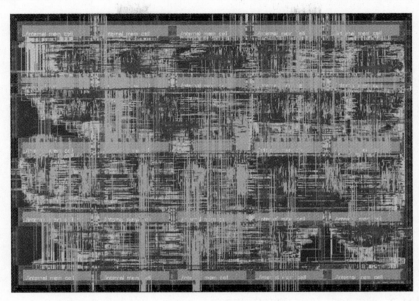

图 11.1　定制操作图像过滤类型 8×3 MPSoC 的处理器架构。技术：CMOS 1.0V 电源电压，9 层金属，90nm 标准单元设计。VLIW 内存/PE：16 倍 128 的 FU/PE：2 次加入，2 次 Mul，1 次移位，1 次 DPU。寄存器/PE：15，寄存器文件/PE：11 读取和 12 写入端口。配置存储器：1024 次 32 = 4KB。工作频率：200MHz。峰值性能：200MHz。峰值性能：24GOPS。功耗：132.7mW@200MHz（混合式时钟门控）。电源效率：0.6mW/MHz。硬件/软件的主席联合设计，Erlangen，2009 年）

- NoC：在文献［8］中，Intel 公司展示了 80 瓦处理器在单个芯片上通过引入其中每个瓦片处理器被布置为浮点内核和分组交换路由器的一个 10×8 的二维阵列的 275mm² NoC 上的单芯片体系结构的可行性，在 4GHz 下运行。该设计采用 mesochronous 时钟、细粒度时脉闸控、动态睡眠晶体管和体偏置技术。65nm 100M 晶体管芯片的设计，实现了 1.0TFLOPS 在 1V 时的峰值性，同时功耗为 98W。最近，Intel 公司推出了继任芯片，称为单芯片云计算机（SCC），与 45nm 技术制造的 48 完全可编程处理核。与此相反的 80 核原型，Intel 公司计划在工业和学术研究的合作者中建立 100 个或更多的实验 SCC 芯片以供使用。

需要注意的是，通常存在大量特定的其他域大规模并行 MPSoC 不能被列在这里。应用中不同的领域也带来了完全不同的架构，一个主要的特点在于并发通常利用在不同的粒度级别和建筑并行水平。例如在图 11.2 进程和线程级应用开始也带来了完全不同类型的架构。运行在高性能计算机（HPC）或异构多处理器系统（MPSoC）架构中的进程和线程级应用上的芯片架构下的循环级开始与

TCPA 配合最终的操作指令和位架构级别的类型。

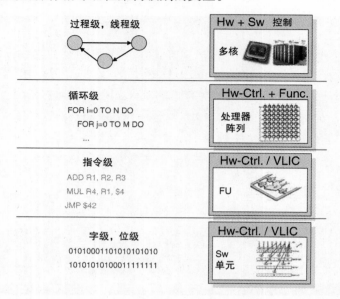

图 11.2　并行水平，包括过程级、线程级、循环级、指令级以及字级和位级。架构
对应显示在右侧，包括并行计算机、异构 MPSoC 和紧密耦合的处理器阵列架构，
最后 VLIW 和位级并行计算。侵入计算机应在所有层次进行调查

## 11.1.2　在未来 2020 年及以后的困难和不足

现在已经可以预见，MPSoC 在 2020 年及以后将允许合并约 1000 及其多个处理器在单个芯片上。不过，可以遵守现有设计共同原则和编程 MPSoC 时预期的几大困难与不足。有关这些问题的挑战促使人们有了侵入计算机的想法：

* 可编程：算法和程序是如何反映到 1000 个处理器或更多个空间和时间中从而从大量提供的关于存储器的并行、通信和处理器资源适当地纵容缺陷和制造变化受益的？

* 适应性：新兴应用的计算要求，一个 MPSoC 运行在编译时可能不会是已知的。此外，存在关于如何动态地控制和分配资源的单一芯片上运行的不同应用程序之间，以满足高资源利用率和高性能约束的问题。以及在什么程度 MPSoC 应该配备用于适应性的支持，例如可重构，以及在何种程度？资源利用率成果可通过运行时间的适应性和临时占用资源的预期？

* 可扩展性：如何指定算法和程序，并生成运行效率在 1、2 或 N 处理器可执行程序不改变？这是可能的吗？

* 物理约束：散热将是另一个瓶颈。需要先进的方法和架构支持以不同的

速度运行的算法，能够充分利用并行降低功耗，并以分散的方式管理芯片面积。

● 可靠性和容错性：特征尺寸的不断下降也不会必然导致物理参数较高的差异，同时也影响可靠性，这是通过降解作用削弱。结果，技术必须开发补偿和容忍这样的变型以及时间和永久性故障，也就是应用程序的执行应针对这些[1]。因此，传统的和集中控制就会忽略这一要求，例如参见文献［1］。此外，这种并行计算机数百个－数千个处理器的控制也将成为中央控制的主要性能瓶颈。

最后，对于一个单一应用的最佳映射到一组处理器可以计算并经常在编译时持有特别是用于循环级并行和相应的方案进行了优化，一个静态映射可能不是执行切实可行的因为运行时间变资源约束或动态负载变化。理想情况下，该互连结构应当足够灵活，以便动态地配置部件之间不同拓扑与少许的重新配置和面积开销。

考虑到上述问题，提出了一种新的编程范式称为侵入式计算。为了使这种资源的了解编程概念成为现实，主流、新的处理器，互连和存储器架构利用动态重新配置硬件是必需的。侵入式计算的算法和架构涉及行业多，许多核心架构共同的主流原理用来区别自己，但它们仍会有编程范围和适用性，确实需要旧的程序，在一种侵入性的处理器架构中执行。为了实现这一目标，需要从传统的编程新的侵入式编程范式中建立一个迁移路径。

## 11.1.3　侵入计算的挑战和原则

在当今硬件技术实现上述的功能，这里想建议称为以下侵入计算并行计算的一个全新模式。

如何在 MPSoC 未来的处理器执行 100s 的控制管理并行，得到管理资源的功率，即配置和处理元件到方案本身，已运行的程序管理和协调处理资源本身在一定程度上是在底层计算文件硬件的状态。这自身组织化并行程序行为的概念称为侵入编程。

定义：侵入编程表示一个并行计算到请求上运行程序的能力，并且暂时的权利要求处理器、通信和存储器资源环境附近中的实际计算，以再次给定的程序中使用权利资源执行，并且可随后再次释放这些资源。

接下来将展示需要在名义和对算法和编程语言方面，解决为支持架构侵入计算的难题。

## 11.1.4　支持侵入计算的架构挑战

图 11.3 显示了一个通用的侵入性多处理器体系结构，包括松散耦合处理器以及看起来可能像紧密耦合的协处理器阵列。

提出侵入计算可能的工作原理，将提供一个示例场景分别用于①TCPAs；②

松散耦合的异构系统和③HPC 系统。

如何侵入可能会在 TCPA 循环方案一级工作作为图 11.3 所示异构架构的一部分，一个例子表现在图 11.4 中。还有，两个工程 A1 和 A2 并行运行，第三程序 A3 开始执行关于其在右上角的一个处理器。

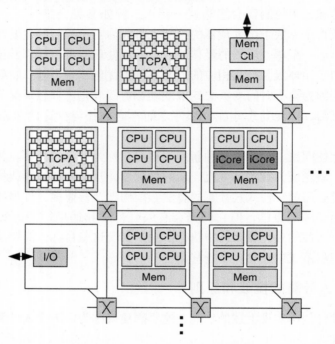

图 11.3　通用侵入多处理器体系结构，包括若干松散耦合处理器（标准的 RISC CPU
　　　　和侵入性核，即所谓的 I－核）以及紧耦合处理器阵列（TCPA）

在侵入阶段，A3 试图要求各相邻处理器贡献自己的资源（存储器、线束和处理器的 METS），以联合并行执行。一旦具有侵入达到边界，例如，通过已分配给正在运行的应用程序，或者，万一侵入的程度被匹配对并行度资源并没有什么作用，侵入性程序开始自己的或不同的程序复制到所有权，然后开始执行并联，如图 11.5 所示。

如果程序终止或者并不需要获取的更多资源，程序可能会再次集中执行后退操作，并释放所有的处理器资源。撤退阶段的一个例子示于图 11.6。请注意，侵入和撤退相可以在一个大规模并行系统同时发展，无论是迭代还是递归。

从技术上来讲，至少有 3 个基本的操作，以支持侵入编程会是必要的，即侵入、感染和撤退。它将会被解释，这些都可以用很少的成本在仅有几步通过发布能够配置的互连和程序子域集中在短短的几个时钟周期中，因此具有非常低的成

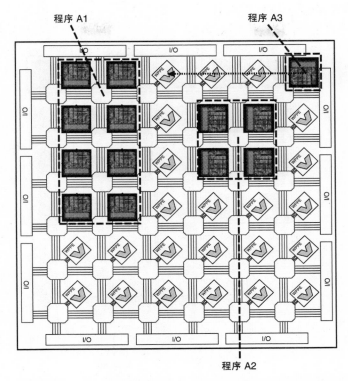

图 11.4　案例研究显示的信号处理应用（A3）侵入紧密结合处理器阵列（TCPA），
其上的两个程序 A1 和 A2 已经执行。程序 A3 侵入其相邻处理器到西部，感染要求资
源，通过注入其计划进入这些要求单元格，然后并行执行，直至终止。随后，它可以
重获自由（撤退）允许其他相邻区侵入使用资源

本重新配置命令来实现的可重构 MPSoC，如像 WPPA[7] 或 AMURHA[11] 架构的
TCPA。在文献 [6] 中，例如，已经提出了一个方案掩码，使得尺寸 $L$ 的单个处
理器的程序可以在 $O$（$L$）的时钟周期被复制到 $N \times M$ 个尺寸的任意矩形区域处
理器。

　　因此，对于传感阶段的时间成本，可比做一个活人由病毒感染细胞，可以在
线性时间实施相对于给定的二进制程序存储图像 $L$ 的大小。如果在一个时钟同步
的方式很典型地运行一个紧密耦合的处理器阵列，打算证明侵入只需要 $O$（max
$\{N, M\}$）时钟周期，$N \times M$ 代表最大限度地要求或声称矩形处理器区域。随后
的子程序感染前，侵入的硬件标志可能会被引入到信号，即一个细胞对后续的侵
入请求免疫，直到此标志在撤退阶段复位。与此相反的最初的入侵阶段，该回退
相供应并行执行之后以释放权利资源。至于侵入，以表明撤退可及时分散地
进行[12]。

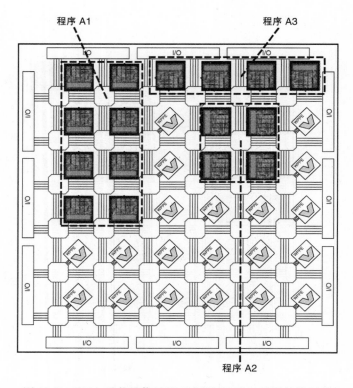

图 11.5　TCPA 承载的信号处理应用（A3），连同其他两个
程序 A1 和 A2（侵入发生后）

　　侵入的原理同样适用于非均相 MPSoC 架构，如图 11.2 所示，侵入可能在线程级探索和实施，例如通过使用于代理基础的方法是在不同种类的处理器资源分配程序或程序线程。

　　在这个层面上，动态负载均衡技术可能被用于实施侵入。例如，基于扩散的负载均衡方法是用于此目的简单而强大的分布式方法[13-15]。即使是基于全球优先集中式算法可以使用分布式优先级队列进行升级[16]。很好的负载平衡可通过随机和冗余度的组合来实现，使用完全分布式及快速算法[17]。

　　如图 11.7 所示，通过实例为松散耦合的多内核架构，侵入计算机如何工作，包括标准的 RISC 处理器。这些核可以连同本地存储器块或硬件加速器被集群计算，它们通过一个柔性高速的 NoC 互连。在一般情况下，一个操作系统，预计在分布式或多实例方式在多个核上运行，并且可以通过一个运行时环境的支持。

　　使这种 MPSoC 侵入计算，处理请求以处理器内核高效、动态分配是必需的。时间常数对新权利 CPU 的处理开始，预计会比在紧密耦合的处理器的情况大大延长。因此，设想在一个基于硬件支持的基础设施使用动态多核控制器（CIC）

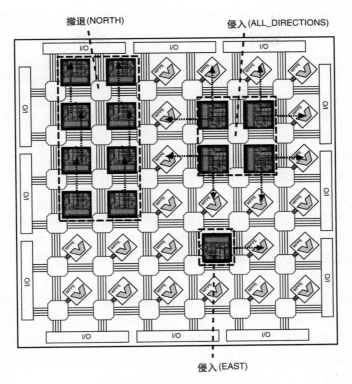

图 11.6 侵入选项以及撤退阶段

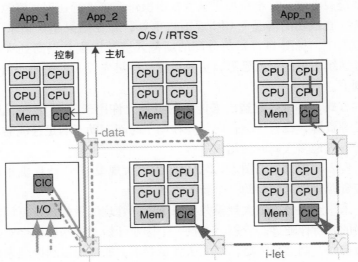

图 11.7 在一个松散耦合的 MPSoC 架构侵入计算

反型层射极晶闸管，这有助于限制与侵入/感染过程相关成本的障碍，以实现相应的机制。

新的加工需求必须满足侵入式操作和运行时支持服务侵入处理资源。侵入过程考虑监测上通过的 CIC，它包含在每个计算和 I/O 区块接收硬件平台的状态信息。作为侵入的结果，CIC 的配置为对相关联的处理要求的相应的转发。此转发实际上对应于侵入处理器核。最终的分配可以基于一组实现由侵入操作系统的整体优化策略规则。可以加以考虑在这方面标准，例如处理或通信资源、芯或模具温度分布的可靠性轮廓的负载情况。

在所述的 CIC 动态映射处理请求而处理器内核中操作系统的控制和运行的环境（iRTSS）下，这些请求可以产生：

应用程序要派生额外并行的进程或线程，例如根据临时处理结果（见图 11.7 右侧点画线）。或通过外部接口（例如传感器或视频数据的网络数据包），其表示处理请求，到达的数据被分发到适当的处理资源（见图 11.7 左侧虚线箭头）。

在第一种情况下，所谓创建一个新的线程来启动它和对侵入资源发送。依赖于操作系统给出的规则，在 CIC 目标计算区块将分发反型层射极晶闸管，它考虑到了实际的负载情况和其他状态信息的核。如果没有足够的处理能力提供本地，该规则还可以指示正向与在邻里免费的资源，计算区块的 CIC，如图 11.7 所示右下角计算区块。

对于第二种更多流量的情况，到达来自外部发件人发送比可以由左计算区块侵入操作系统或者该 CIC 本身如果被授权由操作系统进行处理，资源可能已经较早侵入 CPU，在成功的情况下 CIC 规则将更新，并在结果超额请求下（指定为数据侵入数据中，见图 11.7）将分配的新侵入资源以配合提高处理要求。以避免在由操作系统引发的侵入延迟，资源可能已经早先侵入。例如，当低于可接受负载超过阈值。

以这种方式，MPSoC 建造出来传统的可被允许用于侵入 IP 核，从而提供与所要求的处理资源，在系统运行时，并在同一时间有助于满足性能需求的应用程序，以便于有效地多人同时使用该平台。

最终，侵入的模式根据图 11.2 提供了编程大规模 HPC 计算机相对于空间分割和自适应资源管理问题组的一个新的角度。

今天，采用空间分割上大规模并行系统资源管理所做的是，可用的处理器和存储器之间的并行作业静态分割。一旦一个作业开始对这些资源会对公司整个生命周期独占访问，则这一策略已经无法满足要求，如果加以利用越来越多的并行性，则以获得未来的千万亿次系统的高性能。作为核将可能无法得到更快，未来应用程序将来自处理器的最大程度获益，仅在他们周期的某些阶段中并且可以对其生命周期使用处理器数量较少部分期间有效地运行。

而且存在有对资源的内在变量要求的应用。例如，多网应用在多个网格级别，从细到粗网格工作。细网格，多个处理器可以高效地并行工作，而只有少数粗网格能够做到这一点的。因此，处理器可以在粗网格的计算过程中被释放，并分配给其他工作。另一类应用是自适应网格的应用，其中电网动态根据当前不同量的并行改进也许是可用的。例如，虽然在一个阶段，可以使用一个流水线结构具有 4 个阶段，两种不同的功能，可以计算平行于另一阶段。

## 11.1.5　用于侵入计算支持下的符号表示问题

显然以启用方案通过侵入的概念来分配其计算执行，需要建立一种新的编程范式和程序符号来表示①侵入；②传感和③撤退提到的阶段。现有并行程序表示法和语言可能会延长或编译及特殊编译器的修改可能被建立，以允许包括程序的规范。

下面将提出一套最低限度必要的指令以支持资源了解编程、独立的并发性和架构的抽象水平。这种不正常以及表示最小的符号会给出一个关于基本的需求命令来支持侵入编程，以及这种程序如何结构化的想法。

侵入。探索和权利要求资源在一个处理器的附近运行给定的程序时，侵入指令是必要的。这个命令可以有以下的语法：

P = invade（sender_id, direction, constraints）

式中，sender_id 是标识，例如协处理器开始侵入 direction 编码的 MPSoC 方向侵入，例如 North、South、West、East 或 All 在这种情况下，侵入进行邻里。

异构 MPSoC 架构，邻里可以被不同地定义，例如，通过 NoC 跳数。这里未示出的其他参数是可以指定 Constraints 是否以及如何不仅是程序存储器，而且数据存储器互连到某些类型的处理器和资源。侵入期间，每个资源要求立即接种侵入其他应用程序，直到它们可以在最后的撤退阶段明确自由。因此，侵入命令的操作语义是资源预留。

现在，一种侵入性程序的典型行为可能会要求很多的资源作为可能的邻里。使用 invade 命令，程序可以决定资源的最大集合在一个完全分散的处理器或地区就能够成功侵入的规模运行。对 invade 另一变型是要求每个方向的处理器对应唯一的固定号码。例如，图 11.4 示出了信号处理的应用程序的 A3 与两个应用程序 A1 和 A2 同时运行的情况下。这里，信号处理应用程序发出侵入命令，所有的处理器到它的西部。如图 11.5 所示为成功侵入后的运行算法 A3。

侵染（infect）。一旦侵入的范围确定并且相应的资源预留，最初的单一处理器程序可以发出 infect 命令副本就像是病毒进入都声称是处理器的计划。一个 TCPA 架构，预计到能够显示如何实现此操作的处理器时间的矩形域 $O（L）$，其

中 $L$ 是初始程序的大小。此外，该互连配置可以初始化用于随后的并行执行。作为 invade 命令，infect 可以有几个更多的参数考虑到应用到复制的方案，如存储器资源设置的修改。需要注意的是，在其最一般的形式的侵染命令也可能允许一个程序不仅自身复制，而且允许外来代码复制到其他处理器。侵染后，所述初始并行执行以及所有受感染的资源可能会启动。

后撤（retreat）。一旦并行执行完成后，每个程序可以终止或只允许侵入及其侵入其他程序资源。处理器可以使用所谓 retreat 一个特殊的命令，例如，在最简单的情况下，只是启动复位标记，它们随后将允许其他侵入者成功。再次，这个后撤过程可以保持互连以及处理和存储资源，因此通常参数化。对于 TCPA 典型的侵入及后撤的命令不同的选项显示在图 11.6 中。

## 11.1.6 支持侵入计算的算法和语言挑战

本书已指出，资源提高的认识将重点侵入到计算中。据此，不仅是编程器，算法设计者都反映并纳入这种想法，算法还可经相互作用及反应处理资源、可能的外部条件的可用性以及状态。

但是这种侵入性的计算模式提出了有趣的算法设计和复杂性分析的问题，同时也将产生其他的问题。关于编程语言，存在核心性语言、资源存在这样的语义属性。

本书指出，侵入的想法不是严格相关限制在一定的编程符号或语言。计划定义基本语言结构的侵入和资源的意识，然后嵌入这些构造成现有的 C＋＋ 或者 X10 语言[18]。事实上，根据已提供必要计算的一个基本概念：X10 支持分布式、异构处理器/内存架构。同时，希望展示如何能侵入当前的编程模型，如 OpenMP 和 MPI 的支持。

什么是必要的，新颖的侵入性算法所呈现的想法是，为了正确地支持侵入的概念，程序必须能够发出指令、命令、语句函数调用或者过程创建、终止命令允许自身探索要求的硬件资源。相对于现有的 MPSoC 架构的改变有必要研究以更好地支持这些概念。

资源感知程序。侵入、影响以及撤回构成的基本操作，该操作是帮助程序员操作底层并行硬件平台上的一个程序的执行行为。

在另一方面，侵入性的计算应提供并帮助程序员来决定是否侵入在底层机器的状态依赖某一个点的程序执行。例如这个决定可能由处理器的局部温度分布的影响，由当前负载，通过一定的权限，以侵入资源，而最重要的是还通过资源的正确功能。从硬件到应用程序级并考虑到这样的信息提供（见图 11.8）一个有趣的反馈回路，使资源感知编程。

例如，侵入一组处理器的条件决策可采取在某点内依赖于处理器的温度是

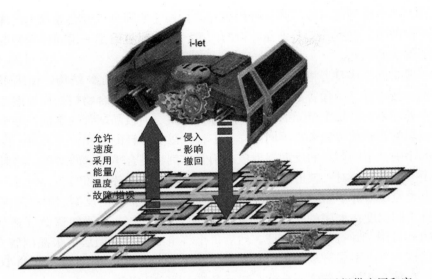

图 11.8　资源感知编程是侵入性计算的一个主要特征。通过提供应用和底层硬件平台，应用程序/线程，称为反型层射极晶闸管之间的反馈回路，根据基础并行硬件平台的当前状态可以决定是否侵入哪些资源、影响或在运行时撤回。需要被利用属性的例子是权限、速度/性能以及利用监控信息，还有功率，而最重要的是故障和错误

否超过 85℃ 给定侵入程序，如果允许处理器被侵入平均负荷下的 50%。越复杂的情况可以被定义为是越高级的。

从硬件到应用程序提供的信息可能会导致程序执行需要将底层硬件平台的动态情况考虑在内，并允许动态地利用侵入计算机的主要优势，即提高容错性、性能、利用率和可靠性。

侵入的单位。在下面的叙述中，程序进行侵入并行执行称为“侵入”：反型层射极晶闸管（i – let）。一个反型层射极晶闸是一个程序段意识到潜在并发执行的基本抽象。因为侵入命令的语义，表明只有一个处理单元的分配，例如潜在的，虽然大部分的这些命令可能已经请求。并发的而不是平行，因为有可能该分配的处理元件将必须被重复利用（在时间上）控制，以使所要求相应的应用程序“并行”在可用级的多个线程之间。

这样的抽象结果作为资源感知编程变得不可缺少，其中所述程序的结构和组织必须允许模式独立地在一个可用处理元件的实际数目的时间内执行。通过匹配侵入命令结果，让反型层射极晶闸管“实体”移交给影响部署程序代码片段同期执行。同样从对已建立的传感实体清除处理单元。

根据抽象考虑层面，不同的反型层射极晶闸管实体区分：替代品，例如化身

和执行。一个反型层射极晶闸管替代表示并行程序的部分可能会导致不同样品中出现不同的类。这些样品辨别在并行的同类，例如通过给定一组同样问题的算法指定要解决的问题。

一般来说，代替者将在编译时根据编程语言的专用概念/结构，由编程员协助识别。技术上，替代者是由代码和数据特定构成。此组合物被处理为潜在并行的一个处理单元。每个单元的描述都被称为反型层射极晶闸管的实例。鉴于反型层射极晶闸管替代可能来自不同的样品中，如以上解释的那样，一个单一的侵入并行程序中，不同存在的反型层射极晶闸管实例将是合乎逻辑的结果。然而这并不限于一个断然一对一映射之间的反型层射极晶闸管的替代和实例。一对一的映射许多也可以很好。而后者的情况例如侵入并行程序形态的反型层射极晶闸管替代安排不同粒度在程序的文本和数据部分而言，这取决于硬件资源（逻辑的、实际的）可用于并行处理的特征。然后每个将组成一个反型层射极晶闸管实例，选项包括一个反型层射极晶闸管的代替，一套反型层射极晶闸管实例的 TCPA、ASIP、双核、四核、六核、八核，甚至多核 RISC 或 CISC。

一个反型层射极晶闸管实例将实际的参数侵入命令。在执行侵入时，指定实例变成一个反型层射极晶闸管即结合到（物理）资源，并设置准备执行的反型层射极晶闸管实体。根据这些资源以及对受过特定处理元件的操作模式，一个反型层射极晶闸管化身技术上代表一个不同"权重类"的控制线程。例如 TCPA，每个化身将持有自己的处理元件。相比之下，相同或不同的反型层射极晶闸管实例几个化身可能在常规（多芯）情况下处理器共享一个处理元件。操作的后续模式通常假定线程概念作为处理器复用的技术手段的实施，需要处理器。复用也可以是一个暂时的需求，这取决于所述计算机的实际负载和应用程序的用户简档。

要能够从一些处理元件操作的实际模式中抽象，一个反型层射极晶闸管化身尚不做出关于一个特定的"活性介质"的假设，但只知道其专用处理元件的类型。这将发生在作为反型层射极晶闸管执行的表现。因而在不同的时间点，一个反型层射极晶闸管化身对于相同的处理元件可以导致不同类型的反型层射极晶闸管处理：化身和执行相同的反型层射极晶闸管的方式之间的结合可以是动态的和在调度时期发生变化。

这种做法背后代表不同领域不同层次的抽象集成的合作理念。在底部，操作系统需要顾及化身/执行管理；在中间，语言级别的运行时系统自动识别替代；在顶部，编译器由程序员协助提供对于反型层射极晶闸管的替代。总之，这确立了资源意识的编程和同步过程侵入并行执行的应用程序为中心的环境。

## 11.1.7 侵入计算的操作系统问题

对操作系统功能资源编程的概念使用硬件以及软件资源的方式来认识，允许应用程序进行控制取决于实际状态，进步成为可能。资源必须以一个面向应用的方式涉及侵入执行线程中，如果需要，某些资源需要被限制，例如，只对一个特定的线程或它必须是由线程的特定基团可共享，物理或虚拟。任选地结合静态或动态的，同时可能伴随着一个信令机制，同样地，异步从系统通信资源相关的事件（例如需求、释放、消费或争用）到用户级。

支持侵入－并行程序的资源感知执行如上面所述，正在考虑两个基本操作系统抽象：对要求和团队。要求表示一组特定提供给一侵入应用的硬件资源。例如一个要求是一组（紧密或松散）处理元件，但它也可以描述存储器或通信资源。分层结构要求如下：①它的每一个成分已经是一个（单件）要求；②一个主张在一组声明中。这应允许处理单元同构或异构集群编组。更具体地处理元件要求还提供用于执行的地方，这是编程语言 X10[18] 的概念，用以支持一个分区全局的地址空间。然而，不同于本地要求并不只限定一个共享的存储器域，而在提供一个分布式存储器层面。

与此相反，从一个特定的使用权利会要求抽象装置来给定应用模拟某些运行时的行为。类似于传统的计算，其中一个过程代表执行程序，另一个表示执行侵入并行程序。更具体地讲，一个团队是一组，让实体和可分层结构以及由一组队伍的每一个反型层射极晶闸管已经构成了一个①队和②队。团队提供用于执行侵入并行程序相互关联线程的集群或安排。在这种背景下，一个执行线程可以表征反型层射极晶闸管实例、替代或执行，这取决于是否线程已经只有整理、部署或派遣。

面向应用的运行执行。一个团队需要作出适合的主张。考虑侵入计算机的 3 个基本运算，invade 分配和返回指引一个团队，这将交由 infect 的部署反型层射极晶闸管符合要求的属性实例。为释放（invade 与 infect 没有关联）或去影响（invade 伴随 infect），retreat 提供主张（设置通过 invade）被释放或清理分类。

主张使用侵入将涉及操作系统进行本地和全局资源的分配决策的要求。根据不同的侵入应用，不同的标准相对于性能和效率需要加以考虑并带来方法。可能会冲突的资源分配按要求设置，团队被认为是一种机制，是最佳方式。团队将针对他们的要求，根据其目的是满足应用要求的时间表进行调度，以提高应用程序的性能，例如这可能会导致其他不相关的团队时间表在防止或避免争辩的特定要求情况时被复用。作为结果，资源感知编程也意味着传递（静态或动态派生）有关用户预期运行时的行为经验，帮助或指导操作系统解决冲突和谈判妥协的过程。

集成的协作执行。为实现高性能和高效率的线程并行侵入性程序执行，涉及需要与各种不同级别计算系统的抽象功能合作。图11.9通过粗略草图例证了这种相互作用与侵入，影响和撤退发布以及执行相关的主要活动。在传统的计算系统，开发者可以自由选择抽象应用程序的正常水平，从而可以直接采用侵入，影响和撤退在自己的程序中。侵入性计算的思想之一，即让一个编译器（半）写在面向问题的编程语言级别（应用，X10）、装配水平（运行系统时编译程序自动地得到这些原语）、一台机器编程水平（运行时支持系统、操作系统）和硬件水平。在图11.9，这些水平垂直布置，在列方面从左至右。在此设置硬件层面实现了抽象机。通过这些机器提供的功能（即操作）致力于支持侵入并行资源感知程序的目的。

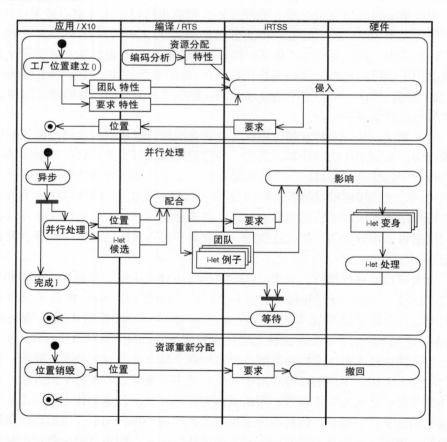

图11.9　抽象的水平可能实现侵入并行程序的集成协作执行。该活动图草图控制在使用侵入流量影响和撤回，显示了3种不同的处理阶段：资源分配、并行处理和资源再分配

## 11.2　侵入式程序的例子

为说明资源意识的编程和侵入性的计算，应当出示侵入性程序的 4 个初步步骤但有代表性的例子。要注意的是，这些实例的伪代码展示了基本侵入技术。它们不应该被解释为一种新示例侵入性的编程语言。

第一个例子（见图 11.10）是一个简单的侵入性射线追踪。注意，侵入性光线追踪片段的目标不是其最终的性能，该性能存在极大的灵活性和不同平台之间代码的可移植性。在图 11.10 中，执行功能属于首先获得处理器的 SIMD 阵列影子的光线计算，如果成功侵入光线跟踪器，将运行所有有交集的平行侵入计算，然后影响数组。注意如何通过提供一种方法名作为参数侵入命令，是要施加到的第二个参数的所有元件使用的高阶编程，命名数据的数组。万一不能获得一个 SIMD 处理器，算法尝试获取另一个普通的处理器和使用它的交叉点计算。如果这也失败，顺序循环将在当前处理器上执行。在这里要指出，资源感知编程意味着该应用程序要求特定类型的处理器的可用性。反射光线，表示出了类似的资源感知的计算。

第二个例子（见图 11.11）又进一步解释了资源意识到编程。例子是一个四叉树，其中该当前单元格的顶点坐标是标准参数递归方法的遍历。分支是最后一个递归处理在当前处理器上。然而，如果该树是"足够大"的，处理器是可用的，前三个递归将调用完成并联。如果处理器没有能够被影响，递归调用将在当前处理器上完成。

该算法能够动态适应自己的工作负荷以及可利用的资源。无论是否一棵树"足够大"，要使侵入有效不仅要看树的大小而且也要看系统参数，如侵入或通信开销成本。对了解侵入时资源编程的决定，必须采取考虑这样的开销。需要注意的是，侵入也增加了灵活性和容错。

下一个例子是 Shearsort 算法（见图 11.12）对一种侵入性版本。Shearcort 是一个并行排序算法，工作于 $N \times M$ 个网格，对于任意的 $n$（宽度）及 $m$（高度）。它执行 $(n+m) \times ([\log m] + 1)$ 步骤，侵入性必然获得所有处理器。如果它获得的 $n' \times m'$ 网格中，$n' \leqslant n$、$m' \leqslant m$，它可以适应于这些值。很明显可以选择使用接收网格作为 $m' \times n'$ 网格，而不是一个 $n' \times m'$ 网格。

伪代码因此使用侵入得到 $m$ 初始行的处理器，并侵入每个行处理器的 $n$ 列的额外处理器。需要注意的是侵入命令会指定侵入的方向：比如在本例中南部和东部。对于粗粒侵入如光线追踪的侵入方向通常是不相关的，但对于介质粗细度或循环水平的侵入这可能是非常相关的。因此，所谓的侵入命令空间需要被定义及包括各种用于侵入的选项。

```
// common code:
trace(Ray ray)
{
    // shoot ray
    hit = ray.intersect();
    // determine color for hitpoint
    return shade(hit);
}

// shade() without invasion:
shade(Hit hit)
{
    // determine shadow rays'
    Ray shadowRays[] = computeShadowRays();
    boolean occluded[];
    for (int i = 0; i < shadowRays.length; i++)
        occluded[i] = shadowRays[i].intersect();
    // determine reflected rays
    Ray reflRays[] = computeReflRays();
    Color refl[];
        for (int i = 0; i < reflRays.length; i++)
            refl[i] = reflRays[i].trace();
    // determine colors
    return avgOcclusion(occlusion)
            *avgColor(refl);
}

// shade() using invasion:
shade(Hit hit)
{
    // shadow rays: coherent computation
    Ray shadowRays[] = computeShadowRays();
    boolean occluded[];
    // try to do it SIMD-style
    if ((ret = invade(SIMD,shadowRays.length))
        == success)
        occluded = infect(intersect,shadowRays);
    // otherwise give me an extra core ?
    else if ((ret = invade(MIMD,1)) == success)
        occluded = infect(intersect,shadowRays);
    // otherwise, I must do it on my own
    else
        for (int i = 0; i < shadowRays.length; i++)
            occluded[i] = shadowRays[i].intersect();
    // reflection rays: non coherent,
    // SIMD doesn't make sense
    Ray reflRays[] = computeReflRays();
    Color refl[];
    // potentially we can use
    //    nrOfReflectionRays processors
    ret = invade(MIMD,reflRays.length);
    if (ret == success)
        refl[] = infect(trace,reflRays);
    else
        // do it on my own
        for (int i = 0; i < reflRays.length; i++)
            refl[i] = reflRays[i].trace();
    return avgOcclusion(occlusion)*avgColor(refl);
}
```

图 11.10　伪代码侵入性光线追踪器。着色器的上部代码显示一个简单的顺序码。
较低的代码是侵入式的，依赖于资源的意识程序

接下来，行被换位排序算法所影响，它在各行并行排序第一，然后在列并行
排序。这些行和列的排序阶段构成一个圆形。循环执行 $\log m' + 1$ 次，和密钥空

```
quadtreeTraversal(v1, v2, v3, v4) {
if (isQuadtreeLeaf(v1, v2, v3, v4)) {
  processLeaf(v1, v2, v3, v4);
} else {
  if (isSmallTree(v1,v2,v3,v4))
    numCores = 0
  else {
    claim = invade(3);
    numCores = claim.length;
  }
  vctr = (v1+v2+v3+v4)/4;

  // last recursive call is
  // always on current processor
  // other recursive calls infect,
  // if processors available
  // and tree big enough
```

```
  if (numCores>0) {
    infect(claim[1], quadTreeTraversal(
      (v1+v2)/2, v2, (v2+v3)/3, vctr));
    numCores--;
  }
  else quadTreeTraversal((v1+v2)/2, v2,
                         (v2+v3)/3, vctr);
  if (numCores>0) {
    infect(claim[2], quadTreeTraversal(
      vctr, (v2+v3)/2, v3, (v3+v4)/2));
    numCores--;
  }
  else quadTreeTraversal(vctr, (v2+v3)/2,
                         v3, (v3+v4)/2);
  if (numCores>0) {
    infect(claim[3], quadTreeTraversal(
      (v3+v4)/2, vctr, (v1+v4)/2, v4));
    numCores--;
  }
  else quadTreeTraversal((v3+v4)/2, vctr,
                         (v1+v4)/2, v4);

  quadTreeTraversal(v1, (v1+v4)/2,
                    vctr, (v1+v2)/2);
}
}
```

图 11. 11 侵入式四叉树的遍历。该算法动态地适应可用资源和子树的尺寸

```
Shearsort:
– determine optimal values for n and m;
  (estimation of free resources)
– Invasion to the south n;
– obtain n' processing elements (PE);
– Invasion from every PE to the east m;
– obtain minimal number of m' PEs;
– unused PEs are freed;
– PEs will handle a total of
  ⌈n·m/(n'·m')⌉ keys;
– if n' > m'
  then
        do Shearsort on the m' × n' grid
  else
        do Shearsort on the n' × m' grid
```

```
    program InvasiveShearSorter
    /* Variable declarations */
    int Pinv[M];
    int N_prime, M_prime;
    int keys[N*M];
    /* Parameter declarations */
    parameter M;
    parameter N;
    /* Program blocks */
    M_prime = invade(PE(1,1), SOUTH,
M);
    seq {
        par (i >= 1 and i <= M_prime)
{
            Pinv[i] = invade(PE(i,1),
                         EAST, N);
        }
        N_prime
          = MIN[1 <= i <= M]
Pinv[i];
```

```
    /* Free PEs again such that all
arrays have
    same size N_prime */
    par (i >= 1 and i <= M) {
        retreat(PE(i,1), N_prime+1,
Pinv[i]);
    }
    if N_prime > M_prime
        swap(N_prime, M_prime);
    infect columns and rows with Odd-Even
        Transposition Sort
    repeat ⌈log M_prime⌉+1 times
    {
    par (i >= 1 and i <= M_prime) {
        if odd(i) {
            sort in row i the keys
                2*N_prime*(i-1)+1, ...,
2*N_prime*i
            into ascending order }
        else {
            sort in row i the keys
                2*N_prime*(i-1)+1, ...,
2*N_prime*i
            into descending order }
    }

    par (j >= 1 and j <= N_prime) {
        sort in column j the keys
            j, j+2*N_prime, j+4*N_prime, j+6*N_prime ...
        into ascending order }
    par (j >= 1 and j <= N_prime) {
        sort in column j the keys
            N_prime+j, j+3*N_prime, j+5*N_prime,
                j+7*N_prime ...
        into ascending order }
    }/* Here, more invasion is possible:
Check
        whether more resources are available in
        the meanwhile and act appropriately */
    }
}
```

图 11. 12 侵入 Shearsort 的伪代码

间的适当子空间被按照平行于每个顺序迭代。在本例中，侵入比之前的例子更加细化；此处资源提高认识意味着算法适应于可用的网格尺寸，其中最初的侵入是基于该问题的大小。

侵入不仅可以用来接受在 $n' \times m'$ 网格，也可以检查每一个循环执行也就是每一轮在开始要求的资源是否在此期间变得可利用，使得由进一步侵入阶段的执行速度加快，如图 11.12 的伪代码所示。

而前面的例子证明了粗粒度和中粒度侵入的循环水平。如果要对每次迭代并行循环，单独的处理器元件是可以被侵入的。要避免反型层射极晶闸管化身架空，只有一个控制器反型层极晶闸管，其中同步更新全部 TCPA 的侵入处理单元在一个单一的时钟周期/处理器，每个处理器元件被"代码 2"所影响（见图 11.13，右列）以及并行地执行初始循环程序。这种侵入特别适于多数嵌套循环算法（循环级并行）。

Sequential C code:
```
for (i=0; i<T; i++)
  for (j=0; j<N; j++)
    y[i] += a[j] * u[i-j];
```

Code 1 (sequential assembler code):
```
; write input to feedback FIFO of
depth N
1: mov ffo, in0
; set the number of Taps
2: mov r0, N
3: mov r2, 0
; filter coefficient a
4: mul r1, ffo, a
5: add r2, r2, r1
; decrement the tap
6: sub r0, r0,1
; loop N times
7: if zeroflag!=true jmp 4
; get the output
8: mov out1, r2
9: jmp 1
```

Control code (pseudo notation):
```
while (stop!=1) do
  P = invade(N)
  if (P>0) then
    // execute code on P processors
    infect(P, ProgID)
    for (i=0; i<T; i++) do
      Code 2
    end for
    retreat()
  else
    // execute code on one processor
    for (i=0; i<T; i++) do
      Code 1
    end for
  end if
end while
```

Code 2 (VLIW program):
```
add out1 r0 in1, mul r0 in0 a, mov out0 in0
```

图 11.13　FIR 滤波器利用循环水平侵入。顺序 C 和汇编代码的表示在左。在右边，显示了反型层射极晶闸管代码控制、一个侵入 TPCA 以及每个侵入处理元素上执行汇编代码

所有示例遵循一个更通用的方案，并在这里呈现给一个更好的侵入过程。尤其是侵入、影响，撤回的集资源和流程，就是所谓的"要求"和"团队"工作。

本实施例还通过该资源感知应用方案的使用，以反映对要求及团队组装的结果表明异常处理概念的最优整合。处理"侵入异常"，可能导致侵入交替的参数值。类似的概念，相对于团队的实施编组也是为适应选定的要求。需要注意的是进一步的起源可能是实现侵入、影响和撤回。抽象层次的假设如图 11.14 所示。这最终意味着操作系统将负责提高异常。对于强大的资源编程的认识像这样适当

的语言支持带有 X10 的异常处理概念[18]。

```
claim = invade(type, quantity, properties);
if (!useful(claim))      /* unrealisable claim request */
    raise(IMPROPER_CLAIM);

team = assort(claim, code, data);
if (!viable(team))       /* inadmissible team assembly */
    raise(UNVIABLE_TEAM);

infect(claim, team);     /* employ resource(s) */
retreat(claim);          /* clean-up of resource(s) */
```

图 11.14　侵入模式编程采用操作系统机器的抽象级别。想象请求侵入、影响和
撤回作为一个抽象的"系统调用"机器，例如一个操作系统，所有
执行作为运行时系统的一部分，甚至是使用这台机器一个应用程序

得出结论有一句重要的话，真正了解资源程序将不只是检查行的处理器的可用性。基于动态工作量一般的资源感知应用将首先确定自己的需求，然后检查是否有特定类型可利用的资源，最后侵入所获得的资源。而"一种资源"可能包括诸如许可、速度甚至处理器的温度。在此背景下，操作系统及可重配置硬件协作以得到应用其期望资源的最有效和最适当的方式。

## 11.3　预期影响和风险

下面总结了预期的收益和影响因素，看到了一个广泛的、多学科的研究侵入计算机，但也是潜在的风险。

影响。已促使侵入计算机为手段，以应对未来大规模并行 MPSoC 与各大调用的激增复杂性进行比较与资源对静态分割分配应用提供可扩展性、更高的资源利用率、更高的效率，同时也提高速度。打算在实现资源了解编程和可重构 MPSoC 架构发明的基础上实现这些目标。这两个革命性的架构，以及在协同新的编程概念应提供的效率和可用性的预期将包含 1000 多行的处理器将来在 MPSoC 平台上的推动作用。

其中研究侵入性计算可以创建一个对区域实质性的影响，总结如下：

● 未来多核系统的处理器架构：即使设计理念不能与发展了 100 多名设计师的高端处理器公司设计竞争，如英特尔公司和 AMD 公司的团队，这些公司认为一些发明创造的架构会影响他们设计的处理器系统用于日后的方式中。例如不会在大学研究和发明与以往不同的 RISC 架构，像 Hennessy 和 Patterson 的实验，芯片设计公司可能仍然生产其他类型的处理器。

● 设计环境编程并行多处理器系统：同样侵入程序的范例和资源可识别的编程将对未来的编程语言和编程环境并行程序的发展产生影响。

- 设计并行算法：更多侵入算法设计的想法会影响并行算法的发展。也正是如此，以前从来没有算法设计人员有机会动态调整算法的行为和并行到动态工作负载和资源的动态可用性。

风险：尽管如此，不会隐瞒具有挑战性的目标可能还隐藏着一些风险。

- 承诺资源意识到编程：在第一次看资源意识到编程的时候看现代软件技术原理似乎值得商讨，高级语言和操作系统都有，有很好的理由，越来越多的抽象远离具体的硬件细节或资源管理。而不是提供进展，资源意识到编程这样听起来矛盾，步骤回到过去的时候再看现代编程语言所取得的成就，其中远离具体的架构细节的抽象。

- 成本方面和领域：允许程序直接控制硬件资源自然会导致比静态映射和预定应用下的性能和更糟糕的资源利用率情况，当增加课程的确定性通过自组织算法执行，如从资源职业中产生的成本侵入时间进退。成本和任何比较运算符会加快对一个静态映射的非侵入性的算法，因此必须谨慎进行，并公平地说，考虑过载情况下的情况：在这里由于侵入资源将被释放，这使得其他应用程序能够比几个相互竞争的应用程序之间的静态分割的情况下动态地要求更多的资源。如果考虑应用程序并行度是随时间变化，除了更高的资源利用率加快、节约功耗和容错，将会自然导致静态处理器分区。因此侵入计算机的自然情况不只是一个而是多个程序同时试图侵入资源的共同汇集。

总之显而易见的是，要付出代价利用侵入计算的好处。因此它需要仔细研究何处集中控制与侵入控制的边境达到其最大的好处，以及如何能够保持最大的抽象即使是资源感知计算。本次调查的目的是为了给概述为侵入性计算的迷人新兴的模式，可能解决的 MPSoC 架构及其规划 1000 多个内核对于年 2020 年及以后的许多问题。在这里只有基本的原则和要求的研究领域可以被拟定。

# 致谢

感谢以下人员对我们的支持（按字母顺序排列）：Tramim Asfour 博士、Lars Bauer 博士、Jürgen Becker 教授、Hans – Joachim Bungartz 教授、Rüdiger Dillmann 教授、Michael Gerndt 教授、Frank Hannig 博士、Sebastian Harl、Michael Hübner 博士、Daniel Lohmann 博士、Peter Sanders 教授、Ulf Schlichtmann 教授、Marc Stamminger 教授、Walter Stechele 教授、Rolf Wanka 教授、Thomas Wild 博士和所有的科研人员。影响德国研究基金会（DFG）表示衷心感谢，关于入侵计算的课题建立其合作研究中心 TCRC 89，详见 http://www.invasic.de。

# 参 考 文 献

1. Rabaey, J.M., Malik, S.: Challenges and solutions for late- and post-silicon design. IEEE Design and Test of Computers 25(4), 296–302 (2008). DOI http://dx.doi.org/10.1109/MDT.2008.91. URL http://dx.doi.org/10.1109/MDT.2008.91

2. Corporation, N.: NVIDIA Whitepaper: NVIDIA's Next Generation CUDA Compute Architecture: Fermi. http://www.nvidia.com/content/PDF/fermi_white_papers/NVIDIA_Fermi_-Compute_Architecture_Whitepaper.pdf (2009)

3. Lindholm, E., Nickolls, J., Oberman, S., Montrym, J.: NVIDIA Tesla: A Unified Graphics and Computing Architecture. IEEE Micro 28, 39–55 (2008)

4. Seiler, L., Carmean, D., Sprangle, E., Forsyth, T., Abrash, M., Dubey, P., Junkins, S., Lake, A., Sugerman, J., Cavin, R., Espasa, R., Grochowski, E., Juan, T., Hanrahan, P.: Larrabee: A Many-Core x86 Architecture for Visual Computing. ACM Transactions on Graphics 27(3), 1–15 (2008). DOI http://doi.acm.org/10.1145/1360612.1360617

5. Pham, D., Aipperspach, T., Boerstler, D., Bolliger, M., Chaudhry, R., Cox, D., Harvey, P., Harvey, P., Hofstee, H., Johns, C., et al.: Overview of the Architecture, Circuit Design, and Physical Implementation of a First-Generation Cell Processor. IEEE Journal of Solid-State Circuits 41(1), 179–196 (2006)

6. Hannig, F., Dutta, H., Teich, J.: Mapping a Class of Dependence Algorithms to Coarse-grained Reconfigurable Arrays: Architectural Parameters and Methodology. International Journal of Embedded Systems 2(1/2), 114–127 (2006)

7. Kissler, D., Hannig, F., Kupriyanov, A., Teich, J.: A Highly Parameterizable Parallel Processor Array Architecture. In: Proceedings of the IEEE International Conference on Field Programmable Technology (FPT), pp. 105–112. Bangkok, Thailand (2006)

8. Vangal, S., Howard, J., Ruhl, G., Dighe, S., Wilson, H., Tschanz, J., Finan, D., Iyer, P., Singh, A., Jacob, T., et al.: An 80-Tile 1.28 TFLOPS Network-on-Chip in 65nm CMOS. In: SolidState Circuits Conference, 2007. ISSCC 2007. Digest of Technical Papers. IEEE International, pp. 98–589 (2007)

9. Feautrier, P.: Automatic Parallelization in the Polytope Model. Tech. Rep. 8, Laboratoire PRiSM, Université des Versailles St-Quentin en Yvelines, 45, avenue des États-Unis, F-78035 Versailles Cedex (1996)

10. Hannig, F., Teich, J.: Resource Constrained and Speculative Scheduling of an Algorithm Class with Run-Time Dependent Conditionals. In: Proceedings of the 15th IEEE International Conference on Application-specific Systems, Architectures, and Processors (ASAP), pp. 17–27. Galveston, TX, USA (2004)

11. Thomas, A., Becker, J.: New adaptive multi-grained hardware architecture for processing of dynamic function patterns. it - Information Technology 49(3), 165–173 (2007)

12. Teich, J.: Invasive Algorithms and Architectures. it - Information Technology 50(5), 300–310 (2008)

13. Cybenko, G.: Dynamic load balancing for distributed memory multiprocessors. Journal of Parallel and Distributed Computing 7, 279–301 (1989)

14. Boillat, J.E.: Load balancing and poisson equation in a graph. Concurrency: Practice and Experience 2, 289–313 (1990)

15. Rabani, Y., Sinclair, A., Wanka, R.: Local divergence of Markov chains and the analysis of iterative load-balancing schemes. In: Proc. 39th IEEE Symposium on Foundations of Computer Science (FOCS), pp. 694–703 (1998)

16. Sanders, P.: Randomized priority queues for fast parallel access. Journal Parallel and Distributed Computing, Special Issue on Parallel and Distributed Data Structures 49, 86–97 (1998)

17. Sanders, P.: Asynchronous scheduling of redundant disk arrays. IEEE Transactions on Computers 52(9), 1170–1184 (2003). Short version in 12th ACM Symposium on Parallel Algorithms and Architectures, pages 89–98, 2000

18. Charles, P., Grothoff, C., Saraswat, V., Donawa, C., Kielsstra, A., Ebcioglu, K., von Praun, C., Sarkar, V.: X10: an object-oriented approach to non-uniform cluster computing. In: Proceedings of the 20th annual ACM SIGPLAN conference on Object-oriented programming, systems, languages, and applications, pp. 519–538. ACM (2005)

## 图书在版编目(CIP)数据

多处理器片上系统的硬件设计与工具集成/(德)迈克尔·哈布纳,(德)于尔根·贝克尔主编;姚舜才等译.—北京:机械工业出版社,2016.11

(国际信息工程先进技术译丛)

书名原文:Multiprocessor System-on-Chip: Hardware Design and Tool Integration

ISBN 978-7-111-55007-5

Ⅰ.①多… Ⅱ.①迈…②于…③姚… Ⅲ.①微处理器-系统设计
Ⅳ.①TP332

中国版本图书馆CIP数据核字(2016)第238195号

机械工业出版社(北京市百万庄大街22号 邮政编码100037)
策划编辑:顾 谦 责任编辑:顾 谦
责任校对:刘雅娜 封面设计:马精明
责任印制:常天培
北京机工印刷厂印刷(三河市南杨庄国丰装订厂装订)
2016年11月第1版第1次印刷
169mm×239mm·15印张·281千字
0 001—3 000册
标准书号:ISBN 978-7-111-55007-5
定价:69.00元

凡购本书,如有缺页、倒页、脱页,由本社发行部调换
电话服务 网络服务
服务咨询热线:010-88361066 机工官网:www.cmpbook.com
读者购书热线:010-68326294 机工官博:weibo.com/cmp1952
010-88379203 金书网:www.golden-book.com
封面无防伪标均为盗版 教育服务网:www.cmpedu.com